JN116727

[改訂版]

サイコロを振って、統計学！

林田　実［著］

創成社

はじめに

本書は，大学の１，２年次において，数学的なバックボーンのない状態で統計学を学んでいる学生を，主な読者に想定して執筆された，統計学の入門書です。すでに，世の中には，入門書レベルの統計学の教科書は無数に存在しています。しかしながら，長年，北九州市立大学で，統計学の教鞭を執っている筆者にとって，教科書として過不足のないものは，残念ながら存在しませんでした。それが，本書執筆の最大の理由です。

これまでの初等的な統計学の教科書は主に，２つの系統に分類されるでしょう。１つは，あくまで初等的ですが，確率変数を正面から導入し，推定量の確率的性質を論じるといったタイプの教科書です。これを仮に「王道タイプ」と呼ぶことにしましょう。他の１つは，統計学の論理を教えることを控え，もっぱら，データの入力とコンピュータ出力の読み方の教授に徹するタイプの教科書です。これは，リモコンの扱い方を教えることに通じるので，「リモコンタイプ」と筆者は呼んでいます。

両タイプの教科書とも，優れたものが存在し，筆者もよく利用しているものもあります。しかしながら，「数学的なバックボーンのない状態で統計学を学んでいる学生」にとっては，深刻な問題が，両タイプの教科書にはあると考えてきました。まず，「王道タイプ」においては，入門的とはいえ，必ず確率変数という概念を正面から取り扱わなければなりません。しかしながら，確率変数という概念は，思いの外，理解するのが難しいのです。サイコロを振って出た目をＸとして，その確率を考えることまではできても，正規確率変数をイメージすることは困難です。初学者が統計学を学ぶ上では，確率変数は鬼門なのです。

また，「リモコンタイプ」においては，統計学の論理をあまり教えないので，まったく応用の利かない学生ができあがることになります。このような学生は，たとえば，回帰分析において，$a=0$ の検定はできても，$a=1$ の検定は想像もつかないということになるのです。

そこで，筆者は，①確率変数を真正面から論じないけれども，②統計的な方法，考え方については，しっかりと理解させる，さらに，③典型的な推定，検定問題については，これを簡単にできるようになる，ということを目標にして，本書を執筆しました。具体的には次のような手法を採用しています。

1　エクセルに備わっている乱数発生機能を使って，「サイコロを振る」，という行為に習熟させる。
2　確率分布，密度関数については，多くの乱数からヒストグラムを描くことで直感的に理解させる。
3　統計量の確率分布，密度関数についても，統計モデルから出発して，乱数を発生させ，それを元にヒストグラムを作ることによって，直感的理解を促す。
4　回帰分析などにおいて，乱数を使って理解を深めるとともに，エクセルに組み込まれた回帰分析ツールの使い方についても解説を行う。

その他，統計的検定については，5つのステップ，すなわち，1）帰無仮説と対立仮説の設定，2）検定統計量に関する定理の理解と帰無仮説が正しい時の定理の変化の確認，3）棄却域の設定，4）検定統計量の実現値の計算，5）統計的判定，を踏んで検定が成り立っていることを，繰り返し強調して記述しています。

以上のような手法が，どの程度成功しているのかについては，読者の反応を待つしかありません。ただ，筆者の北九州市立大学での経験では，「王道タイプ」の教科書を使うよりも，はるかに効率的に学生は統計学を理解できているように感じます。「リモコンタイプ」の教科書は使用した経験がないので，なんとも言えません。拙著に対して，読者のご批判が殺到し，改善に邁進する機会が与えられることを切に願っている次第です。

本書は，第1章で，エクセルによる乱数の作り方を学んだ後，第2章から第7章まで，統計的推定の理解に努めます。次に，第8章から第13章までは，統計的検定の考え方に習熟してもらいます。その際，検定問題としてよく出てくる，適合度の検定と分割表にも十分な紙幅をさきました。第 14 章から第 19 章までは，連続型確率変数をとりあげて，その推定と検定について解説しています。最後に，第 20 章から第 25 章は回帰分析を扱っています。

各章は，第 1 章と第 4 章を除いて，「本文」，「エクセルで実験」，「本章のまとめ」からなっています。読者は，必ず，

1 「本文」を読んで，
2 「エクセルで実験」を必ず，自力で行い
3 「本章のまとめ」で，各章のポイントを理解する

ということを，実践してください。ことに，「エクセルで実験」を読者自ら行うことは最大のポイントです。なぜなら，確率変数を理解するのが難しいので，サイコロを振って理解する，というのが本書の最大の特徴だからです。

本書の執筆にあたって，多くの方々のご助力をいただきました。まず，この 20 数年間，非力な筆者の講義を聴いてくれた学生に対して，心から感謝したいと思います。これらの学生の存在がなければ，本書の執筆に至らなかったことは言うまでもありません。校正の段階で，一読して，貴重なコメントをしていただいた，坂元慶行先生には，学生時代からのご恩ともども，改めて感謝申し上げます。煩雑な校正は，創成社の西田徹様，次男の林田瑞樹に大きく依存する結果になりました。これらの方々への謝辞とともに，本書を世に送り出したいと思います。

2013 年春

林田 実

改訂にあたって

本書の初版が出版されて，今年で7年が経過しました。幸い，北九州市立大学の学生をはじめとして，他大学の学生，院生および本書を教科書として採用してくれた教員から好意的な評価をいただくことができ，本書を世に問うた甲斐が少しはあったかと安堵しています。他方で，情報系の学問である統計学にあって，7年という歳月は長いものです。そこで，これまでの読者の指摘を最大限とりいれて，改訂版を執筆することにしました。主な改訂を箇条書きにすると以下の2つです。

(1) 各章末に練習問題を作成しました。
(2) 各章末にその章で行われるシミュレーション用のプログラムをpythonで書きました（https://www.books-sosei.com/downloads/ で公開しています）。

ことに，昨今の機械学習ブームにあって，(2) のpythonによるシミュレーションプログラムは参考になるはずです。そのほか，要望の多かった，正規分布表，t分布表，カイ2乗分布表を巻末に付与し，エクセルの関数を最新のものに書き改めました（STDEV.SとVAR.S）。

ところで本書は，2学期を費やして講義を行うことを前提に執筆していますが，1学期でも，対応可能です。1学期で講義をする場合に選択する章を参考までに記しておきます（「章」は省略）。

1，2，3，4，5・6，9，14・15，16，17，20，21，22，23，24，25

ここで，5章・6章および14章・15章はそれぞれ1講義で教授可能であることを示しています。

2020年も年の瀬を迎えました。コロナの年として長く記憶されることになるでしょう。

2020年大晦日に

林田　実

目　次

1　プロローグ

赤鉛筆を転がす

学生時代，選択問題で答えがわからない時，六角形の鉛筆の各面に１から６までの数字を書いておいて鉛筆を転がし，上の面になった数字を解答にするという苦肉の策を用いた経験はだれしもあるのではないでしょうか。この場合，「六角形の鉛筆の上の面になる数字」は１から６までの６通りですね。したがって，「六角形の鉛筆の上の面になる数字」が１である確率は，１通り÷６通りで６分の１になります。これが２になる確率も，同様に考えて，１通り÷６通りで６分の１ですよね。このように，「六角形の鉛筆の上の面になる数字」は確率的に変化するので，これを**確率変数**[1)]といいます。

次に，円周が１の赤鉛筆を転がすことを考えてみます。まず，赤鉛筆に下記のように縦に０となる線を書き込みます。その上で赤鉛筆をころころと回転させて，丁度真上になった点から０線までの距離を円周に沿って右回りに測ってみます。

「赤鉛筆のちょうど真上になった点から０線までの距離」は赤鉛筆を転がすたびに確率的に変化しますから，これも確率変数になっています。実際に赤鉛筆を転がして，「赤鉛筆のちょうど真上になった点から０線までの距離」を測るのは大変ですが，エクセルを用いれば，これを簡単に行うことができま

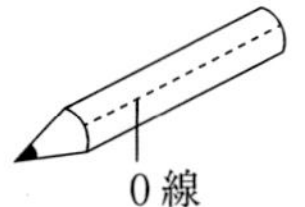

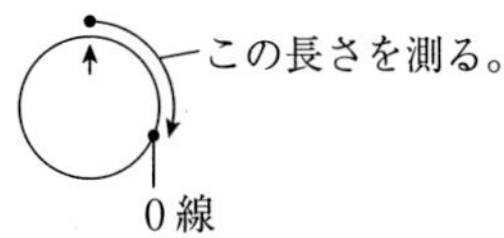

1）本書では確率変数の厳密な定義はしません。かわりに，サイコロ投げやコイン投げなどの直感的な理解を元にして議論を進めていきます。

す。早速それをお教えしましょう。

エクセルを起動すると，上の方のパネルに「ファイル」という文字があります。これを以下のようにクリックします[2)]。

ファイル → アドイン → 設定 → 分析ツールにチェックを入れる → OK ボタン（この操作は一度やると，もう必要ではなくなります）→ ウィンドウを閉じる

「データ」タブ → データ分析 → 乱数発生 → OK ボタン

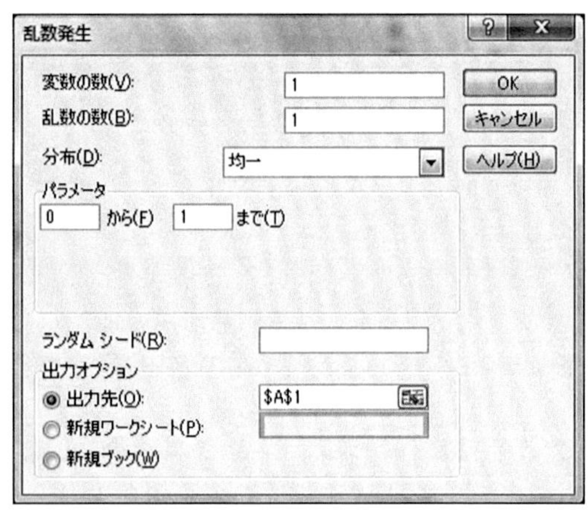

そうするとウィンドウが開きますので，そのウィンドウに次のように入力して最後に OK ボタンを押します。

すると，A 列 1 行に数字が現れたでしょう。これが，「赤鉛筆のちょうど真上になった点から 0 線までの距離」なのです。簡単でしょう？ ただし，以下の私の結果と読者の結果は異なっているかもしれません。私と読者では，別々に赤鉛筆を転がした訳ですから当然ですよね？

2）本書で述べていくエクセル操作は Excel2010 に基づいています。

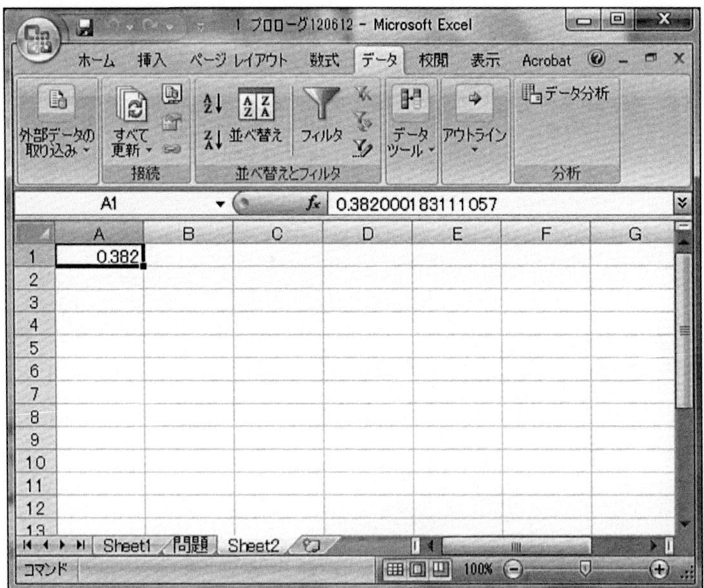

では，もう1回赤鉛筆を転がしてみましょう。今度は結果をA列2行に入れてみます。右のように出力先を変えてOKボタンを押すだけです。

乱数発生
変数の数(V):　1
乱数の数(B):　1
分布(D):　均一
パラメータ
0　から(F)　1　まで(T)
ランダム シード(R):
出力オプション
出力先(O):　$A$2
新規ワークシート(P):
新規ブック(W)
OK
キャンセル
ヘルプ(H)

1回目に赤鉛筆を転がして測った距離（A列1行）と2回目に赤鉛筆を転がして測った距離（A列2行）とは値が異なっていますね。これは，実際に赤鉛筆を二度転がした時に「赤鉛筆のちょうど真上になった点から0線までの距離」が同じ値になることはまずないという直感とあっていますよね。

今度は冒頭の六角形の鉛筆を転がすことを考えましょう。そのためには，次のような赤鉛筆を考えれば良いことがわかります。

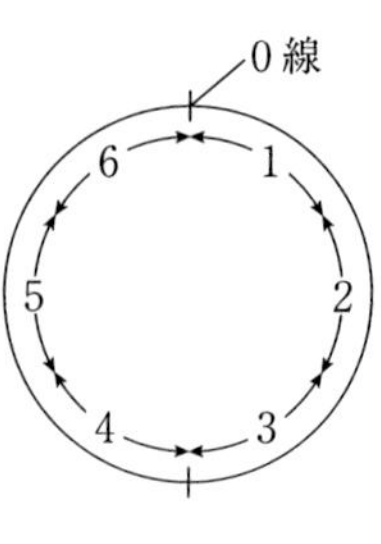

つまり，あらかじめ円周に沿って1から6に円周を6等分しておくのです。後は赤鉛筆を転がして上になった点が，たとえば上の図の1の面に含まれれば1，2の面に含まれれば2とすれば，六角形の鉛筆を転がしたのと同じことになりますよね。では，これをエクセルでやってみましょう。

先ほど，A列に「赤鉛筆のちょうど真上になった点から0線までの距離」を入れました。その結果が1の面に相当するならばB列に1を，2の面に相当するならばC列に2を，・・・，6の面に相当するならばG列に6を自動的に入れることを考えます。まず，B列1行をダブルクリックして次のように入れます（以下のように＝で始まるものをエクセルでは「式」と呼びます）。

=IF(AND(A1>=0,A1<=1/6),1,"")

ここで，「""」はダブルコーテーションが2つです。シングルコーテーションが4つと間違えないようにご注意ください。この式の意味は，A列1行の値が0以上で1/6以下であれば，B列1行に1を入れなさい。そうでなければ，B列1行には何も入れません，ということです。したがって，C列1行には次のような式を記入すれば良いことになります。

=IF(AND(A1>1/6,A1<=2/6),2,"")

同様にして，1行目，D列からG列までには以下のような式を入力します。

D列1行目：　=IF(AND(A1>2/6,A1<=3/6),3,"")
E列1行目：　=IF(AND(A1>3/6,A1<=4/6),4,"")
F列1行目：　=IF(AND(A1>4/6,A1<=5/6),5,"")
G列1行目：　=IF(AND(A1>5/6,A1<=6/6),6,"")

これで，A列1行の値，つまり，赤鉛筆を転がして「赤鉛筆のちょうど真上になった点から0線までの距離」の値に応じて，B列からG列のいずれかに，六角形の鉛筆を転がして,「六角形の鉛筆の上の面になる数字」が出ているはずです。この値がB列からG列のどの列に出るかがわからないのは不便ですから，いっそ，この値がH列に出るように一工夫してみましょう。H列1行目をダブルクリックして次のように入力すればいいのです。

=SUM(B1:G1)

これで,「六角形の鉛筆の上の面になる数字」がH列1行目に現れているはずです。

ヒストグラムを描く

赤鉛筆を1回転がすことに慣れたところで，今度は赤鉛筆を10回転がして，その都度「赤鉛筆のちょうど真上になった点から0線までの距離」を測り，A列に記録することを考えましょう。これは，赤鉛筆を1回転がすのとほとんど同じ手順で行うことができます。以前と同じように

データ → データ分析 → 乱数発生

として，以下のように設定し，最後にOKボタンを押します。

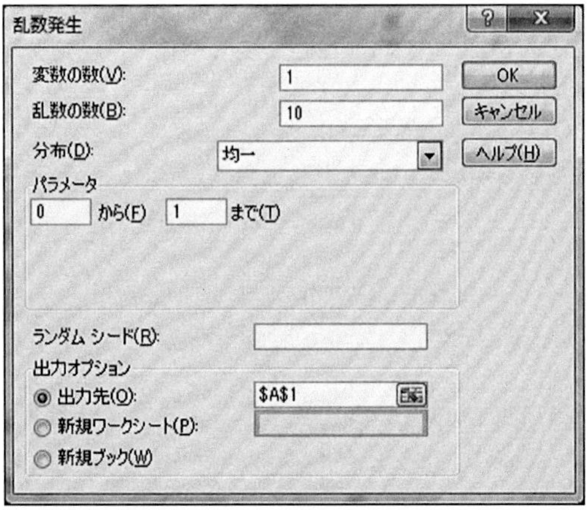

A列に結果が表示されているはずです。A列の結果をもとにして，H列に六角形の鉛筆を転がした結果を得るためには，B列からG列まで式を入力しなければなりませんが，これは大変ですね。こういう時に非常に便利な機能がエクセルには備わっています。まず，B列1行を右クリックし，現れたメニューの

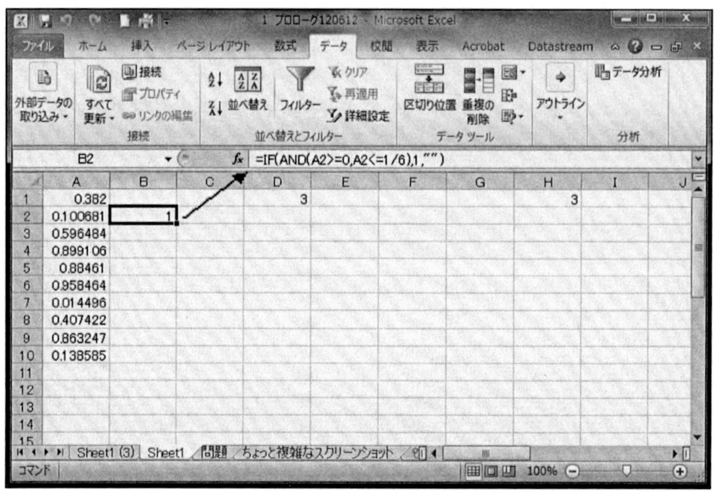

中からコピーを左クリックします。さらに，B列2行を右クリックして，貼り付けを選びます。こうすると，B列2行に上のように式が入っていることが確認できます。

ここで，B列1行の式とB列2行の式とを比べて見てください。

B列1行：=IF(AND(A1>=0,A1<=1/6),1,"")
B列2行：=IF(AND(A2>=0,A2<=1/6),1,"")

少し変化があることがわかりますね。そうです，「A1」が「A2」に変わっています。我々はB列2行目にはA列の2行目にある数字をもとにして，「六角形の鉛筆の上の面になる数字」を得ようとしているわけですから，都合良く変化していることがわかります。このようなコピーの仕方をエクセルでは「相対コピー」と呼んでいます。この技はこれから頻繁に現れますので，よく理解しておいてください。この相対コピーを利用すればB列2行からH列10行までに，必要な式を一気に入力することができます。すなわち，

B列1行からH列1行までドラッグ → 右クリック → コピーをクリック
→B列2行からH列10行までドラッグ → 右クリック → 貼り付けクリック

	A	B	C	D	E	F	G	H	I
1	0.382			3				3	
2	0.100681	1						1	
3	0.596484				4			4	
4	0.899106						6	6	
5	0.88461						6	6	
6	0.958464						6	6	
7	0.014496	1						1	
8	0.407422			3				3	
9	0.863247						6	6	
10	0.138585	1						1	

とすれば良いのです。H 列に「六角形の鉛筆の上の面になる数字」が表示されているはずです。

さて H 列の結果をもとにしてヒストグラムを描いてみましょう。この場合，ヒストグラムは横軸に「六角形の鉛筆の上の面になる数字」をとり，縦軸にはその度数をとることになります。説明は後述しますが，エクセルで言うところの「データの区間」を入力します。これはどこでも良いのですが，J 列の 1 行目から 6 行目までに 1,2,3,4,5,6 ととりあえず入れておきます。その上で，

データ → データ分析 → ヒストグラム

として，右のように設定し，OK ボタンを押します。

すると，次のような出力が得られるはずです。

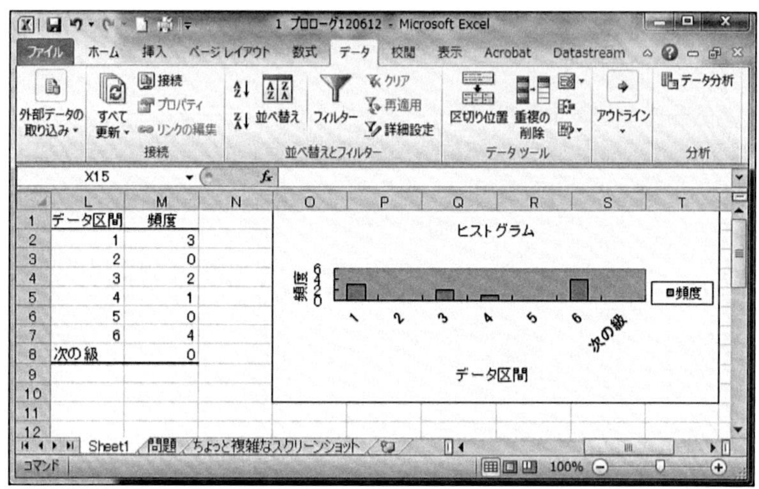

H 列の結果を表にまとめたもの，すなわち度数分布表（L，M 列）と，それをグラフ化したヒストグラムが得られていますね。ここまで来ると，先ほど入力した「データ区間」の意味がわかると思います。すなわちデータ区間の 1 は「1 以下の値になったものを数える」という意味になります。データ区間の 2 は「1 より大きく 2 以下の値になったものを数える」ということです。したがって，データ区間の最後の値 6 は 5 より大きく 6 以下になったものを数えることになります。このようにヒストグラムを描く際にデータ区間の設定は非常に重要であることがわかります。なお，上記のデータ区間によって作られた区間，(-∞,1]，(1,2]，(2,3]，(3,4]，(4,5]，(5,6]，(6, ∞)[3)] を**階級**，階級の中央の値を**階級値**，階級の幅を**階級幅**と呼びます。

本節の最後に A 列の赤鉛筆を転がして得られた結果から直接ヒストグラムを描いてみましょう。A 列には 0 ～ 1 までの値が入っているはずですから，データ区間は 0 から始まって，1 まで 0.1 きざみでよいでしょう。J 列の 20 行

3）たとえば，(1,2] は 1 より大きく，2 以下の区間を表します。

目から30行目までこれらの値をあらかじめ入れておきます。その上で，先ほどと同じように，データ → データ分析 → ヒストグラム，として右のように設定します。

結果はおおよそ次のようになっているはずです。

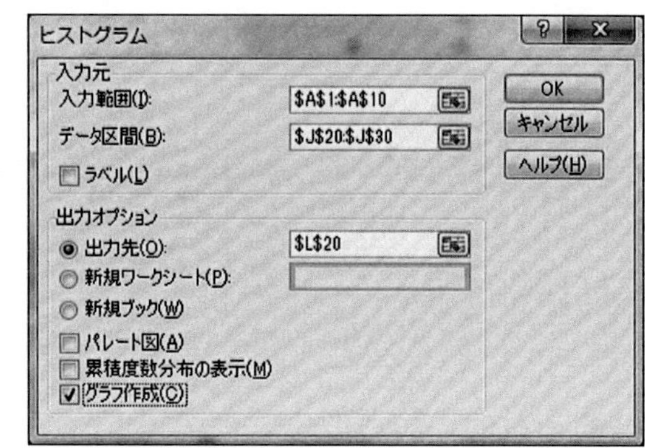

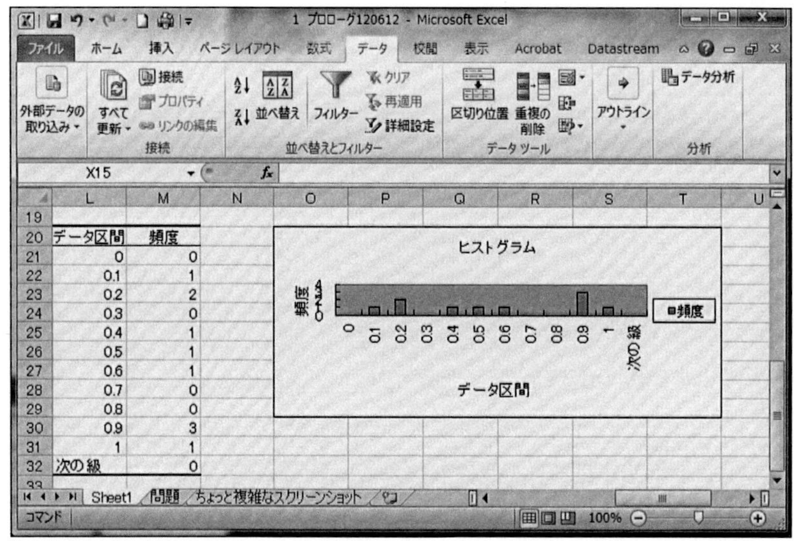

なお，読者が赤鉛筆を転がした結果は本書と同じものにはならないはずです。赤鉛筆を転がして「赤鉛筆のちょうど真上になった点から0線までの距離」をそれぞれ測ったわけですから当然ですね？

さあ，これでいよいよ統計学を勉強する準備ができました。次章から早速，統計学の本丸「推定」に取り組みましょう。

問　題

問1　エクセルを利用して，サイコロを100回転がし，出た目のデータを用いてヒストグラムを描きなさい。

問2　赤鉛筆を一万回転がして，それぞれ，頂点から0線まで測定したデータからヒストグラムを描くと，どのような形状になると思うか予想しなさい。またその理由も述べなさい。

問3　コインを投げあげたとき，表が出たら1，裏がでたら0となるようなエクセルシートを完成させなさい。

シミュレーション用プログラム

```
#-----------------------------------------------------------------------------------------------
# 第1章
# 赤鉛筆をn回転がして，頂点から0線まで測定した結果のデータを用いて，ヒストグラム
# を描く。
# また，普通のサイコロをn回転がして，出た目のデータを用いて，ヒストグラムを描く。
#-----------------------------------------------------------------------------------------------

from numpy.random import *
import pandas as pd
import matplotlib.pyplot as plt

# 赤鉛筆を1回転がす
n=1

R=rand(n)      # 赤鉛筆を転がす

# 赤鉛筆を10000回，転がす
n=10000

akaenpitu=pd.Series(rand(n))

# ヒストグラムを描いた
akaenpitu.plot(kind='hist',fontsize=20,title=' 赤鉛筆Rのヒストグラム ')
plt.show()

# サイコロを転がすための準備
saikoro=pd.Series([1,2,3,4,5,6]) # Seriesを作る

# サイコロをn回転がす
dice=saikoro.sample(n,replace=True)

dice.plot(kind='hist', fontsize=20,title=' サイコロのヒストグラム ',bins=[1,2,3,4,5,6,7])
plt.show()
```

2 点推定と区間推定

2012年10月時点において，2013年の衆議院議員の任期満了をにらんで，与野党の攻防が激化することが予想されていました。メディアは連日のように，民主党，自民党，日本維新の会などの政治政党の支持率や野田首相の支持率（約30%）を伝えていました。

ところで，この首相支持率は当然のことながら日本国民の成人全体，約1億人の中で約30%が首相を支持していることを意味しています。ということは1億人の有権者に首相を支持するかしないかを問うと，3,000万人が首相を支持すると答えたことになります。では，有権者である読者に新聞社などから「首相を支持しますか，支持しませんか」という問いかけを受けた人がいるでしょうか？　ほとんどの人は受けていないはずです。にもかかわらず，支持率は「日本の有権者全体」（面倒なので以後，日本国民全体と書きます）の中での首相の支持率を表していると報道がなされているのです。考えてみると，実に不思議なことですね。しかし，この支持率があてにならない数字かといえばそうではありません。実際の衆議院選挙がほぼ世論調査の結果通りになることから，我々はその信頼性をよく知っているわけです。実はこの首相支持率こそ，統計学の基本的な考え方（統計的推定）を応用した顕著な例なのです。この章では支持率を求める方法を具体的に知ることから始めましょう。

首相の真の支持率pを知るために，まず日本の有権者全体に番号を振って，この番号を貼ったビー玉を用意します。このビー玉をバケツに入れ良くかき混ぜて，1つだけ取り出します。そのビー玉には有権者を示す番号が貼ってあるので，この番号に対応する有権者に「あなたは首相を支持しますか，支持しませんか」と尋ねるわけです。回答を得たら，そのビー玉をまた元に戻して，再度よくかき混ぜます。そして，またバケツの中から1つのビー玉を選んで，その番号に対応する有権者に首相の支持について質問をするわけです。今，このようにして５人の有権者の回答が得られ，３人が首相を支持したとします。この時，首相の支持率は，５人の中で３人が支持しているので，３ ÷ ５ = 60%と言うことができます。不思議なことにこの60%を日本全体の首相支持率として使うことができるのです。なぜ使うことができるのか，そのからくりを明らかにするのが本書の目的なのです。さて，このように選ばれた５人の有権者は**ランダムサンプル**あるいは**無作為標本**，また，首相支持率60%は首相の真の支持率 p の**点推定値**と呼ばれています。重要な概念なのでよく覚えておいてください。

日本国民全体

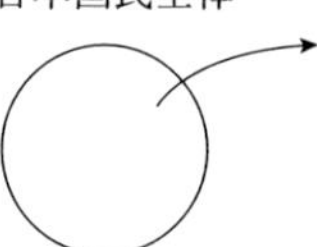

５人のランダムサンプルをとり出す。
この時，３人が首相を支持すると答えた。

３ ÷ ５ ＝60%で，首相の真の支持率 p を点推定できる。

ところで，５人のランダムサンプルを取って，首相の真の支持率 p を60%と点推定したのは朝日新聞だとしましょう。ここで，日本経済新聞は朝日新聞とはまったく独立に首相の真の支持率 p を点推定したとします。日経は朝日が使ったのと同じ，バケツに入ったビー玉を使います。朝日と同じようなやり方で，ビー玉を良くかき混ぜた上でビー玉を取り出し，対応した有権者に首相の支持の有無を聞いていくわけです。ただし，日経は朝日と違うところが１点だけあります。それはランダムサンプルとして10人を選んだということです。この10人の中で６人が首相を支持すると答えました。

日本経済新聞による
首相の真の支持率 p の推定

日本国民全体

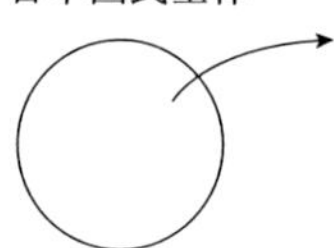

10人のランダムサンプルをとり出す。
この時，６人が首相を支持すると答えた。

６ ÷10＝60%で，首相の真の支持率 p を点推定した。

朝日と日経の首相支持率はどちらも60%でめでたく同じ値になっています。が，しかし，読者は朝日と日経の結果は同じ程度に信頼して良いとお考えになるでしょうか？　ほとんどの読者は日経の結果の方が朝日のそれよりも信頼がおけると直感的に感じるのではないでしょうか？　またそれが，両社のランダムサンプルサイズに起因していると思う読者も少なからずいると思われます。

結論から言えば，この読者の直感は正しいのです。ランダムサンプルサイズが大きいほど，その点推定は信頼がおけるのです。しかしながら，点推定ではそのことが明示的に示されていません。今の例では，朝日と日経の点推定値はどちらも 60％で，両社の信頼度は明らかではないのです。そこで，ランダムサンプルサイズの違いによって，推定の信頼度が増していることが明らかであるような推定法を次に掲げます。これを一般に**区間推定**と呼びますが，本書ではその中でも「**95％信頼区間**」を用いることにします。両社の 95％信頼区間はそれぞれ，以下のようになります。

首相の真の支持率 p に関する 95％信頼区間（朝日新聞）

$$\left(\frac{3}{5}-1.96\sqrt{\frac{\frac{3}{5}\left(1-\frac{3}{5}\right)}{5}},\quad \frac{3}{5}+1.96\sqrt{\frac{\frac{3}{5}\left(1-\frac{3}{5}\right)}{5}}\right)=(0.170,\ \ 1.029)$$

首相の真の支持率 p に関する 95％信頼区間（日本経済新聞）

$$\left(\frac{6}{10}-1.96\sqrt{\frac{\frac{6}{10}\left(1-\frac{6}{10}\right)}{10}},\quad \frac{6}{10}+1.96\sqrt{\frac{\frac{6}{10}\left(1-\frac{6}{10}\right)}{10}}\right)=(0.296,\ \ 0.903)$$

たとえば日経は「首相の真の支持率 p は，ほぼ確実に区間（0.296, 0.903）に存在する」というように主張するわけです。信頼区間を使った推定によれば朝日の 95％信頼区間の幅は 0.859，日経は 0.607 です。したがって，信頼区間の幅が小さければ，それだけ信頼度が上がっていることがわかります。

エクセルで実験

では早速，点推定と区間推定をエクセルで行ってみましょう。今，首相の真の支持率 p が 0.6 であるとしましょうか。首相の真の支持率 p がわかっているなら推定する必要はないじゃないかなどと野暮なことは言わないでください。これはあくまで練習です。日本国民全体の中から 20 人のランダムサンプルを選んで，首相を支持するかしないか聞くことにします。どうしたらよいでしょう？　ここで，プロローグで勉強した，赤鉛筆を転がして「赤鉛筆のちょうど真上になった点から 0 線までの距離」を測る実験が利用できるのです。すなわち，

① 赤鉛筆を転がして「赤鉛筆のちょうど真上になった点から 0 線までの距離」を測り，その値を H 列 2 行から H 列 21 行に入力します。具体的なやり方はプロローグを参照してください。

② ①のそれぞれの値が 0.6 以下（今，首相を支持するのは全体の 6 割なので，0～1 の 6 割，0～0.6 の場合）であれば，首相を支持する人がサンプルに選ばれたと考えて，I 列に 1 を，そうでなければ 0 を入力します。

③ 具体的な手順は次の通りになります。まず I 列 2 行に

```
=IF(H2<=0.6,1,0)
```

と式を入力します。H 列 2 行の値に応じて，I 列 2 行に 1 か 0 の値が入りましたね。次に，I 列 2 行で，右クリック → コピー → I 列 3 行から I 列 21 行までドラッグ → 右クリック → 貼り付け，とします。これで I 列に首相を支持する人を表す 1 と，支持しない人を表す 0 が現れているはずです。このようにすれば，首相の真の支持率 p が 0.6 である日本国民全体の中から，20 人のランダムサンプルを選んで首相を支持するかしないか聞いたことになることがわかりますね？

さて，この結果を用いて点推定と区間推定をやってみましょう。まず，A列5行にランダムサンプルサイズ n を入力します。ここでは当然20ですね。さらに，B列5行にはランダムサンプルの中で首相を支持するとこたえた人の数 N を入れます。ここではこのセルに

=SUM(I2:I21)

と入れれば良いのです。この関数SUMはI列2行からI列21行までの和を表しますから，結局，サンプルの中で首相を支持する人の数がこのセルに入ることになるわけです。C列5行には点推定値を入れましょう。次の式を入力してください。

=B5/A5

点推定値完成ですね。次に95%信頼区間ですが，これは少しやっかいです。まず，信頼区間の左端をD列5行に計算しましょう。それには，このセルに

=C5-1.96*SQRT(C5*(1-C5)/A5)

と入力します。SQRTという関数を使っていますが，これは平方根を計算する関数です。また，「*」，「/」はそれぞれかけ算と割り算を表していることはご存じですね。これで左端が完成です。右端は同様にして，E列5行に

=C5+1.96*SQRT(C5*(1-C5)/A5)

と入力しましょう。ついでに，95%信頼区間の幅をF列5行に入れましょう。これは

=E5-D5

とすれば良いことはおわかりですね？　以上の結果はおおよそ次のようになっているはずです。確認してみましょう。

	A	B	C	D	E	F	G	H	I	J	K
1								赤鉛筆を転がす	首相を支持するなら1，しないなら0	首相の真の支持率pの値	
2								0.382	1	0.6	
3				95%信頼区間				0.100681	1		
4	n	N	点推定	左端	右端	区間の幅		0.596484	1		
5	20	16	0.8	0.624692	0.975308	0.350615		0.899106	0		
6								0.88461	0		
7								0.958464	0		
8								0.014496	1		
9								0.407422	1		
10								0.863247	0		
11								0.138585	1		
12								0.245033	1		
13								0.045473	1		
14								0.03238	1		
15								0.164129	1		
16								0.219611	1		
17								0.01709	1		
18								0.285043	1		
19								0.343089	1		
20								0.553636	1		
21								0.357372	1		
22											
23											
24											
25											

点推定と区間推定 / 課題090515

本章のまとめ

日本国民全体の中から n 人のランダムサンプルをとって，首相を支持するかしないか尋ねたとき，N 人が首相を支持すると答えたとする。この時，首相の真の支持率 p は，

$$点推定：\frac{N}{n}$$

$$95\%信頼区間：\left(\frac{N}{n}-1.96\sqrt{\frac{\frac{N}{n}\left(1-\frac{N}{n}\right)}{n}},\quad \frac{N}{n}+1.96\sqrt{\frac{\frac{N}{n}\left(1-\frac{N}{n}\right)}{n}}\right)$$

で推定することができる。また，95%信頼区間はその幅が小さいほど信頼度が高いことを示す。

問　題

問 1　首相を支持する人の真の割合 p が 0.3 である国民がある。この国民の中から，2,000 人をランダムに選び，首相を支持するか否かをエクセルでシミュレートしなさい。さらに，その結果を用いて，首相の支持率 p の点推定と区間推定を行いなさい。

シミュレーション用プログラム

```
#-----------------------------------------------------------------------------------------
# 第 2 章
# 真の支持率は以下，p= で指示する。その上で，
# n 人の有権者に首相を支持するか否かをきいて，支持するのであれば 1，支持しないので
# あれば 0 となる。
# サンプルを得る（asahi_sinbun）。このサンプルを使って，点推定と 95％信頼区間を作成
# する（suitei）。
#-----------------------------------------------------------------------------------------
import numpy as np
import pandas as pd
from numpy.random import *
import matplotlib.pyplot as plt

n=10 # ランダムサンプルサイズ

akaenpitu=pd.Series(rand(n)) # 赤鉛筆を n 回，転がす

# 赤鉛筆の結果から首相支持，不支持をの値を返す関数，prime_minister
# 首相を支持する = 1，しない = 0
# 首相を支持する真の確率 =p
def prime_minister(R,p):
    if R <= p:
        X = 1
    else :
        X = 0
    return X

# 朝日新聞の世論調査 n 人分の結果が得られる
asahi_sinbun=akaenpitu.apply(prime_minister,p=0.6) # apply が map だと不可

# 首相を支持する人の真の割合の点推定を 1 個得る
asahi_sinbun_tensuitei=asahi_sinbun.mean()

# 信頼区間を計算するラムダ関数の定義
# x は点推定でなければならない
hidari = lambda x: x-1.96*np.sqrt(x*(1-x)/n)
migi   = lambda x: x+1.96*np.sqrt(x*(1-x)/n)
```

```
# 点推定，区間推定を含む DataFrame の作成：１行からなる
suitei =pd.DataFrame([[asahi_sinbun_tensuitei,hidari(asahi_sinbun_tensuitei),
                       migi(asahi_sinbun_tensuitei)]],
                       columns=['点推定','左信頼限界','右信頼限界'])

suitei
```

3 点推定と区間推定の意味

さて，前章の結論はこうでした。

> 日本国民全体の中から n 人のランダムサンプルをとって，首相を支持するかしないか尋ねたとき，N 人が首相を支持すると答えたとする。この時，首相の真の支持率 p は，
>
> 点推定：$\dfrac{N}{n}$
>
> 95％信頼区間：$\left(\dfrac{N}{n}-1.96\sqrt{\dfrac{\frac{N}{n}\left(1-\frac{N}{n}\right)}{n}},\quad \dfrac{N}{n}+1.96\sqrt{\dfrac{\frac{N}{n}\left(1-\frac{N}{n}\right)}{n}}\right)$
>
> で推定することができる。

この結論に従えば，点推定は常に首相の真の支持率 p と一致すると考えてよいのでしょうか？　あるいは，95％信頼区間は常に首相の真の支持率 p を含んでいるのでしょうか？　本章ではこれらの問題について考えてみたいと思います。

今，首相の真の支持率 p が 0.7 であるとします（当然ながらこの値は神様しか知りません）。これを新聞社 1 から新聞社 1,000 が独自に点推定および区間推定しました。それぞれの新聞社は $n = 30$，つまり国民の中から 30 人をランダムサンプルとして選んで推定を行いました。表 3 － 1 はその結果の一部を示しています。

表３－１　1,000 社の新聞社が首相支持率を推定した結果（一部）

新聞社番号	真の首相支持率 p	ランダムサンプルサイズ (n)	点推定	区間推定（左端）	区間推定（右端）	区間推定は真の支持率を含むか
1	0.7	30	0.7	0.536	0.864	含む
2	0.7	30	0.5	0.321	0.679	含まない
3	0.7	30	0.6	0.425	0.775	含む
・ ・ ・	0.7	30	・ ・ ・	・ ・ ・	・ ・ ・	・ ・ ・

新聞社１は点推定値が 0.7 ですから，めでたく真の首相支持率 p と一致していますが，新聞社２のそれは 0.5 ですから真の首相支持率とは異なっています。信頼区間は新聞社１のそれは見事に真の支持率を含んでいますが，新聞社２のそれは含んでいません。また，新聞社３は点推定値が 0.6 ですから真の支持率とは異なっていますが，信頼区間を見ると真の支持率 0.7 を含んでいることがわかります。それぞれの新聞社がランダムに国民の中から 30 人を選んでいるわけですから，このような結果の違いが生じても不思議ではありませんよね。では，点推定と区間推定によって首相の真の支持率 p を推定できるとした前章の結論はいったいどのような意味なのでしょうか？

この問題に答えるにはまず，前章の結論が推定の方法のことを言っているのであって，推定の結果が正しいと言っているわけではないことを十分に理解してください。そのように言われるとなんだか不安な気がしてくると思いますが，統計学とはそのような科学的方法を語る学問なのです。ちょっと難しいことを言ったかもしれません。論より証拠というわけで，２章の方法で 1,000 社の新聞社が首相の真の支持率 p を推定した結果を分析してみましょう。まず，1,000 社の新聞社による首相の真の支持率 p の点推定値が 1,000 個ありますから，この 1,000 個の点推定値を用いてヒストグラムを描いてみましょう。それが図３－１です。

図3－1　真の支持率 p の 1,000 個の点推定値のヒストグラム（n = 30）

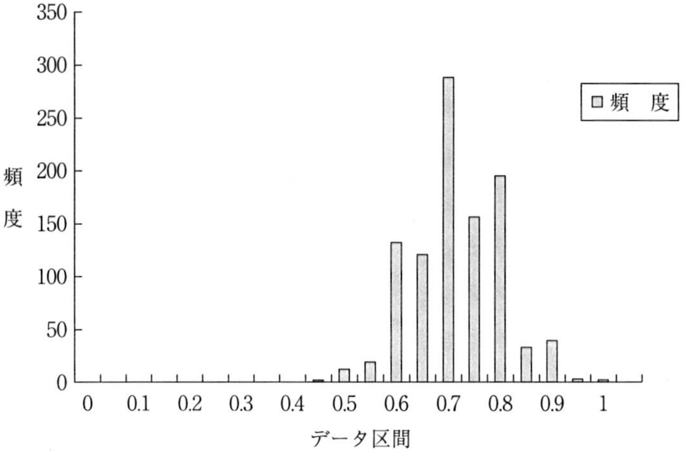

図3－1によると300社近くの点推定値は0.7か，それに近い値になっていることがわかりますよね。したがって，これらの300社の推定値は首相の真の支持率 p をほぼ正確に推定できたことになります。他方で点推定値が0.6かそれに近い値になった新聞社の数は150社ほど，また点推定値が0.8かそれに近い値になった新聞社の数は200社ほどあることもわかります。点推定値が0.4とか0.3とか，p よりも大きく異なる点推定を行った新聞社が1つもないことにも注目してください。どうやら，ランダムサンプルサイズ n = 30による点推定の結果はいわゆる「あたらずとも遠からず」的な結果を与えていることがわかってもらえたと思います。

今度は区間推定に目を転じてみましょう。表3－2は1,000社の区間推定が真の首相支持率 p を含んでいたか否かを調べたものです。

表3－2　95％信頼区間は真の支持率 p を含んでいるか（n = 30）

95％信頼区間が真の支持率 p を含んでいた新聞社の数	945
95％信頼区間が真の支持率 p を含んでいなかった新聞社の数	55

それによると，1,000 社のうち 945 社の 95%信頼区間が首相の真の支持率 p を含んでいた，すなわち正しい推定を行っていたということがわかります。推定に失敗した新聞社の数はわずかに 55 社のみです。ところで推定に成功した 945 社の全体に対する比率は 945 ÷ 1000 で 0.945 ですね。ここで勘の良い読者ならば「95%信頼区間」の意味がピンときたのではないでしょうか。そうです，「95%信頼区間」の意味は，95%信頼区間を何度も作った場合，そのうちの 95%で推定に成功し（すなわち信頼区間が真の支持率 p を含む），5%で失敗する（すなわち信頼区間が真の支持率 p を含まない）ということなのです。

以上のような結論はランダムサンプルサイズ n を 100 に増やした場合どのようになるのでしょうか。今度はこれを調べてみましょう。先ほどと同じように，首相の真の支持率 p は 0.7 であるとして，1,000 社の新聞社それぞれが国民全体からランダムサンプルとして 100 人を選んで，点推定と区間推定を行うわけです。まず，1,000 個の点推定値からヒストグラムを描いた結果が図 3 － 2 です。

ランダムサンプルサイズが 30 の場合と同じように，点推定の結果はここでも「あたらずとも遠からず」的な結果を与えていることがわかりますね。同時に，図 3 － 1 と比較して，重要な相違点にも気づくことと思います。そうです，図 3 － 2 に示されているように，ランダムサンプルサイズが 100 の場合の

図 3 － 2　真の支持率 p の 1,000 個の点推定値のヒストグラム（n = 100）

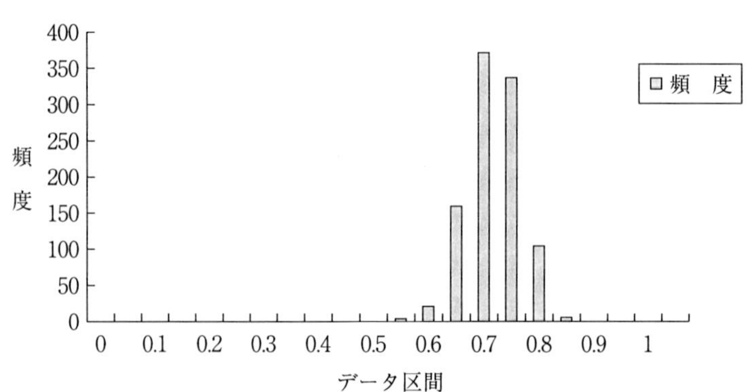

点推定値は30の場合の点推定値に比べて，真の支持率pを大きく外した新聞社の数が減っていますよね。具体的には，点推定値が0.6（つまり，真のpの値よりも小さい推定値）かそれに近い値になった新聞社の数はランダムサンプルサイズが30の場合150社ほどあったのに対して，ランダムサンプルサイズが100の場合では10数社しかありません。また推定値が0.8（つまり，真のpの値よりも大きい推定値）かそれに近い値になった新聞社の数はランダムサンプルサイズが30の場合200社ほどありましたが，ランダムサンプルサイズ100では10社に満たなくなっています。このようにランダムサンプルサイズが増えると点推定の精度が上がることがわかります。

95％信頼区間はどのようになっているでしょうか。ランダムサンプルサイズが増えると推定に成功する新聞社の数は増えるのでしょうか。前回と同様に1,000社の区間推定が真の首相支持率pを含んでいたか否かを調べてみましょう。

表3－3　95％信頼区間は真の支持率pを含んでいるか（n = 1000）

95％信頼区間が真の支持率pを含んでいた新聞社の数	948
95％信頼区間が真の支持率pを含んでいなかった新聞社の数	52

結果は表3－3に与えられたとおりです。推定に成功した新聞社の数は948社ですから全体の約95％が推定に成功しています。しかしながら，依然として52社（約5％）が推定に失敗しています。すなわち，その名の通り，95％信頼区間は約95％の確率で推定に成功していることになります。どうしてこのような結果になるのでしょうか。それに対する答えはこうです。確かに点推定の精度はランダムサンプルサイズが増えると上がっています。しかしながら，2章で見たように，95％信頼区間の幅はランダムサンプルサイズが増大するのとあわせて短くなりましたね。つまり，点推定の精度が上がったぶん，信頼区間の幅が短くなる（成功しにくくなる）ので相殺されて，結局95％の成功率に落ち着くということになっているわけです。最後に，区間推定の性質はランダムサンプルサイズnがある程度大きい（30程度以上）ことが前提だということを指摘しておきます。

エクセルで実験

前節で述べたことをエクセルで確認してみましょう。まず，シート名「Sheet1」を「1000の新聞社の推定（$n = 30$）」と変えます。これにはSheet1のところで右クリックして，「名前の変更」を左クリックし，後は「1000の新聞社の推定（$n = 30$）」と入力すれば良いのです。シート名からわかるようにこのシートではランダムサンプルサイズを30として首相の支持率pを推定します。しかも1,000の新聞社が独立に支持率の推定を行うわけです。だんだん，複雑になってきましたので整理しながら作業を進めましょう。A列1行に「新聞社の番号」，B列1行に「首相の真の支持率p」，C列1行に「ランダムサンプルサイズ」と記入しましょう。それから，2行目A，B，C列に1，0.7，30と値を入れます。それぞれ，新聞社1，首相の真の支持率p，ランダムサンプルサイズを示します。D列からAG列には赤鉛筆を転がした結果を入力していきます。D列1行に「赤鉛筆を30回転がす」と入れてください。さていよいよ，D列2行からAG列2行に赤鉛筆を30回転がした結果を得る番です。今度は今までと違って横方向に結果を入れていきますから，これまでと少し違う指示をコンピュータに与えなければなりません。データ → データ分析 → 乱数発生から次のように設定します。

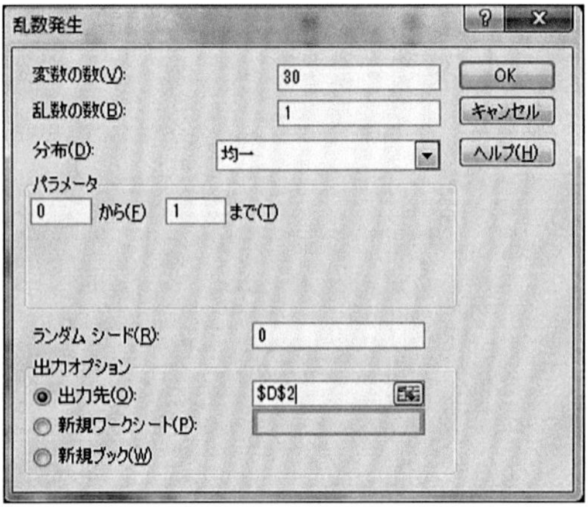

変数の数を30にして，乱数の数を1にするのがポイントです。この状態でOKボタンを押してください。D列2行からAG列2行に，上手に赤鉛筆を転がすことができたでしょうか。この赤鉛筆を転がした結果から首相を支持した人には1を，支持しなかった人には0を当てはめて

乱数発生
変数の数(V): 30
乱数の数(B): 1
分布(D): 均一
パラメータ
0 から(F) 1 まで(T)
ランダム シード(R): 0
出力オプション
出力先(O): $D$2
新規ワークシート(P):
新規ブック(W)
OK
キャンセル
ヘルプ(H)

行きましょう。AH 列 1 行に「首相を支持する人は 1，支持しない人は 0 となる」とタイトルを記入しておきます。そして，AH 列 2 行には D 列 2 行にある赤鉛筆を転がした結果を用いて，D 列 2 行の結果が 0.7 よりも小さければ首相を支持した(1)と判断し，そうでなければ支持しなかった(0)と考えることにしましょう。なぜそうするかというと，首相の真の支持率 p は 0.7 なので，全体の 7 割が支持するはずです。ですから，乱数 0 ～ 1 までの 7 割，ここでは 0 から 0.7 までを首相を支持した(1)と判断し，そうでなければ支持しなかった(0)と考えれば良いからです。したがって，具体的には，AH 列 2 行に次のような式を入れる必要があります。

```
=IF(D2<=$B2,1,0)
```

D 列 2 行の赤鉛筆の結果に応じて AH 列 2 行に首相への支持，不支持の結果が正確に反映されていることを確認してください。この式で，B2 は B 列 2 行を示しますから，今の場合 0.7 に等しいですよね。それから B の前に $ 記号がついています。これは絶対参照といって AH 列 2 行をコピーして他のセルに貼り付けた場合，B 列が変化しないことを意味しています。したがって，AI 列 2 行から BK 列 2 行に首相への支持，不支持の結果を得るためには，

AH 列 2 行コピー→ AI 列 2 行から BK 列 2 行をドラッグ → 右クリック
→ 貼り付け

とすれば良いわけです。どうですか，D 列 2 行から AG 列 2 行にある赤鉛筆を転がした結果に対応して AH 列 2 行から BK 列 2 行に新聞社 1 による世論調査の結果が入っているでしょうか？

次に新聞社 1 の点推定，区間推定を行い，次に区間推定が首相の真の支持率 p を含んでいるか否かを調べてみましょう。まず点推定には BL 列 2 行に

```
=sum(AH2:BK2)/C2
```

と入力します。sum(AH2:BK2) が新聞社 1 のランダムサンプルの中で首相を支持する人の数になっていることはおわかりですね。C2 は C 列 2 行を示します

が，そこにはランダムサンプルサイズ 30 が控えているのでした。よって，この式は点推定であることがわかります。次に 95％信頼区間の左端は BM 列 2 行に次の式を入れます。

=BL2-1.96*SQRT(BL2*(1-BL2)/C2)

同様に右端は BN 列 2 行に

=BL2+1.96*SQRT(BL2*(1-BL2)/C2)

と入れれば良いことがわかりますね。最後に首相の真の支持率 p が 95％信頼区間に含まれているか否かを BO 列 2 行に表しましょう。1 ならば含まれている（区間推定成功），0 ならば含まれていない（区間推定失敗）となるように式を書きます。そのためには BO 列 2 行に次式を入力します。

=IF(AND(BM2<=B2,BN2>=B2),1,0)

ここで，AND(BM2<=B2,BN2>=B2),1,0) は，「B2 が BM2 以上で， かつ，B2 が BN2 以下である」という命題を表します。B 列 2 行には首相の真の支持率 p つまり 0.7 がありますから，これで判定できることがわかるでしょう。

ここまで，新聞社 1 による推定を詳しく述べて来ました。これを他の 999 社の新聞社に適用することは難しくありません。まず，B，C 列にはそれぞれ 0.7 と 30 が入れば良いですから，B 列 2 行から C 列 2 行をドラッグして，右クリック，コピーします。そして B 列 3 行から C 列 1001 行までを一気にドラッグして，右クリック，貼り付けとします。これで B 列および C 列に 0.7，30 が満遍なく入力されました。次に，999 社それぞれに赤鉛筆を 30 回転がしてもらいましょう。一見大変そうですが，データ → データ分析 → 乱数発生で次頁のように設定するだけです。

ここで OK ボタンを押すと，D 列 2 行から AG 列 1001 行までに赤鉛筆を転がした結果が得られているはずです。最後にこれらの赤鉛筆の結果から 999 の新聞社それぞれが点推定，区間推定をし，さらに区間推定の正否を確かめなければなりません。これも難しそうですが一気に処理できます。まず，AH 列 2

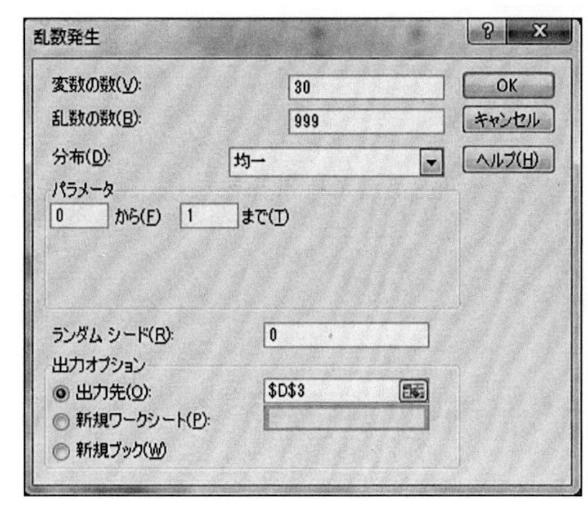

行からBO列2行までドラッグしてコピーします。それから，AH列3行からBO列1001行までドラッグして，右クリック，貼り付け，これで完了です。簡単にできたでしょうか。なお，A列には新聞社の番号を入れておきます。その方法は，A列3行に，「=A2+1」と入力し，次に，A列3行をコピーして，A列3行から1001行までに貼り付けるだけです。

1,000の新聞社の95%信頼区間が真のpを含んでいるか否かはBO列に表されています。BO列2行から1001行までにある1は，対応する新聞社の区間推定が成功した（95%信頼区間が真のpを含んでいた）ことを示していますから，これらの1の数を数え上げれば，1,000社の中で区間推定に成功した新聞社の数を知ることができます。この数をBQ列48行に書き出しましょう。このセルに次のような式を書けば良いことがわかりますね。

```
=sum(BO2:BO1001)
```

おおよそ950社前後になっているはずですが，読者のそれは何社になったでしょうか？　次に1,000の新聞社の首相支持率pの点推定値からヒストグラムを描いてみましょう。まず階級幅を決めなければなりませんね。これは0～1までを0.05きざみとすることにします。BQ列25行に0と入れます。それからBQ列26行に次式を入れます。

```
=BQ25+0.05
```

後は，このBQ列26行をコピーして，BQ列27行からBQ列45行に貼り付ければ良いのです。これで階級幅の設定は完了です。最後にヒストグラムを描きましょう。データ → データ分析 → ヒストグラムとして次のように設定すればよろしい。

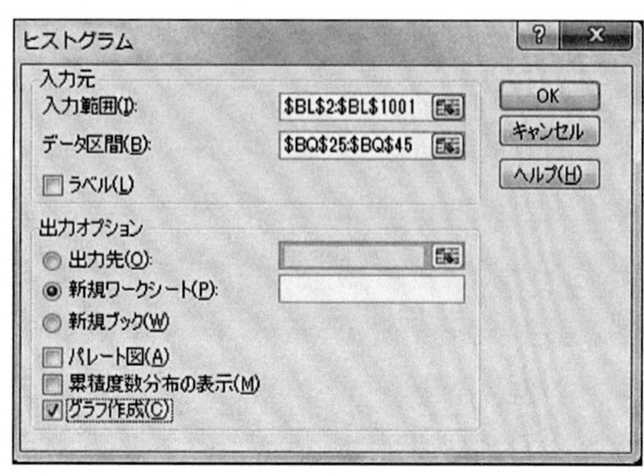

これで，図3－1のようなヒストグラムができていれば成功です。ランダムサンプルサイズ $n = 100$ での実験は読者への練習問題といたします。図3－2のような結果が得られるかためしてみてください。なお，この問題の結果を第5章で利用するのでぜひエクセルで挑戦し，シートを保存しておいてください。

本章のまとめ

○ 首相の真の支持率 p を何度も，点推定し，多数の点推定値を得る。この多数の点推定値をもとに，ヒストグラムを描くと p を中心にした，釣り鐘型のグラフが得られる。

○ ランダムサンプルサイズ n が増大すると，点推定の精度が上がる。

○ 95％信頼区間とは，95％信頼区間を作って首相の支持率 p を何度も区間推定した場合，その中の95％で推定が成功する（信頼区間が p を含む）という意味である。

○ ランダムサンプルサイズ n が小さい（30未満程度）と95％信頼区間は本来の性能を持たなくなる[1)]。

1）これは後述する正規分布への近似が悪くなるからです。

問　題

問1　首相を支持する人の真の割合 p を 0.3 とする。ランダムサンプルサイズ n=30 で，1,000 の新聞社が p を点推定した。この 1,000 社の p の点推定値を用いて，ヒストグラムを作りなさい。

問2　上記の 1,000 の新聞社の点推定において，その点推定が $p-1.96\sqrt{\frac{p(1-p)}{n}}$ 以上，$p+1.96\sqrt{\frac{p(1-p)}{n}}$ 以下となった新聞社の数を数えなさい。ただし，数える際に sum 関数を使うこと。

シミュレーション用プログラム

```
#---------------------------------------------------------------------------
# 第3章
# 点推定と区間推定を多数回行い，点推定のヒストグラムと
# 区間推定の成功の割合を求める。
#
# 条件は以下のとおり
# 新聞社の数＝１万
#
#   n の設定↓        p の設定
#   2                0.7
#   30               0.7
#   101              0.7
#   2000             0.7
#   2                0.5
#   30               0.5
#   101              0.5
#   2000             0.5
#---------------------------------------------------------------------------
import pandas as pd
import numpy as np
from numpy.random import *
#from statistics import mean, median,variance,stdev
import matplotlib.pyplot as plt

def tensuitei_kukansuitei_imi(n,p):

    # 調査を行う新聞社の数
    n_newspapers=10000

    # 首相を支持するか否かを決定するラムダ関数
    # x は赤鉛筆
    support = lambda x: 1 if x<=p else 0
```

```
    # 信頼区間を計算するラムダ関数の定義
    # x は N/n である
    hidari = lambda x: x-1.96*np.sqrt(x*(1-x)/n)
    migi   = lambda x: x+1.96*np.sqrt(x*(1-x)/n)

    # 赤鉛筆を (n_newspapers*n) 回，転がして，その結果を n_newspapers 行，n 列の行列
    # に保管する
    aka=pd.DataFrame(rand(n_newspapers*n).reshape(n_newspapers,n))

    # newspapers の各要素には首相支持なら 1，不支持なら 0 が入る
    newspapers=aka.applymap(support)

    # 新聞社ごとの点推定
    newspapers=newspapers.assign( tensuitei=newspapers.mean(axis=1) )

    # 95% 信頼区間の計算
    newspapers=newspapers.assign(
                                    hidari=hidari(newspapers.tensuitei),
                                    migi=migi(newspapers.tensuitei)
                                 )

    # 信頼区間に p が入っているか否かを判定するラムダ関数の定義
    # x.hidari は左信頼限界，x.migi は右信頼限界
    hantei = lambda x: '成功・区間推定' if (p>=x.hidari) & (p<=x.migi) else '失敗・区間推定'

    # 95% 信頼区間に p が含まれているか否かの判定
    newspapers=newspapers.assign(
                                    judge=newspapers.apply( hantei,axis=1)
                                 )

    # 変数名の変更
    newspapers.rename(columns={'tensuitei':'点推定値','hidari':'左信頼限界',
    'migi':'右信頼限界'},inplace=True)

    # 信頼区間の成功，失敗の数
    print(newspapers.judge.value_counts())

    # 点推定値のヒストグラム
    newspapers['点推定値'].plot(kind='hist',bins=[i*0.01 for i in range(101)],
    title='点推定値のヒストグラム')
    plt.show()

# 実験開始
tensuitei_kukansuitei_imi(2,0.7) # n=2 一つの新聞社の標本数 , p=0.7 首相を支持する真の確率

tensuitei_kukansuitei_imi(30,0.7)
tensuitei_kukansuitei_imi(101,0.7)
```

```
tensuitei_kukansuitei_imi(2000,0.7)
tensuitei_kukansuitei_imi(2,0.5)
tensuitei_kukansuitei_imi(30,0.5)
tensuitei_kukansuitei_imi(101,0.5)
tensuitei_kukansuitei_imi(2000,0.5)
```

4　正規確率変数

首相の真の支持率 p を点推定，区間推定する方法とその意味を前 2 章で勉強してきました。4 章以降さらにその方法のからくりを説き起こしていきますが，本章ではそのための道具を準備することにします。それは正規確率変数という確率変数です。ここでは確率変数とはなんぞやということには深入りしません。正規確率変数というサイコロがあると考えてください。正規確率変数というサイコロを振ってみましょう。普通のサイコロならばそこらへんにいくらでもありますから，手にとって振ることができますね。しかし，正規確率変数というサイコロはそこらへんにはありません。けれども，正規確率変数というサイコロを振ることは簡単にできるのです。早速やってみましょう。エクセルを開いて

データ → データ分析 → 乱数発生

として次のように設定します。ここで，「分布」を「正規」と指定することが必要です。

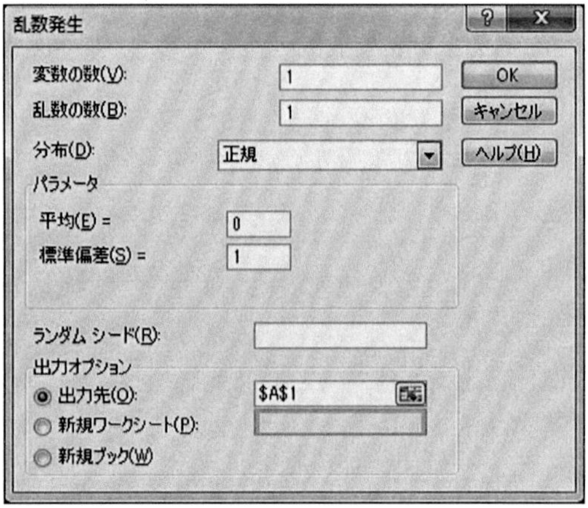

乱数発生
変数の数(V): 1
乱数の数(B): 1
分布(D): 正規
パラメータ
平均(E) = 0
標準偏差(S) = 1
ランダム シード(R):
出力オプション
出力先(O): $A$1
新規ワークシート(P):
新規ブック(W)
OK
キャンセル
ヘルプ(H)

ここで，OK ボタンをクリックすると A 列 1 行に，正規確率変数というサイコロを振った結果が得られるはずです。このように得られた結果を一般に**確率変数の実現値**といいます。上記設定で，正規確率変数というサイコロは**平**

均と**標準偏差**というものを持っていることに注目してください。今，振った正規確率変数というサイコロは平均が0で，標準偏差が1の正規確率変数です。ちなみに，標準偏差の二乗したものを**分散**といいます。これも覚えておいてください[1)]。

さて，正規確率変数というサイコロの性質を調べてみましょう。そのためには，赤鉛筆を転がしたときと同じように，正規確率変数というサイコロを何度も振って，得られた多くの値＝多くの実現値，を用いてヒストグラムを描いてみれば良いですね。そこで，正規確率変数というサイコロを1,000回振って，得られた1,000個の実現値を用いてヒストグラムを描いてみましょう。先ほどと同じように，データ → データ分析 → 乱数発生として右のように設定します。

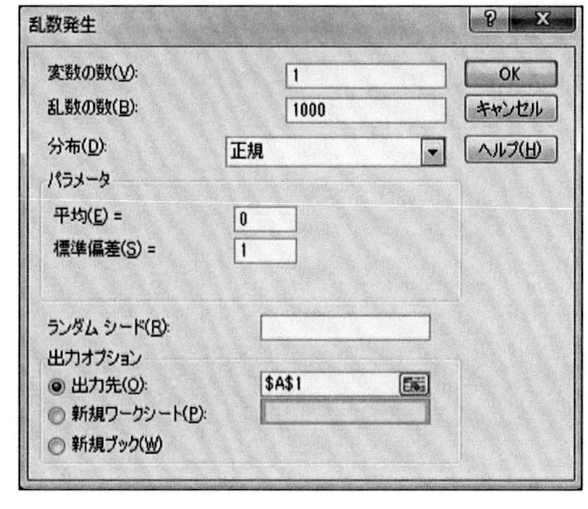

すると，A列に正規確率変数というサイコロを1,000回振った結果，実現値が現れているはずです。次にこれらの値を元にしてヒストグラムを描いてみます。階級の幅は－3から3までを0.4きざみにします。階級幅をC列20～35行に入力して，データ → データ分析 → ヒストグラムから，次頁のように設定します。

1）なお，読者の中には平均，標準偏差，分散などをデータから計算するものとして学んだ人もいると思います。しかしながらデータから計算されるこれらの値はそれぞれ**標本平均**，**標本標準偏差**，**標本分散**と呼んで，確率変数のそれとは明確に区別しておきます。

すると次のようなヒストグラムが描かれることになります。

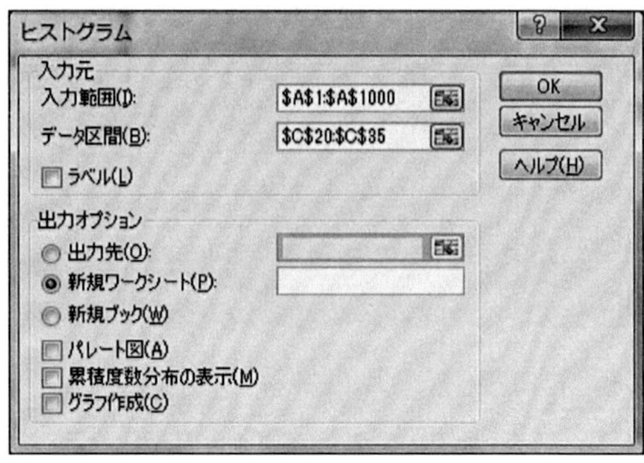

図4－1　平均0，標準偏差値1の正規確率変数1,000個の実現値のヒストグラム

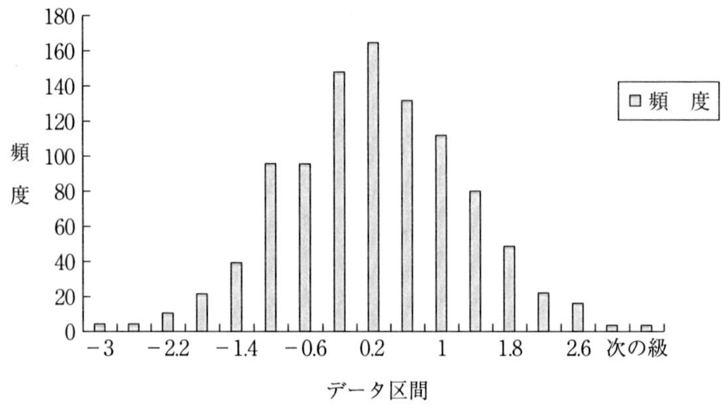

このヒストグラムから次のことが推察されます。

・平均0，標準偏差1の正規確率変数1,000個の実現値のヒストグラムは，中心が0である。

・平均0，標準偏差1の正規確率変数1,000個の実現値のヒストグラムは，釣り鐘型の左右対称な形をしている。

・平均0，標準偏差1の正規確率変数1,000個の実現値のヒストグラムは，標準偏差の3倍を，平均0から左右に取った区間にほぼ収まっている。

以上の結論は一般性を持っているでしょうか。それを確認するために今度は，平均が 10，標準偏差が 2 の正規確率変数の性質を調べてみます。先の結論によれば次のようなことが期待されますね。つまり，

・平均 10，標準偏差 2 の正規確率変数 1,000 個の実現値のヒストグラムは，中心が 10 である。
・平均 10，標準偏差 2 の正規確率変数 1,000 個の実現値のヒストグラムは，釣り鐘型の左右対称な形をしている。
・平均 10，標準偏差 2 の正規確率変数 1,000 個の実現値のヒストグラムは，標準偏差の 3 倍 = 6 を，平均 10 から左右に取った区間にほぼ収まっている。

ですね。早速確認してみましょう。シート名を「$\mu = 10$ $\sigma = 2$ [2)]の正規確率変数というサイコロを 1000 回振る」と変更し，さきほどと同じように，データ → データ分析 → 乱数発生として右のように設定します。これで，平均が 10，標準偏差が 2 の正規確率変数というサイコロを 1,000 回振ることができます。OK ボタンを押すと A 列に実現値が得られます。この 1,000 個の実現値を元にしてヒストグラムを描きます。階級幅は 4 から 16 までを 0.8 きざみにとりましょう。階級幅を C 列に入力して，データ → データ分析 → ヒストグラムから，次頁のように設定します。

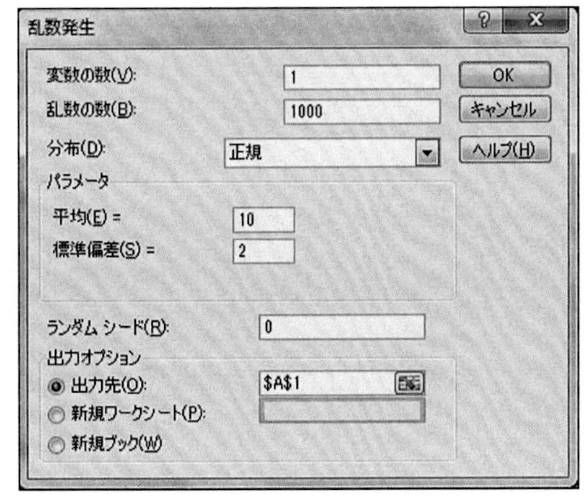

2）正規確率変数の平均として，μ（ミューと読みます），標準偏差として，σ（シグマと読みます）が伝統的に使われています。

すると，次のようなヒストグラムが描かれているはずです。

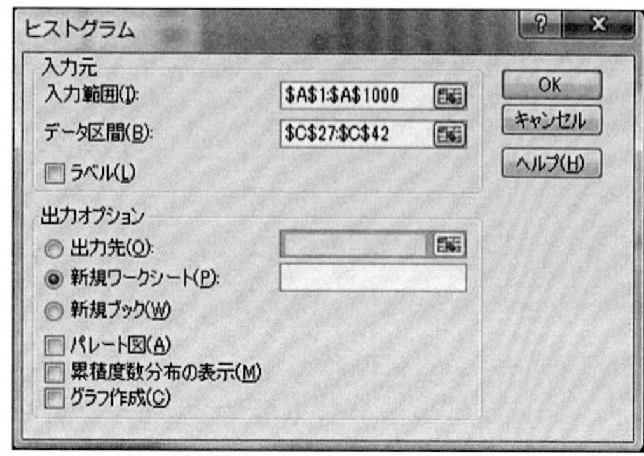

図 4 − 2　平均 10，標準偏差 2 の正規確率変数 1,000 個の実現値のヒストグラム

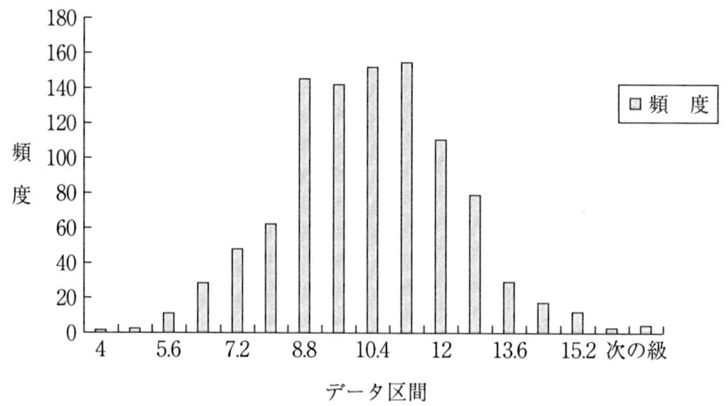

多少の異動はありますが，先ほどの 3 つの結論が裏付けられていると考えて良さそうです。なぜなら，ヒストグラムの中心は 10 になっていますし，グラフの形状は左右対称の釣り鐘型をしており，データは 10 ± 3 × 2 の区間にほぼ収まっているからです。

ところで，正規確率変数というサイコロを振るときに，平均と標準偏差を指定しなければなりませんでした。上記の 2 つの実験から，この平均はヒストグラムの中心を指定していることに他ならないと気づいた読者は鋭い。その通りなのです。また，標準偏差が 1 から 2 になったことによって，ヒストグラムの散らばり具合が増大していることもおわかりでしょう。実際，標準偏差とは分布の散らばり具合を示す概念なのです。覚えておいてください。

次に，平均 10，標準偏差 2 の正規確率変数と平均 0，標準偏差 1 の正規確率変数（これを**標準正規確率変数**といいます）との重要な関係をお教えしましょう。平均 10，標準偏差 2 の正規確率変数の実現値からその平均 10 を引いて，それを標準偏差 2 で割ると，それは標準正規確率変数の実現値になるのです。これをエクセルで確認するにはどうしたら良いでしょうか。すでに我々は平均 10，標準偏差 2 の正規確率変数の 1,000 個の実現値を手にいれていますね。したがって，これらの実現値から 10 を引いて，さらに 2 で割った値を 1,000 個手に入れることができます。この変換された 1,000 個の数値のヒストグラムが，標準正規確率変数の 1,000 個の実現値のヒストグラムとほぼ一致していることを確認すれば良いのです。エクセルを使ってみましょう。「ワークシートの挿入アイコン」をクリックして，新しいシートを追加します。シート名を「標準化」に変えておきましょう。このシートの A 列に平均 10，標準偏差 2 の正規確率変数の 1,000 個の実現値をコピーし，貼り付けます。具体的には

シート「$\mu = 10$ $\sigma = 2$ の正規確率変数というサイコロを 1000 回振る」の A 列 1 行で左クリック → そのまま 1000 行までドラッグ → 右クリック → コピー → シート「標準化」A 列 1 行で右クリック → 貼り付け

とします。次に B 列に A 列を変換した値を入れます。まず，B 列 1 行に

=(A1-10)/2

と式を入れます。A 列の値から 10 を引いてそれを 2 で割っていることはおわかりですね？　後は B 列 1 行をコピーして，その下 999 行に貼り付ければよいのです。次に標準化シート C 列 1 行から 16 行までに，－3 から 3 まで 0.4 きざみで階級値を入力します。最後にこのデータ区間を使って，B 列にある値からヒストグラムを描けばよろしい。設定と結果は次のとおりです。

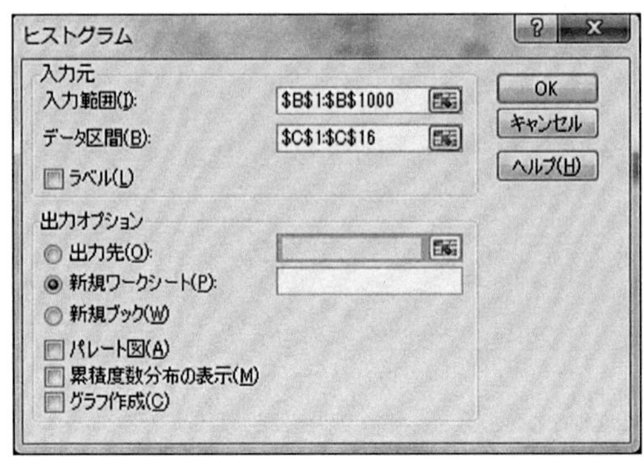

図4－3　平均10，標準偏差2の正規確率変数の1,000個の実現値を標準化した値のヒストグラム

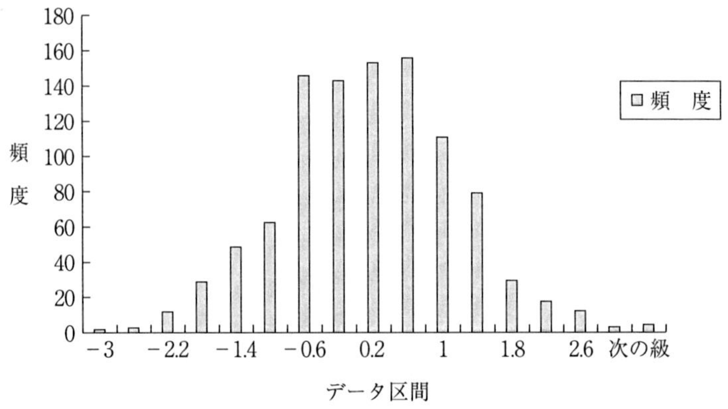

図4－1と比較してほぼ同じ結果が得られていることがわかります。

次にもう1つ，正規確率変数の重要な性質を確認します。先ほど，平均0，標準偏差1の正規確率変数の1,000個の実現値を得ましたね。この実現値が区間（平均－1.96×標準偏差，平均＋1.96×標準偏差）つまり，この例だと（－1,96, 1.96）に入った回数を数えてみましょう。そのためには，まず，B列1行に次のような式を入力します。

図 4 － 4　60 代女性 499 人の身長のヒストグラム

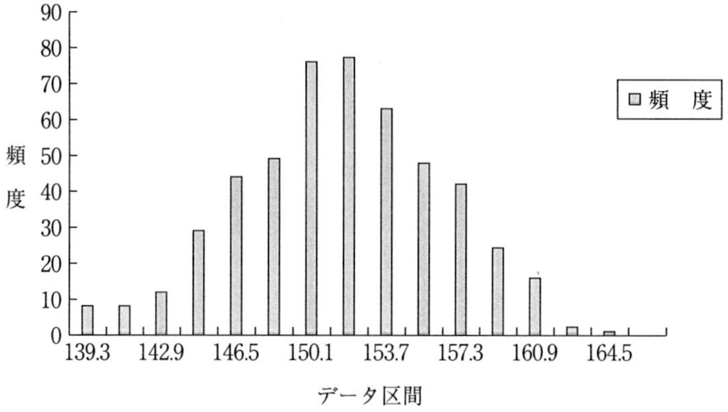

```
=IF(AND(A1>=0-1.96*1,A1<=0+1.96*1),1,0)
```

これは，実現値が該当区間に入っていれば 1，入っていなければ 0 を B 列 1 行に代入しなさいという意味になります。後は，B 列 1 行を右クリックでコピーして B 列 2 行から 1000 行まで貼り付けます。すると，B 列 1 行から 1000 行までの和を取るとそれが，1,000 個の正規確率変数の実現値の中で（－ 1,96, 1.96）に入った回数に等しくなります。私の例ではこれが 944 回になりました。これは実現値の約 95% ですね。この性質はどのような正規確率変数でも成り立つことが証明されています。読者は平均 10，標準偏差 2 の正規確率変数を使ってぜひ確認してみてください。

さて，ことさらに正規確率変数をとりあげる理由は何なのでしょうか。それは正規確率変数の実現値と考えられるものが世の中に溢れているからです。1 つだけ身近な例をあげておきましょう。図 4 － 4 は 60 代女性の 499 人の身長のヒストグラムを描いたものです。

一見して正規分布に似ているなと思ったはずです。次に平均 151，標準偏差 4.8 の正規確率変数 499 個の実現値を元にしてヒストグラムを描いてみます。念のため設定方法を次頁に掲げておきます。

乱数発生

変数の数(V): 1

乱数の数(B): 499

分布(D): 正規

パラメータ

平均(E) = 151

標準偏差(S) = 4.8

ランダム シード(R):

出力オプション

出力先(O):

新規ワークシート(P):

新規ブック(W)

OK

キャンセル

ヘルプ(H)

図 4 − 5　平均 151，標準偏差 4.8 の正規確率変数の 499 個の実現値のヒストグラム

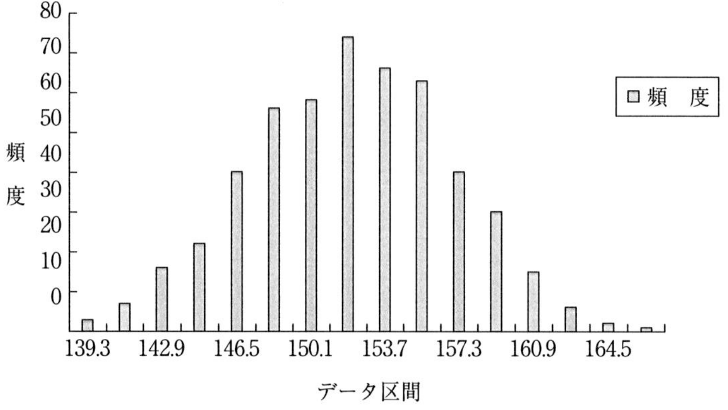

どうですか，すごく良く似ていますね。これは正規確率変数の実現値とみなされるデータのほんの一例です。このように正規確率変数の実現値とみなされるデータがいくつもあるので正規確率変数は重要だと考えられているのです。しかしながら，正規確率変数が重要だと考えられている理由は他にもあります。それは次章以降で読者は理解していくことになるでしょう。

本章のまとめ

○　平均 μ，標準偏差 σ の正規確率変数の多数の実現値からヒストグラムを描くと，

・その中心は μ で，

・釣り鐘型の左右対称な形をしており，

・標準偏差 σ の 3 倍を，平均 μ から左右に取った区間にほぼ収まっている。

○　平均 μ，標準偏差 σ の正規確率変数の多数の実現値の 95％は，区間（μ − 1.96 σ，μ + 1.96 σ）の中に入る。

○　平均 μ，標準偏差 σ の正規確率変数の実現値は，その値から平均 μ を引いて，σ で割ると標準正規確率変数の実現値になる。

○　体重などの身の回りのデータで，正規確率変数の実現値とみなせるものが多数存在している。

問　題

問 1　平均 0，標準偏差 1 の正規確率変数を 1,000 個実現させて，ヒストグラムを描くシートを作りなさい。

問 2　赤鉛筆を 1,000 回転がして，それぞれ頂点から 0 線まで測定した結果をヒストグラムにするシートを作りなさい。

問 3　平均 10，分散 9 の正規確率変数を 1,000 個実現させて，ヒストグラムを描くシートを作りなさい。

問 4　問 3 における実現値の各々を x とする。新たに $z=\dfrac{x-10}{\sqrt{9}}=\dfrac{x-10}{3}$ なる値を計算し，z のヒストグラムを描くシートを作りなさい（この変換を標準化という）。

シミュレーション用プログラム

```
#-----------------------------------------------------------------------
# 第 4 章
# 赤鉛筆とサイコロをそれぞれ，転がして，1 万個のデータを得て，そのヒストグラムを描
# く。また，
```

```
# 正規確率変数の性質を調べる
#　区間 （μ-1.96 σ, μ+1.96 σ） に 95%が実現するか
#-----------------------------------------------------------------------------------------------

import pandas as pd
import numpy as np
from numpy.random import *
import matplotlib.pyplot as plt

#-----------------------------------------------------------------------------------------------
# 赤鉛筆とサイコロをそれぞれ，転がして，1 万個のデータを得て，そのヒストグラムを描く
#-----------------------------------------------------------------------------------------------
# 赤鉛筆・サイコロを転がす回数 n
n=10000

# サイコロを 1 万回転がして，そのヒストグラムを描く
pd.Series([1,2,3,4,5,6]).sample(n,replace=True).plot(kind='hist', fontsize=20,
title=' サイコロのヒストグラム ')
plt.show()

# 赤鉛筆を 1 万回転がして，そのヒストグラムを描く
pd.Series(rand(n)).plot(kind='hist',fontsize=20,title=' 赤鉛筆 R のヒストグラム ')
plt.show()

# 標準正規確率変数というサイコロを 1 万回，転がして，そのヒストグラムを描く
pd.Series(randn(n)).plot(kind='hist',fontsize=20,title=' 赤鉛筆 R のヒストグラム ')
plt.show()


#-----------------------------------------------------------------------------------------------
# 正規確率変数の性質を調べる
#　区間 （μ-1.96 σ, μ+1.96 σ） に 95%が実現するか
#-----------------------------------------------------------------------------------------------

# 平均μと標準偏差σの設定
myu=10
sigma=5

# n: 正規乱数の個数
n=10000

# 正規乱数が区間 (μ-1.96 σ, μ+1.96 σ) に入っているか否かの判定をするラムダ関数の定義
hantei = (lambda x: ' 入っている ' if (x>=myu-1.96*sigma) & (x<=myu+1.96*sigma)
else ' 入っていない ')

# 正規乱数の生成
dff=pd.DataFrame(normal(myu,sigma,n),columns=[' 正規乱数 '])
```

```
# ヒストグラム作成
#dff['正規乱数'].plot(kind='hist', fontsize=20,title='正規乱数のヒストグラム',bins=[i for i in
#range(myu-3*sigma,myu+3*sigma)])
dff['正規乱数'].plot(kind='hist', fontsize=20,title='正規乱数のヒストグラム',
bins=[(myu-3*sigma)+i*(6*sigma/41) for i in range(41)])
plt.show()

# 正規乱数が区間(μ-1.96σ, μ+1.96σ)に入っているか否かの判定
dff['判定']=dff.applymap(hantei) # dffの各要素にhanteiを適用するので(x)は不要

# 上記の判定結果のクロス表
pd.crosstab(dff['判定'],columns='割合(%)',normalize=True)*100
```

5　首相を支持する人の数(N)をランダムサンプルサイズ(n)で割ると正規確率変数になる

3章で首相支持率の点推定の意味を考えました。そこでは，首相の真の支持率pが0.7であるとして，1,000の新聞社がランダムサンプルサイズ100でそれぞれ点推定を行ったわけです。1,000の新聞社の点推定からヒストグラムを描いてみると次のようになっていました。

（再掲）図3－2　真の支持率pの1,000個の点推定値のヒストグラム

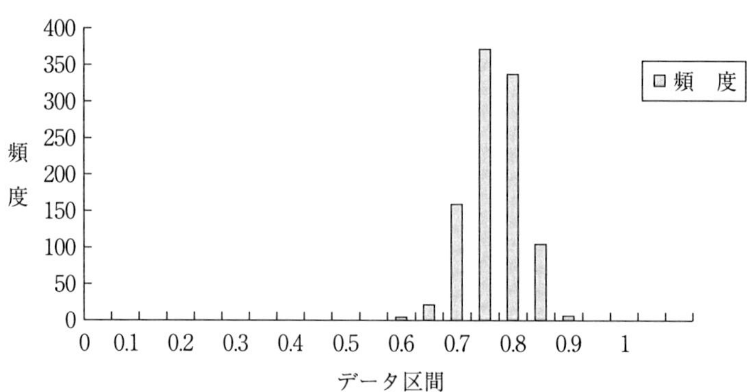

このグラフ，どこかで見たような気がしませんか？　そうです，前章でみた正規確率変数のヒストグラムによく似ていますね。正規確率変数のヒストグラムは①正規確率変数の平均を中心として分布し，②釣り鐘型の左右対称な形をしており，③正規確率変数の標準偏差の3倍を，正規確率変数の平均から左右に取った区間にほぼ収まるというものでした。上の図は釣り鐘型の左右対称な形

をしているので，仮に正規確率変数の実現値のヒストグラムだとすると，グラフがだいたい0.55から0.85に収まっていることから，標準偏差は(0.85 − 0.55)/6 = 0.05くらいで，平均は0.7と考えてよさそうです。そこで早速，平均0.7，標準偏差0.05の正規確率変数を1,000個実現させ，そのヒストグラムを描いてみましょう。次の図がその結果です。

図5－1　平均0.7，標準偏差0.05の正規確率変数1,000個の実現値のヒストグラム

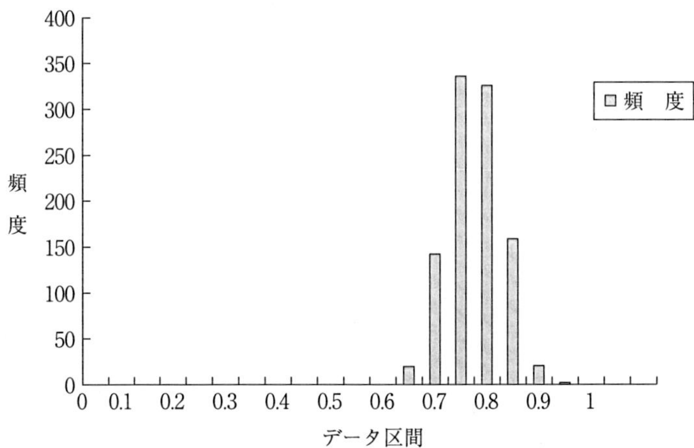

どうでしょうか。あまりにそっくりなので驚いたのではないでしょうか。実はこれは偶然ではありません。一般的には次のことが証明されているのです。

定理5－1

首相の真の支持率をpとする。ランダムサンプルサイズをnとして，国民全体の中からランダムサンプルを選び，首相を支持するかしないか尋ねたとき，N人が首相を支持すると答えたとする。この時，N/nは確率変数であって，平均p，標準偏差$\sqrt{\frac{p(1-p)}{n}}$の正規確率変数になる。ただし，nは十分大きいとする。

第3章の例では $n = 100$，$p = 0.7$ でしたから，N/n は平均が0.7で標準偏差が $\sqrt{\frac{0.7(1-0.7)}{100}} = 0.0458$ の正規確率変数になっているわけです。この定理が成立しているので，上述のように図5－1と図3－2は極めて似た形をしているわけです。また，定理5－1から首相の真の支持率 p の点推定値 N/n は，確率変数としての平均 p を持っていることがわかります。このように推定となる対象（ここでは p）とその**推定量**[1]（ここでは確率変数 N/n）の平均が一致することを**不偏性**といって，推定量の持つべき重要な性質と考えられています。

さて，正規確率変数の性質として，「正規確率変数の多数の実現値は区間（$\mu - 1.96\sigma$，$\mu + 1.96\sigma$）の中にその95％が入る」というものがありました。定理によれば，確率変数 N/n は平均 p，標準偏差 $\sqrt{\frac{p(1-p)}{n}}$ の正規確率変数になるわけですから，N/n の多数の実現値は区間

$$\left(p - 1.96\sqrt{\frac{p(1-p)}{n}},\ p + 1.96\sqrt{\frac{p(1-p)}{n}}\right)$$

の中に，その95％が入るということになります。第3章の例では $n = 100$，$p = 0.7$ でしたから，この区間は

$$\left(p - 1.96\sqrt{\frac{p(1-p)}{n}},\ p + 1.96\sqrt{\frac{p(1-p)}{n}}\right)$$

$$= \left(0.7 - 1.96\sqrt{\frac{0.7(1-0.7)}{100}},\ 0.7 + 1.96\sqrt{\frac{0.7(1-0.7)}{100}}\right) = (0.6102,\ 0.7898)$$

となります。この区間に実現した点推定値の個数を，第3章の例に戻って数えると，936になりました。1,000個の中の936ですからおよそ95％になってい

1）推定値を確率変数と考える場合は，伝統的に推定量という言葉を使います。

ることがわかりますね。

こうして，n が十分大きければ N/n は平均 p，標準偏差 $\sqrt{\dfrac{p(1-p)}{n}}$ の正規確率変数になることが確認されました。一方，第 4 章で正規確率変数の標準偏差は正規確率変数の実現値の散らばり具合を測る尺度であることを勉強しました。N/n は正規確率変数で標準偏差が $\sqrt{\dfrac{p(1-p)}{n}}$ ですから，この標準偏差は N/n の実現値，つまり首相の支持率 p の推定値の散らばり具合を測る尺度になっていることがわかります。そして，$\sqrt{\dfrac{p(1-p)}{n}}$ は n が大きくなると小さくなっていくことが自明ですから，ランダムサンプルサイズ n が増えるほどに首相の支持率 p の点推定値（$=N/n$ の実現値）の散らばり具合が小さくなっていくことを意味します。このことは，第 3 章「点推定と区間推定の意味」で確認したこと，つまりランダムサンプルサイズ n が増大すると点推定の精度が上がる，ということの確認でもあります。第 3 章で確認した点推定値のこの性質は，N/n が正規確率変数になる，ということから実は派生していたことが判明したわけです。

ところで，n が無限に大きくなると，標準偏差（確率変数 N/n の散らばり具合）がついには 0 となってしまいます。N/n は不偏性，つまり，平均的に p になることはすでにわかっていますから，標準偏差が 0 となることとの合わせ技で，n が大きくなると，N/n は一点 p に集中していくことになります。N/n は p の点推定値ですから，この性質は大変好都合なものであることが了解されるでしょう。この，「n が大きくなると，N/n は，その推定対象である p に一点集中していく」性質を**一致性**と呼び，これも推定量の満たすべき重要な性質とされています。どうですか，少し奥が深いことを理解してもらえたでしょうか？

最後に，前章で行ったように N/n の標準化を行えばそれは平均 0，標準偏差 1 の標準正規確率変数になります。ここでは，

$$\frac{\frac{N}{n}-p}{\sqrt{\frac{p(1-p)}{n}}}$$

が標準正規確率変数になることがわかります。

エクセルで実験

ランダムサンプルサイズを 100，首相の真の支持率 p を 0.7 として，1,000 の新聞社が推定した結果からヒストグラムを描くという練習問題を第 3 章で課しました。そこで，この節では第 3 章の練習問題の結果を利用して本章で学んだことの確認をしましょう。第 3 章本文で具体的に扱った，ランダムサンプルサイズ 30 の場合を参考に，ランダムサンプルサイズを 100 として点推定値を求めてみると，そのエクセルシート GV 列に首相の支持率（p = 0.7）の点推定値 N/n が 1,000 個できているはずです。ヒストグラムを描くために階級幅を 0 から 1 まで 0.05 刻みにして準備します。具体的には HB 列 24 行に 0 と入力し，同列 25 行に，次の式を入力します。

```
=HB24+0.05
```

HB 列 25 行をコピーして同列 26 行から 44 行に貼り付けます。これで，HB 列に階級幅が用意されました。GV 列にある 1,000 個の点推定値を使ってヒストグラムを描くには，データ → データ分析 → ヒストグラムとして右のように設定すれば良いのでした。その結果は次のとおりです。

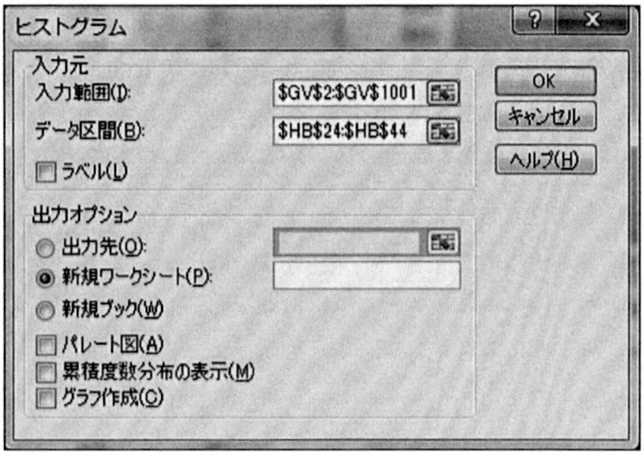

ヒストグラム
入力元
入力範囲(I): $GV$2:$GV$1001
データ区間(B): $HB$24:$HB$44
ラベル(L)
OK
キャンセル
ヘルプ(H)
出力オプション
出力先(O):
新規ワークシート(P):
新規ブック(W)
パレート図(A)
累積度数分布の表示(M)
グラフ作成(C)

図5－2　真の支持率 p の 1,000 個の点推定値のヒストグラム（n = 100）

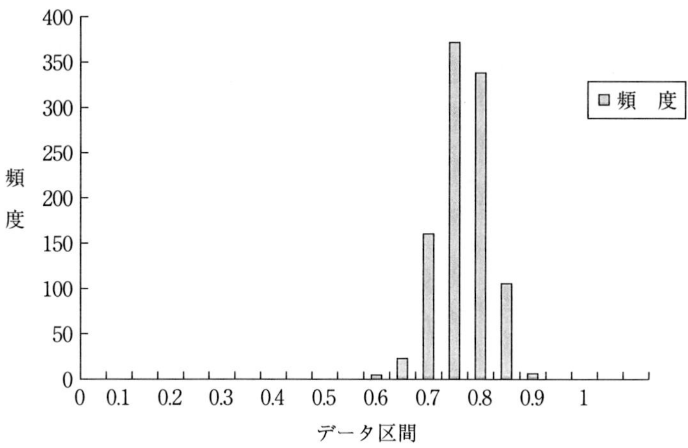

このグラフからヒストグラムの平均がほぼ 0.7 であることが見て取れると思います[2)]。これが点推定量 N/n の平均が $p = 0.7$ であることの証明になっているのです。さらに，GZ 列に点推定 N/n が区間

$$\left(p-1.96\sqrt{\frac{p(1-p)}{n}},\ p+1.96\sqrt{\frac{p(1-p)}{n}}\right)$$

$$=\left(0.7-1.96\sqrt{\frac{0.7(1-0.7)}{100}},\ 0.7+1.96\sqrt{\frac{0.7(1-0.7)}{100}}\right)=(0.6101,\ 0.7898)$$

の間に入っているか否かの判定を入れていきましょう。まず，GZ 列 2 行に式

```
=IF(AND(GV2>=B2-1.96*SQRT(B2*(1-B2)/100),GV2<=B2+1.96*SQRT(B2*(
1-B2)/100)),1,0)
```

2）ヒストグラムの平均とは，直感的には x 軸に対して指を直角にあてて左右がバランスするところと考えてください。

と入力します。これで，点推定値N/nが上記区間に入っていれば1，入っていなければ0となります。後はGZ列2行を直下の999行にコピーするだけです。これで，GZ列に1と0の値が自動的に入ります。N/nの1,000個の実現値が上記区間に入っている度数はGZ列2行から1001行までの1となっているセルを数えれば良いので，結局適当なセルに次のように式を入れます。

```
=SUM(GZ2:GZ1001)
```

私の例ではこの数は936となりました。N/nが1,000個あるわけですから，その約95%が上記区間に含まれていたことが確認できたことになります。

最後にHA列に

$$\frac{\frac{N}{n}-p}{\sqrt{\frac{p(1-p)}{n}}}$$

の値を作っていきましょう。まず，HA列2行に次の式を入れます。

```
=(GV2-B2)/SQRT(B2*(1-B2)/C2)
```

B列2行に$p = 0.7$，C列2行に$n = 100$が入っていることに注意してください。後は，HA列2行をコピーしてすぐ下の999行に貼り付けます。これでHA列2行から同列1001行に $\frac{\frac{N}{n}-p}{\sqrt{\frac{p(1-p)}{n}}}$ の値が1,000個できたことになります。あとは，この1,000個の $\frac{\frac{N}{n}-p}{\sqrt{\frac{p(1-p)}{n}}}$ からヒストグラムを描いてそのヒストグラムが平均0，標準偏差1の正規確率変数のそれとほぼ同じであることを確かめるだけです。まずヒストグラムの階級幅を－3から3まで0.4刻みで

HB 列 58 行から 73 行までに用意しましょう。そして次のように設定するのでしたね。

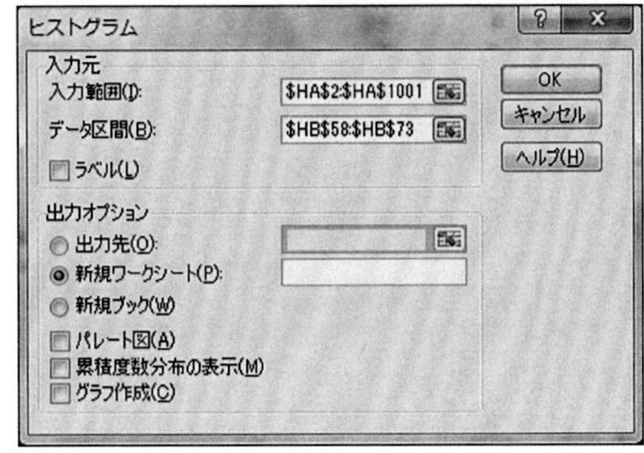

OK ボタンを押した結果は以下のとおりです。

図 5－3　$\dfrac{\dfrac{N}{100}-0.7}{\sqrt{\dfrac{0.7(1-0.7)}{100}}}$ の 1,000 個の実現値のヒストグラム

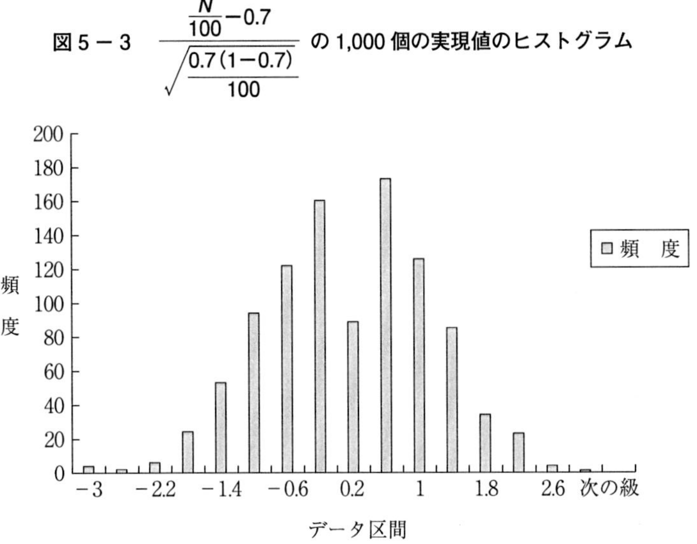

真ん中の度数がたまたまへこんでいますが，これはデータ区間の設定に帰因するもので気にする必要はありません。全体としては標準正規確率変数の 1,000 個の実現値のヒストグラムと極めて似ていることが理解できると思います。

本章のまとめ

○　首相の真の支持率 p の点推定において，N（ランダムサンプルの中の首相支持者の数）をランダムサンプルサイズ n で割った値，N/n は確率変数で，平均 p，標準偏差 $\sqrt{\dfrac{p(1-p)}{n}}$ の正規確率変数になる。ただし，n は十分大きいとする。

○　p の点推定量 N/n の平均は p である。これを不偏性という。

○　n が大きくなると，N/n は，その推定対象である p に一点集中していく。この性質を一致性という。

○　N/n の多数の実現値はその 95％が区間 $\left(p-1.96\sqrt{\dfrac{p(1-p)}{n}},\ p+1.96\sqrt{\dfrac{p(1-p)}{n}}\right)$ の中に入る。これは N/n が正規確率変数であることから生じる。

○　$\dfrac{\dfrac{N}{n}-p}{\sqrt{\dfrac{p(1-p)}{n}}}$ は平均 0，標準偏差 1 の正規確率変数になる。ただし，n は十分大きいとする。

問　題

問 1　首相の真の支持率 p を 0.3 とする。この時，n=100 で，p を 1,000 回点推定し，その結果を用いてヒストグラムを描くシートを作りなさい。

問 2　平均が 0.3，分散が 0.3 × (1-0.3)/100 の正規確率変数を 1,000 個実現させ，そのヒストグラムを描くシートを作りなさい。

問 3　問 2 の実現値を x とする。$z=\dfrac{x-0.3}{\sqrt{\dfrac{0.3\times(1-0.3)}{100}}}$ なる変数 z を作成し，z のヒストグラムを描くシートを作りなさい。

シミュレーション用プログラム

```
#-------------------------------------------------------------------------------------------
# 第5章
# このプログラムはn=2, 10, 101, 3000のおのおのについて以下のことを行う (p=0.7)
#   ・点推定を1万個作成し，そのヒストグラムを描く
#   ・点推定値が区間 (p-1.96rmsq(p(1-p)/n), p+1.96rmsq(p(1-p)/n)) の間に入る確率が95%であ
#     ることの確認
#   ・z=(N/n-p)/sqrt(p(1-p)/n) が標準正規分布になっていることの確認
#
#   点推定量の不偏性と一致性とを確認することが眼目
#-------------------------------------------------------------------------------------------
import pandas as pd
import numpy as np
from numpy.random import *
import matplotlib.pyplot as plt


# nを変えて実験
# n=2, 10, 101, 3000
n=101

# 新聞社の数
n_sinbunsya=10000

# 首相の真の支持率
p=0.7

# 定理5のμとσ
myu=p
sigma=np.sqrt(p*(1-p)/n)

# 赤鉛筆の結果から，首相支持，不支持の変数をつくるラムダ関数の定義
NHK = lambda x: 1 if x<p else 0

# 赤鉛筆を(n*n_sinbunsya)回，ころがして，n_sinbunsya行，n列のDataFrameに記録する
aka=pd.DataFrame(np.random.rand(n*n_sinbunsya).reshape(n_sinbunsya,n) )

# 赤鉛筆の結果から，首相支持，不支持の調査結果を得る。
# さらにそれを，n_sinbunsya行，n列の行列に記録する。
aka2=aka.applymap(NHK)

# 新聞社ごとに点推定を行う
tensuitei=aka2.mean(1)

# 点推定が区間（μ -1.96 σ , μ +1.96 σ )に入っていたら'入っている',
# そうでなければ'入っていない'となるラムダ関数の定義
```

```
in_or_out = (lambda x: '入っている' if (x>=myu-1.96*sigma) & (x<=myu+1.96*sigma)
else '入っていない')

# 新聞社ごとの点推定が（μ -1.96 σ , μ +1.96 σ ）に入っていたら'入っている'，そうでな
# ければ'入っていない'とする。
# その結果を tensuitei2 に記録する
tensuitei2=tensuitei.map(in_or_out)

# 点推定から，ヒストグラム作成
title='1 万個の点推定値から作られたヒストグラム (n=%s)' % n
tensuitei.plot(kind='hist', fontsize=20,title=title,range=(0,1),bins=200)
plt.show()

# z=(N/n-p)/sqrt(p(1-p)/n) が標準正規分布になっていることの確認
z_henkan=lambda x: (x-p)/np.sqrt(p*(1-p)/n)
z=tensuitei.apply(z_henkan)

title='標準化 (n=%s)' % n
z.plot(kind='hist', fontsize=20,title=title,range=(-3,3),bins=200)
plt.show()

# 点推定が区間（μ -1.96 σ , μ +1.96 σ ）に入っているか否かのクロス表
pd.crosstab(tensuitei2,columns='割合 (%)',normalize=True)*100
```

6 確率変数 $\dfrac{\dfrac{N}{n}-p}{\sqrt{\dfrac{\dfrac{N}{n}\left(1-\dfrac{N}{n}\right)}{n}}}$ は標準正規確率変数になる

第5章で以下の変数が標準正規確率変数，すなわち平均が0で，標準偏差が1の正規確率変数になることを勉強しました。

$$\frac{\frac{N}{n}-p}{\sqrt{\frac{p(1-p)}{n}}}$$

ここで，p は首相の真の支持率，n はランダムサンプルサイズ，N はランダムサンプルの中で首相を支持すると答えた国民の数でしたね。標準正規確率変数の多数の実現値の95%は0（標準正規確率変数の平均）から1.96倍の標準偏差（ここでは1）を左右にとった区間に収まるということもすでに勉強しました。これは N/n の多数の実現値の中で

$$-1.96 \leq \frac{\frac{N}{n}-p}{\sqrt{\frac{p(1-p)}{n}}} \leq 1.96 \qquad (6-1)$$

を満たすような実現値が全体の95%を占めることに他なりません。もっとわかりやすく言うと，1,000の新聞社ごとに首相の真の支持率 p を点推定し，さらに

$$\frac{\frac{N}{n}-p}{\sqrt{\frac{p(1-p)}{n}}}$$

を計算します。すると 1,000 の新聞社の中のほぼ 95％でこの値が－1.96 から 1.96 の間になっているということです。(6 － 1) 式に$\sqrt{p(1-p)/n}$をかけると

$$-1.96\sqrt{\frac{p(1-p)}{n}} \leq \frac{N}{n} - p \leq 1.96\sqrt{\frac{p(1-p)}{n}}$$

となります。さらに N/n を各項から引いて整理すると

$$\frac{N}{n}-1.96\sqrt{\frac{p(1-p)}{n}} \leq p \leq \frac{N}{n}+1.96\sqrt{\frac{p(1-p)}{n}} \qquad (6-2)$$

ですね。よって，N/n の多数の実現値の中で条件（6 － 2）を満たすような実現値が全体の 95％を占めると言い換えることができます。新聞社の例で言い換えましょう。1,000 の新聞社がそれぞれ首相の真の支持率 p を点推定し（＝ N/n を作った），さらに区間

$$\left(\frac{N}{n}-1.96\sqrt{\frac{p(1-p)}{n}},\ \frac{N}{n}+1.96\sqrt{\frac{p(1-p)}{n}}\right) \qquad (6-3)$$

を作ったとします。するとこの 1,000 の区間の中のほぼ 95％の区間が首相の真の支持率 p を含んでいるということなのです。この言い回しはどこかで聞いたような気がしますね。そうです，首相の真の支持率 p の区間推定の意味を探求した第 3 章で出てきた表現ですね。そこでは 1,000 の新聞社が首相の真の支持率 p を 95％信頼区間で推定したとき，1,000 社の中の約 95％の新聞社において，95％信頼区間が首相の真の支持率 p を含んでいるのだということを確認したわけです。ところで 95％信頼区間は

$$\left(\frac{N}{n}-1.96\sqrt{\frac{\frac{N}{n}\left(1-\frac{N}{n}\right)}{n}},\quad \frac{N}{n}+1.96\sqrt{\frac{\frac{N}{n}\left(1-\frac{N}{n}\right)}{n}}\right)$$

でした。区間（6 － 3）は95％信頼区間とよく似ていますが異なっています。区間（6 － 3）の中に含まれる $\sqrt{p(1-p)/n}$ を $\sqrt{\frac{\frac{N}{n}\left(1-\frac{N}{n}\right)}{n}}$ で置き換えたものが95％信頼区間になっているわけです。$\sqrt{p(1-p)/n}$ は確率変数 N/n の標準偏差でしたから，区間（6 － 3）に含まれる，この標準偏差を $\sqrt{\frac{\frac{N}{n}\left(1-\frac{N}{n}\right)}{n}}$ で置き換えたものが95％信頼区間であると言うことができます。ところで，首相の真の支持率 p の実際の推定では p の値そのものがわかりませんから，区間（6 － 3）で p の区間推定とすることはできません。すなわち首相の真の支持率 p がわからない状態では区間（6 － 3）は作れる訳がありませんね。この点は重要ですからよく理解しておいてください。

さて，以上の議論を踏まえると，もし

$$\frac{\frac{N}{n}-p}{\sqrt{\frac{\frac{N}{n}\left(1-\frac{N}{n}\right)}{n}}}$$

が標準正規確率変数であるならば区間（6 － 3）を導いたのと同じ手順で，p の95％信頼区間を一気に導くことができそうです。そして実はこの量が標準正規確率変数であることはちゃんと証明されているのです。定理の形でこれを書いておきましょう。

定理 6 − 1

日本国民全体の中から n 人のランダムサンプルをとって，首相を支持するかしないか尋ねたとき，N 人が首相を支持すると答えたとする。この時，

$$\frac{\frac{N}{n}-p}{\sqrt{\frac{\frac{N}{n}\left(1-\frac{N}{n}\right)}{n}}}$$

は平均 0，標準偏差 1 の標準正規確率変数になる。ただし，n は十分大きいとする。

この定理によれば N/n の多数の実現値の中で，次の条件

$$-1.96 \leq \frac{\frac{N}{n}-p}{\sqrt{\frac{\frac{N}{n}\left(1-\frac{N}{n}\right)}{n}}} \leq 1.96$$

を満たす実現値が全体の 95％を占める，ということが標準正規確率変数の性質からただちに導き出せます。また，この式を変形した

$$\frac{N}{n}-1.96\sqrt{\frac{\frac{N}{n}\left(1-\frac{N}{n}\right)}{n}} \leq p \leq \frac{N}{n}+1.96\sqrt{\frac{\frac{N}{n}\left(1-\frac{N}{n}\right)}{n}}$$

より，N/n の多数の実現値の中で 95％信頼区間を作ると，その，およそ 95％が首相の真の支持率 p を含んでいることになるのです。したがって，95％信頼区間の根拠はこの定理 6 − 1 をエクセルを使って確認できれば十分であることがわかります。次節でこの確認を行うことにしましょう。

エクセルで実験

まず，シート名を「新聞社1の点推定と「標準正規確率変数」」とした上で，A列1行に「新聞社番号」，B列1行に「首相の真の支持率 p」，C列1行に「ランダムサンプルサイズ」，D列1行～AG列1行に「赤鉛筆を30回転がす」，AH列1行～BK列1行に「首相を支持する人は1，支持しない人は0となる」，BL列1行に「支持率の点推定値」と入力して準備をしましょう。BM列1行には

$\frac{\frac{N}{n}-p}{\sqrt{\frac{\frac{N}{n}\left(1-\frac{N}{n}\right)}{n}}}$ と入れたいところですが，セルに数式は入らないので「(N/n－p)/SQRT(N/n(1-N/n)/n)」とでも入れておきましょうか。次に，A列2行に新聞社1を示す1を，B列2行に首相の真の支持率0.7を，C列2行にランダムサンプルサイズ30を入力します。言うまでもないことですが，これから実験する内容は，首相の真の支持率pを0.7とした上で，新聞社1がこれを点推定し，その結果をもとにして，BM列2行に $\frac{\frac{N}{n}-p}{\sqrt{\frac{\frac{N}{n}\left(1-\frac{N}{n}\right)}{n}}}$ を計算することです。ランダムサンプルを得るために，例によって赤鉛筆を30回転がしましょう。そのためには，データ → データ分析 → 乱数発生として，右のように設定するのでしたね。これで，D列2行～AG列2行に赤鉛筆

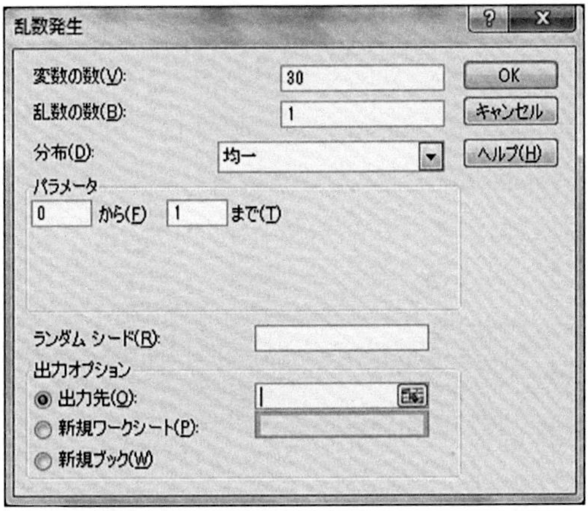

を転がした結果が出力されているはずです。この赤鉛筆の結果から，首相を支持するか否かのランダムサンプルを得ることにしましょう。まず，AH 列 2 行に

=IF(D2<=$B2,1,0)

と入力します。この意味は D 列 2 行の値つまり第 1 の赤鉛筆を転がした結果が B 列 2 行の値すなわち首相の真の支持率よりも小さい時 1（首相を支持する），そうでなければ 0（首相を支持しない）となることを意味します。ここでピンとこない読者は，第 3 章のエクセルで実験を参照してみてください。また，この式を後でコピーしますので，B 列の頭に絶対記号 $ がついていることに注意してください。こうして，AH 列 2 行に正しい式を入力できたなら，このセルをコピーして AI 列 2 行から BK 列 2 行に貼り付ければよろしい。これで，AH 列 2 行から BK 列 2 行に首相を支持するか否かに応じて，1 と 0 の値が入っているはずです。次に BL 列 2 行に p の点推定値を計算しましょう。このセルに次のような式を入力します。

=SUM(AH2:BK2)/$C2

C 列 2 行にはランダムサンプルサイズが入っていましたから，これで p の点推定が得られることになります。最後に BM 列 2 行目に最終目標である $\dfrac{\frac{N}{n}-p}{\sqrt{\dfrac{\frac{N}{n}\left(1-\frac{N}{n}\right)}{n}}}$ を計算します。それには次のように式を入れればよろしい。

=(BL2-B2)/SQRT(BL2*(1-BL2)/C2)

筆者の例では，この値は − 1.118，点推定値は 0.6 でした。したがって，新聞社 1 は首相の真の支持率 p = 0.7 の点推定値として 0.6 を得，$\dfrac{\frac{N}{n}-p}{\sqrt{\dfrac{\frac{N}{n}\left(1-\frac{N}{n}\right)}{n}}}$

として－1.118を得たことになります。現在の目的は $\frac{\frac{N}{n}-p}{\sqrt{\frac{\frac{N}{n}\left(1-\frac{N}{n}\right)}{n}}}$ が標準正規確率変数であることを確認することですから，1,000の新聞社に首相の真の支持率 p を推定してもらい，かつ $\frac{\frac{N}{n}-p}{\sqrt{\frac{\frac{N}{n}\left(1-\frac{N}{n}\right)}{n}}}$ も計算してもらった上で，1,000個の $\frac{\frac{N}{n}-p}{\sqrt{\frac{\frac{N}{n}\left(1-\frac{N}{n}\right)}{n}}}$ の値からヒストグラムを描いてこれが標準正規確率変数のヒストグラムにほぼ等しければ，目的が達成されたことになります。

続けましょう。シート名「新聞社１の点推定と「標準正規確率変数」」のところで右クリックして，「移動またはコピー」を選択し，さらに「コピーを作成する」にチェックを入れます。するとシート名「新聞社１の点推定と「標準正規確率変数」(2)」なるシートが出現しているはずです。シート名を「新聞社１～1000の点推定と「標準正規確率変数」」と変えておきます。Ａ列３行に式

```
=A2+1
```

を入れて，さらにこのセルをコピーしてＡ列４行から1001行までに貼り付けます。これでＡ列に新聞社１から1,000まで入力されました。Ｂ列，Ｃ列はそれぞれ首相の真の支持率0.7とランダムサンプルサイズ30が入れば良いので，Ｂ列２行とＣ列２行の値をコピーして，Ｂ列３行から1001行までとＣ列３行から1001行まで貼り付けます。これで，赤鉛筆を転がす準備ができました。

次に，赤鉛筆を 30 回転がすという試行を 999 回行いましょう。いつものように，データ → データ分析 → 乱数発生として右のように設定します。ここで OK ボタンを押すと，新聞社 2 から 1,000 までがそれぞれ赤鉛筆を 30 回転がしたということになります。ちゃんと結果を得ることができましたか？

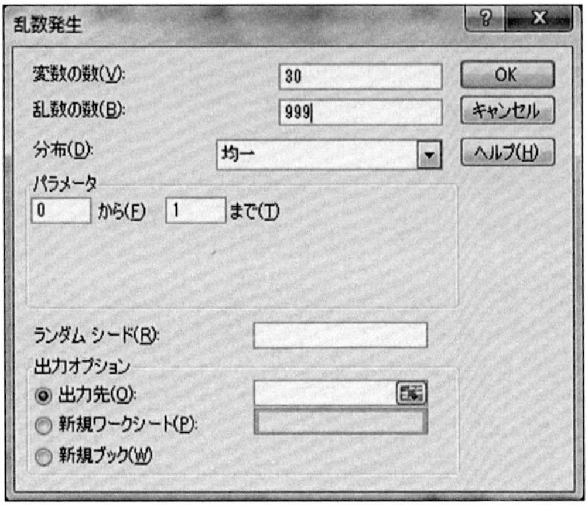

最後に赤鉛筆を転がした結果をもとにして，ランダムサンプルとして選ばれた国民が首相を支持するか否かを得ることにしましょう。AH 列 2 行から BK 列 2 行にしかるべき式はすでに入力済みなのでこれをコピーして，AH 列 3 行から BK 列 1001 行までの長方形の区間に貼り付けするだけです。やってみてください。これで AH 列から BK 列に首相を支持するならば 1，支持しないなら 0 の値が得られているはずです。最後に，新聞社 2 から新聞社 1,000 までが独自に首相の真の支持率 p の点推定値と $\dfrac{\frac{N}{n}-p}{\sqrt{\dfrac{\frac{N}{n}\left(1-\frac{N}{n}\right)}{n}}}$ を計算します。そのためには先ほどと同じように BL 列 2 行と BM 列 2 行にしかるべき式がすでに入っていることを利用すれば簡単です。BL 列 2 行と BM 列 2 行をコピーして，後は BL 列 3 行から BM 列 1001 行まで一気に貼り付けます。これで，BM 列に $\dfrac{\frac{N}{n}-p}{\sqrt{\dfrac{\frac{N}{n}\left(1-\frac{N}{n}\right)}{n}}}$ が 1,000 個実現したことになります。この 1,000 個の値からヒストグラムを描い

て，それが標準正規確率変数のヒストグラムとほぼ等しくなっていれば定理6－1が確認できたことになります。階級幅を決めましょう。標準正規確率変数のヒストグラムを描くために，－3から0.4きざみで3までの値をBO列2行から17行目までに入力しましょう。そして最後の仕上げにヒストグラムを描きます。データ → データ分析 → ヒストグラムとして上のように設定します。ここでOKボタンを押すとおおむね次のようなヒストグラムが描かれるはずです。

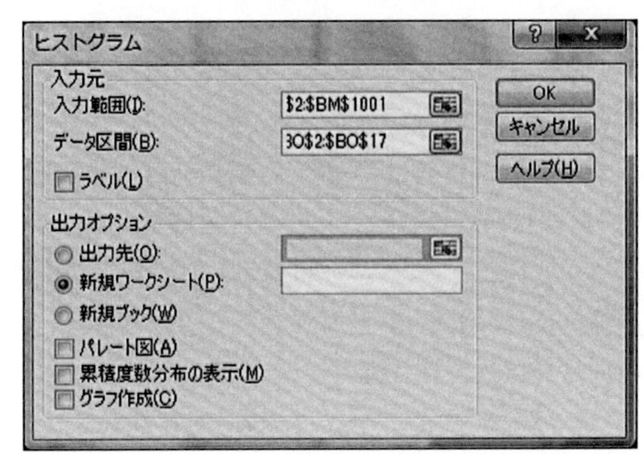

図6－1 $\dfrac{\frac{N}{n}-p}{\sqrt{\dfrac{\frac{N}{n}\left(1-\frac{N}{n}\right)}{n}}}$ のヒストグラム

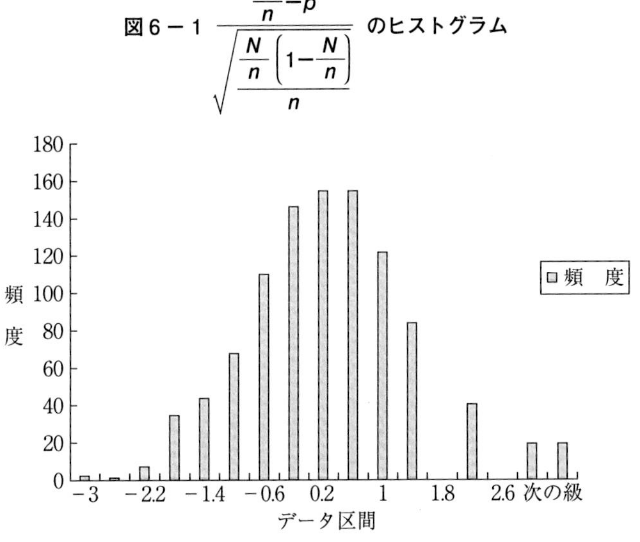

参考のために標準正規確率変数のヒストグラムも掲げておきます。非常に似ていることが確認できると思います。

図6－2　平均0，標準偏差1の標準正規確率変数，1,000個の実現値のヒストグラム

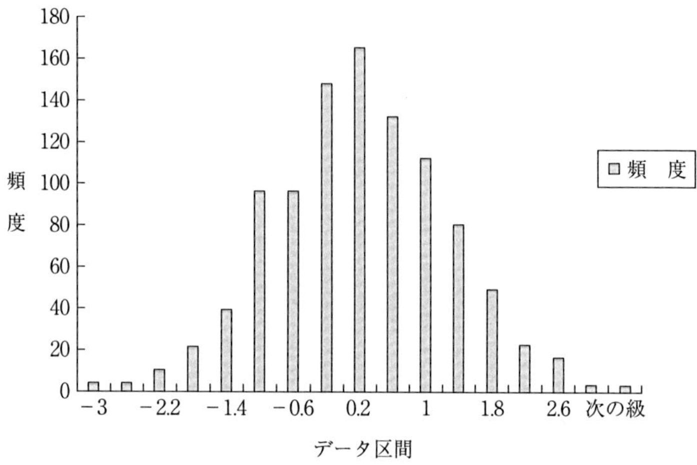

本章のまとめ

○　nが大きいとき，$\dfrac{\dfrac{N}{n}-p}{\sqrt{\dfrac{\dfrac{N}{n}\left(1-\dfrac{N}{n}\right)}{n}}}$ は平均0，標準偏差1の標準正規確率変数になる。

○　$\dfrac{\dfrac{N}{n}-p}{\sqrt{\dfrac{\dfrac{N}{n}\left(1-\dfrac{N}{n}\right)}{n}}}$ が標準正規確率変数であることから，適当な式の変形を経て，pの95%信頼区間が導出される。

問　題

以下の問では，首相の真の支持率 p の国民について，ランダムサンプルサイズ n で世論調査を行い，ランダムサンプルの中で首相を支持すると答えた人の数を N としている。

問 1　$\frac{\frac{N}{n}-p}{\sqrt{\frac{\frac{N}{n}\left(1-\frac{N}{n}\right)}{n}}}$ が，n=50，p=0.7 で，標準正規確率変数になることをエクセルを用いて確認しなさい。

問 2　$\frac{\frac{N}{n}-p}{\sqrt{\frac{p(1-p)}{n}}}$ が，n=20，p=0.7 で，標準正規確率変数になることをエクセルを用いて確認しなさい。

問 3　$\frac{\frac{N}{n}-p}{\sqrt{\frac{\frac{N}{n}\left(1-\frac{N}{n}\right)}{n}}}$ が，n=20，p=0.7 で，どのような分布に従うか，エクセルを用いて調べなさい。また，そのヒストグラムを問 2 のヒストグラムと比較しなさい。

シミュレーション用プログラム

```
#-----------------------------------------------------------------------------------
# 第 6 章
# 確率変数 (N/n-p)/sqrt((N/n)(1-N/n)/n) は標準正規確率変数になる
#
#   以下の二つの事項を n を変化させながら，確認する
#
#   ・二つの標準化された変数が標準正規確率変数になる様子をグラフ化する
#       (N/n-p)/sqrt(p(1-p)/n) と (N/n-p)/sqrt((N/n)(1-N/n)/n) との比較
#
#   ・95%信頼区間の原形と 95%信頼区間が p を含む確率を比較する
#       95%信頼区間の原形 : (N/n-1.96sqrt(p(1-p)/n),N/n+1.96sqrt(p(1-p)/n))
#       95%信頼区間        : (N/n-1.96sqrt(N/n(1-N/n)/n),N/n+1.96sqrt(N/n(1-N/n)/n))
#-----------------------------------------------------------------------------------
import pandas as pd
import numpy as np
from numpy.random import *
import matplotlib.pyplot as plt
```

```
# n を変えて実験
# n=2, 10, 101, 3000
n=10

# 新聞社の数
n_sinbunsya=10000

# 首相の真の支持率
p=0.7

# 定理 5 の μ と σ ( これを正規確率変数の平均と標準偏差にする )
myu=p
sigma=np.sqrt(p*(1-p)/n)

# 赤鉛筆の結果から，首相支持，不支持の変数をつくるラムダ関数の定義
NHK = lambda x: 1 if x<p else 0

# 赤鉛筆を (n*n_sinbunsya) 回，ころがして，n_sinbunsya 行，n 列の DataFrame に記録する
aka=pd.DataFrame(rand(n*n_sinbunsya).reshape(n_sinbunsya,n) )

# 赤鉛筆の結果から，首相支持，不支持の調査結果を得る。
# さらにそれを，n_sinbunsya 行，n 列の行列に記録する。
aka2=aka.applymap(NHK)

# 新聞社ごとに点推定を行う
tensuitei=pd.DataFrame(aka2.mean(axis=1),columns=[' 点推定 '])

#------------------------------------------------------------------------
# 標準化を行う ( ここでは，(N/n-p)/sqrt((N/n)(1-N/n)/n) を計算する )
#------------------------------------------------------------------------
# 標準化　5 章と 6 章の標準化を行うラムダ関数の定義
z_henkan_chapter5=lambda x: (x-myu)/(np.sqrt(p*(1-p)/n))
z_henkan_chapter6=(lambda x: np.nan if x==0 else np.nan if x==1
else (x-myu)/(np.sqrt(x*(1-x)/n)))

# 標準化を行う
tensuitei[' 第 5 章の標準化 ']=tensuitei[' 点推定 '].map(z_henkan_chapter5)
tensuitei[' 第 6 章の標準化 ']=tensuitei[' 点推定 '].map(z_henkan_chapter6)

#------------------------------------------------------------------------
# μが 95% 信頼区間，95% 信頼区間の原形 (5 章 ) に入っているか否かのチェック
#------------------------------------------------------------------------
# μが 95% 信頼区間，95% 信頼区間の原形に入っているか否かをチェックする関数定義
myu_check_chapter5=(lambda x: ' 入っている ' if (myu>=x-1.96*sigma) & (myu<=x+1.96*sigma)
else ' 入っていない！！！ ')

myu_check_chapter6=(lambda x: ' 入っている ' if (myu>=x-1.96*np.sqrt(x*(1-x)/n)) &
```

```
(myu<=x+1.96*np.sqrt(x*(1-x)/n)) else ' 入っていない！！！ ')

# 新聞社ごとにμが95%信頼区間，あるいは，95%信頼区間の原形に入っているか否かの
# チェックを実行
tensuitei[' μは95% 信頼区間の原形に入っているか ']=(tensuitei[' 点推定 '].map(myu_check_
chapter5))
tensuitei[' μは95% 信頼区間に入っているか ']=tensuitei[' 点推定 '].map(myu_check_chapter6)


#--------------------------------------------------------------------------------
# グラフ作成・クロス表作成
#--------------------------------------------------------------------------------
# 点推定から，ヒストグラム作成（第5章と第6章の標準化の比較）
title=' 第5章と第6章の標準化の比較 (n=%s)' % n
tensuitei[[' 第5章の標準化 ',' 第6章の標準化 ']].plot(kind='hist',bins=300,
range=(-3,3),grid=False,title=title)
plt.show()

# 点推定が区間（μ -1.96 σ , μ +1.96 σ）に入っているか否かのクロス表
print(pd.crosstab(tensuitei[' μは95% 信頼区間の原形に入っているか '],
columns=' 割合 (%)',normalize=True)*100)
print(pd.crosstab(tensuitei[' μは95% 信頼区間に入っているか '],
columns=' 割合 (%)',normalize=True)*100)
```

7　確率分布はヒストグラムで近似できる

これまで，さまざまな例を用いて統計的推定の問題を論じてきました。その中で確率変数の確率分布が決定的に重要な役割を果たしていることにお気づきだと思います。ところが，確率分布という概念は意外に理解しにくいものです。それ故，ここまで，確率分布を正面からとりあげることは避けてきました。本章でも確率分布を正面からとりあげるわけではありませんが，確率分布を直感的に導く方法をお教えしようと思います。

たとえば，X が標準正規確率変数だとしましょう。このとき，$Y = X^2$ は当然，確率変数になりますね。では，Y の密度関数はいったい，どのような形をしているのでしょうか？　数学の準備が万全な理科系の学生ならいざ知らず，そうでない我々にとっては，ちんぷんかんぷんですよね。けれども，これまでやってきたように，エクセルを使えば，どのような密度関数を持っているのか，簡単に知ることができるのです。

やり方は簡単です。Y の密度関数を知るためには，たくさんの Y の実現値を得て，その実現値をもとに，ヒストグラムを描けばよかったですね。そこで，まず，A 列に 1,000 個の X の実現値を得ましょう。設定は右のようにすれば良いですね。

乱数発生
変数の数(V):　1
乱数の数(B):　1000
分布(D):　正規
パラメータ
平均(E) =　0
標準偏差(S) =　1
ランダム シード(R):
出力オプション
出力先(O):　$A$1
新規ワークシート(P):
新規ブック(W)
OK
キャンセル
ヘルプ(H)

Yの実現値を得るには，B列1行に，次式を入れます。

=A1^2

これは，A列1行の値を2乗するという意味です。これで，B列1行にYの1個の実現値を得ることに成功しました。残りの999個を得るためにはB列1行の式をB列2行以降に貼り付ければ良いですね。こうして，Yの1,000個の実現値がB列にできました。さて，いよいよ，ヒストグラムを描くわけですが，階級を決めなければなりません。これは，0から0.25刻みで，10までをD列1行から41行までに入力しましょう。その上で，次のように設定します。

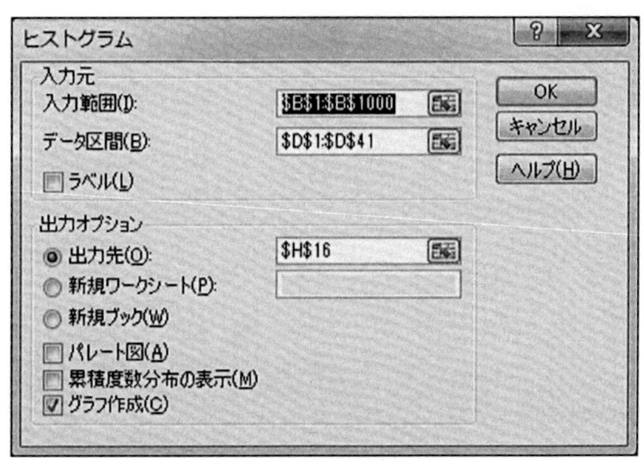

すると，以下のようなグラフが描かれます。

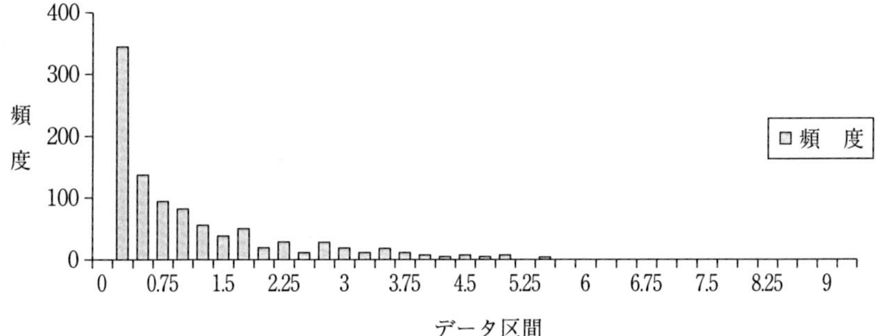

この密度関数には名前がついていて，自由度１の**カイ二乗分布**と呼ばれています。

それでは，互いに独立な[1]標準正規確率変数 X_1，X_2 があったとして，$Y_2 = X_1^2 + X_2^2$ と定義された確率変数 Y_2 の密度関数はどのような形をしているでしょうか？　先の Y についても，見当がつかなかったのですから，この Y_2 はお化けにしか見えませんね。けれど，ご心配なく，先ほどと同じ要領で，Y_2 のヒストグラムを描けば，Y_2 の密度関数は推測できるのです。早速やってみましょう。何はともあれ，互いに独立な標準正規確率変数 X_1，X_2 の実現値をそれぞれ 1,000 個，手に入れましょう。別のシートに右のように設定すればよろしい。

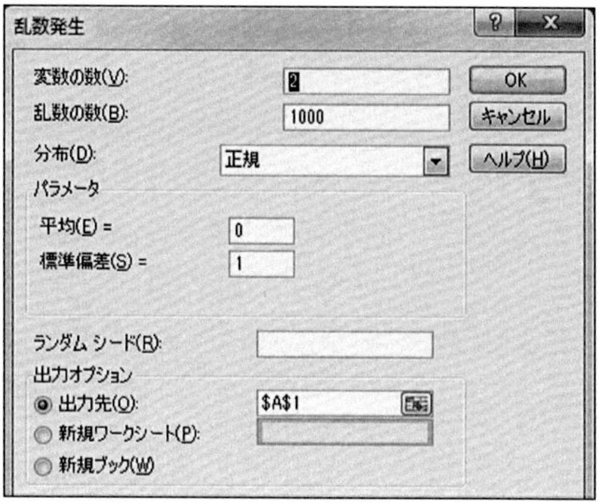

これで，A 列に X_1 の 1,000 個の実現値が，B 列に X_2 の 1,000 個の実現値が得られたはずです。次に，C 列 1 行に次のように入力しましょう。

=A1^2+B1^2

これは，A 列 1 行の X_1 の実現値を 2 乗したものと，B 列 1 行の X_2 の実現値を 2 乗したものとの和をとるという意味です。これで，Y_2 の実現値を 1 個だけ手に入れることができました。後は，C 列 1 行の式を C 列 2 行目以降 1000 行目までコピペするだけです。これで，C 列に Y_2 の 1,000 個の実現値を得ることができました。階級は先ほどと同じで，0 から 0.25 刻みで，10 までを D 列 1 行から 41 行までに入力しましょう。これで，準備万端です。後は次頁のように設定するだけです。

1）「独立」という概念は重要なのですが，ここでは，「互いに影響を受けないこと」くらいの理解で十分です。

すると，次のようなグラフを得ます。

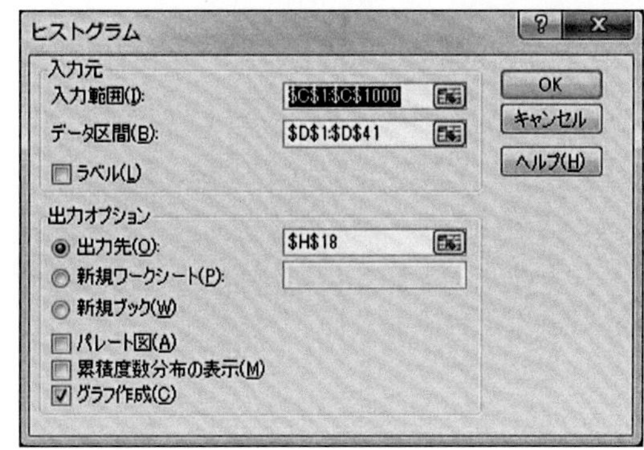

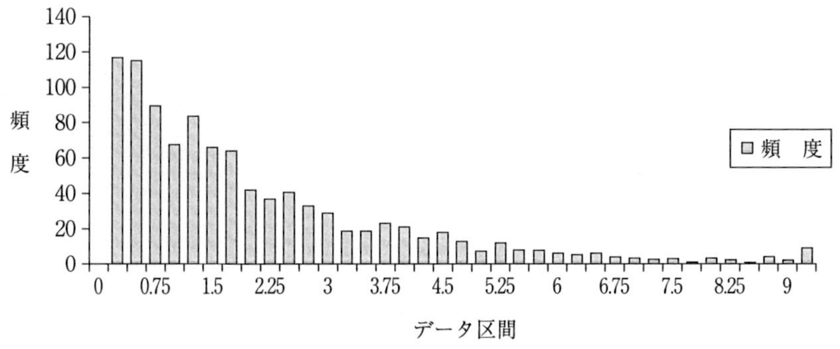

このような密度関数を自由度2の**カイ二乗分布**と呼びます。

ここまで来ると，自由度というものについて，何かピンときた読者もいるのではないでしょうか。そうです，ここで言うところの自由度とは，カイ二乗変数 Y が何個の独立な標準正規確率変数からなっているのかということと関連しているのです。つまるところ，自由度とは独立な標準正規確率変数の個数に等しいのです。覚えておいてください[2)]。

2）カイ二乗分布の正確な密度関数は，中級の数理統計学の教科書に描かれています。適宜参照してください。

エクセルで実験

さて，ヒストグラムを描いて密度関数を推定することに習熟してきたところで，次の確率変数の密度関数を推定することを考えてみましょう。互いに独立に，平均 10，分散 9 の正規分布に従う正規確率変数 X_1，X_2，X_3 があって，Z が以下のように定義されているとします。ただし，$\overline{X}$ は X_1，X_2，X_3 の標本平均で，$\overline{X} = (X_1 + X_2 + X_3)/3$ とします。

$$Z = \frac{(X_1 - \overline{X})^2 + (X_2 - \overline{X})^2 + (X_3 - \overline{X})^2}{9}$$

Z はどのような密度関数を持つでしょうか。ヒストグラムを描いて推定してみましょう。

とりあえず，Z の 1 個の実現値を得ることを考えてみましょう。そのためには，平均 10，分散 9（標準偏差 3）の正規確率変数というサイコロを 3 回振って，その結果を，A 列，B 列，C 列 1 行に書き込むことにしましょう。そのための設定は右のとおりです。

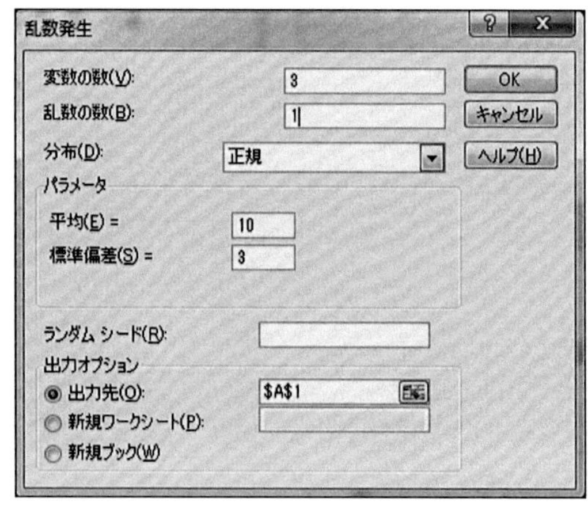

Z の計算には，この 3 個のデータの標本平均が必要ですので，D 列 1 行に次式を入力しましょう。

```
=AVERAGE(A1:C1)
```

最後に，Z そのものの計算を E 列 1 行に行います。式は

=((A1-D1)^2+(B1-D1)^2+(C1-D1)^2)/9

となりますね。これで，Zの実現値をただ1個だけ得ることができました。

Zのヒストグラムを描くには，このようなZの実現値を1,000個ほど得る必要があります。そこで，平均10，分散9（標準偏差3）の正規確率変数というサイコロを3回振る，という実験を1,000回行いましょう。設定は右のとおりですね。D列1行には，すでに，正規確率変数X_1，X_2，X_3の実現値の標本平均のための式が入力されており，E列1行にはZの実現値を計算する式が納められています。したがって，後は，この2つのセルをコピーして，D列2行からE列1000行の矩形に貼り付けるだけで良いわけです。

乱数発生
変数の数(V):
3
OK
乱数の数(B):
1000
キャンセル
分布(D):
正規
ヘルプ(H)
パラメータ
平均(E) =
10
標準偏差(S) =
3
ランダム シード(R):
出力オプション
出力先(O):
$A$1
新規ワークシート(P):
新規ブック(W)

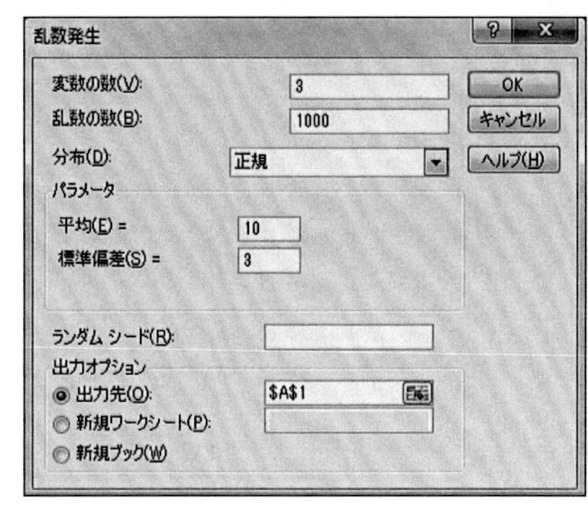

以上で，E列にZの1,000個の実現値が得られました。データ区間として，0から0.25刻みで，10までをG列1行から41行までに用意しておきましょう。その上で，右のように設定します。

こうして，得られたヒストグラムは次頁のようになります。

ヒストグラム
入力元
入力範囲(I):
$E$1:$E$1000
OK
データ区間(B):
$G$1:$G$41
キャンセル
ヘルプ(H)
ラベル(L)
出力オプション
出力先(O):
$H$1
新規ワークシート(P):
新規ブック(W)
パレート図(A)
累積度数分布の表示(M)
グラフ作成(C)

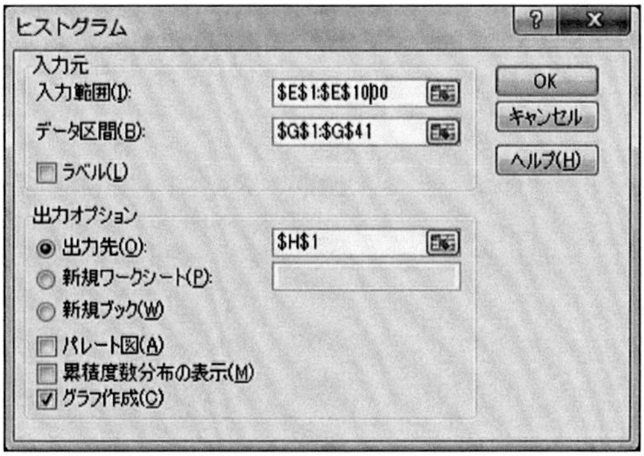

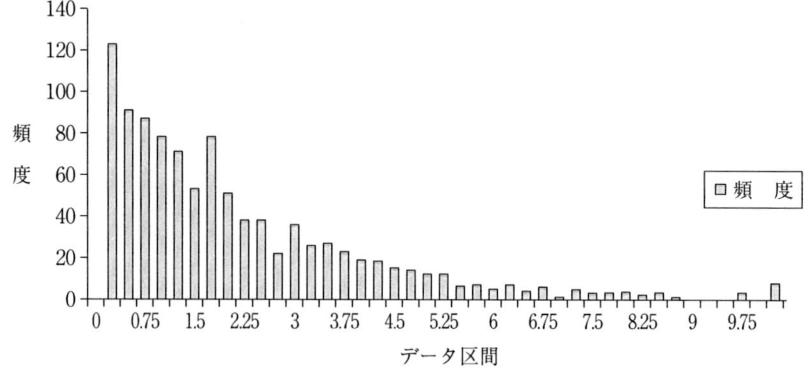

これは，先の自由度２のカイ二乗分布にそっくりですね。実際，Zは自由度２のカイ二乗変数になることが証明されているのです。

Zの分布を知るためには，数学的な準備がかなり必要なのですが，エクセルでこのような実験をすれば，おおよその見当がつくということに注目してください。

本章のまとめ

○　任意の確率変数Xがあって，Xの確率分布を知りたいとする。この時，Xを多数回，実現させ（コイン投げではコインを1,000回投げる，サイコロではサイコロを1,000回投げる，赤鉛筆では赤鉛筆を1,000回転がす等），Xの多数の実現値（データ）を得，この多数の実現値を用いてヒストグラムを描くと，このヒストグラムがほぼXの確率分布に等しいと言うことができる。

問　題

問１　赤鉛筆を10回転がして，それぞれ，頂点から０線まで計測したものを，R_1，・・・，R_{10}とする。この時，R_1，・・・，R_{10}の平均がどのような分布に従うか，1,000個の平均を作って，ヒストグラムを描いて確かめなさい。

問２　エクセルを使って，サイコロを1,000回転がし，その結果をヒストグラムにしなさい。

シミュレーション用プログラム

```
#------------------------------------------------------------------------------------
# 第７章
# 以下の３つの確率変数の密度関数をヒストグラムを描いて推測する
#
# 1 ２つの一様確率変数の平均の分布
# 2 男女の身長の分布
# 3 女性の身長である正規確率変数と男性の身長である正規確率変数の和はどんな分布に従
#   うか #
#------------------------------------------------------------------------------------

import pandas as pd
import numpy as np
from numpy.random import *
import matplotlib.pyplot as plt

n_experiment=100000

#------------------------------------------------------------------------------------
# ２つの一様確率変数の平均の分布
#------------------------------------------------------------------------------------
# 2 本の赤鉛筆を転がすという実験を n_experiment 回繰り返す
aka=pd.DataFrame([ [np.random.rand(),np.random.rand()] for i in range(n_experiment)],
columns=[' 赤鉛筆 1',' 赤鉛筆 2'])

# 2 本の赤鉛筆の平均を n_experiment 回計算する
aka_heikin=aka.mean(axis=1)

# ヒストグラム：2 本の赤鉛筆の平均
aka_heikin.plot(kind='hist',bins=100, title=' ２つの一様確率変数の平均のヒストグラム ')
plt.show()


#------------------------------------------------------------------------------------
# 男女の身長のヒストグラムをシミュレーション
#------------------------------------------------------------------------------------
double=pd.DataFrame([ [np.random.normal(155,3),np.random.normal(170,3),np.random.rand()]
     for i in range(n_experiment)],
     columns=[' 女性の身長 ',' 男性の身長 ',' 赤鉛筆 '])

bimodal=lambda x: x[' 女性の身長 '] if x[' 赤鉛筆 '] <=0.5 else  x[' 男性の身長 ']

double['2 峰性分布 ']=double.apply(bimodal,axis=1)

# ヒストグラム：2 峰性分布
double['2 峰性分布 '].plot(kind='hist',title=' 男女の身長のヒストグラム（2 峰性分布）',bins=100)
```

```
plt.show()


#------------------------------------------------------------------------------------------------
# 畳み込み
# 女性の身長である正規確率変数と男性の身長である正規確率変数の和はどんな分布に従うか
#------------------------------------------------------------------------------------------------
tatamikomi=lambda x: x['女性の身長']+x['男性の身長']

double['正規確率変数の畳み込み']=double.apply(tatamikomi,axis=1)

# ヒストグラム：正規確率変数の畳み込み
double['正規確率変数の畳み込み'].plot(kind='hist',bins=100)
plt.show()
```

8　割合 p に関する仮説検定（準備）

前章までで，統計的推定の考え方を勉強してきました。本章からはいよいよ，統計的検定をとりあげていくことにします。しかしながら，統計的検定に入る前に，本章ではその準備として，以下のようなゲームで遊んでいただこうと思います。

コインがたくさん入った箱がある。この箱の中には投げあげたとき表の出る確率 $p = 0.5$ の「まとも」なコインと $p \neq 0.5$ の「いかさま」コインが同数だけ入っている。ただし，外見からはコインがまともか否かは判別できない。ゲーマーはこの箱の中から1個だけコインを取り出し100回投げることができる。投げた結果を見てゲーマーはそのコインが「まとも」か「いかさま」か判断しなければならない。判断が正しければ1万円を入手でき，誤っていれば逆に1万円を支払わねばならない。どのような戦略でゲームを行う方が良いか？

このゲームで遊ぶプレイヤーとして，ゲーマーAとゲーマーBとに登場してもらいます。この2人のプレイヤーはいささか，情感が欠乏しているため，以下のような作戦でこのゲームに望むことになりました。

ゲーマーの戦略

＜ゲーマーA＞

$n = 100$ 回コインを投げたとき表が N 回出るとする。$\dfrac{N}{100}$ が区間

$$\left(0.5-1.96\sqrt{\frac{0.5\times(1-0.5)}{n}},\ 0.5+1.96\sqrt{\frac{0.5\times(1-0.5)}{n}}\right)=$$

$$\left(0.5-1.96\times\sqrt{\frac{0.5\times(1-0.5)}{100}},\ 0.5+1.96\times\sqrt{\frac{0.5\times(1-0.5)}{100}}\right)=(0.402,\ 0.598)$$

内の値をとればコインは「まとも」だと判断し，区間外ならばコインは「いかさま」だと判断する。

<ゲーマーB>

n ＝ 100 回コインを投げたとき表が N 回出るとする。$\dfrac{N}{100}$が区間

$$\left(0.5-1.64\sqrt{\frac{0.5\times(1-0.5)}{n}},\ 0.5+1.64\sqrt{\frac{0.5\times(1-0.5)}{n}}\right)=$$

$$\left(0.5-1.64\times\sqrt{\frac{0.5\times(1-0.5)}{100}},\ 0.5+1.64\times\sqrt{\frac{0.5\times(1-0.5)}{100}}\right)=(0.418,\ 0.582)$$

内の値をとればコインは「まとも」だと判断し，区間外ならばコインは「いかさま」だと判断する。

ゲームの結果

このような作戦の下で，ゲーマーA，Bそれぞれがこのゲームを2,000回行いました。その結果をまとめたものが次頁の2つの表です。

この2つの表の結果を分析すると，おおよそ，次のようなことがわかります。

1．手に取ったコインが「まとも」だった場合，ゲーマーAはゲーマーBよりも多くの利益を得ている。

ゲーマーAの利益：943 － 57 ＝ 886 万円

ゲーマーＢの利益：

911 − 89 ＝ 822 万円

2．手に取ったコインが「いかさま」だった場合，逆に，ゲーマーＢはゲーマーＡよりも多くの利益を得ている。

ゲーマーＡの利益：

544 − 456 ＝ 88 万円

ゲーマーＢの利益：

623 − 377 ＝ 246 万円

表8－1　ゲーマーＡの結果

		Ａの判断	
		まとも	いかさま
Ａが手に取ったコイン	まとも	943 回	57 回
	いかさま	456 回	544 回

表8－2　ゲーマーＢの結果

		Ｂの判断	
		まとも	いかさま
Ｂが手に取ったコイン	まとも	911 回	89 回
	いかさま	377 回	623 回

3．手に取ったコインが「まとも」だった場合，ゲーマーＡが「いかさま」だと誤った判定をする割合は 57/1000 ＝ 0.057 で約 5 ％である。同様にゲーマーＢが「いかさま」だと誤った判定をする割合は 89/1000 ＝ 0.089 で約 10%である。

さて，上記のような分析結果はどの程度一般性を持っているのでしょうか。次に，この問題を，2 通りの方向から考えてみます。2 通りの方向からの考察とは，①いかさまコインの表の出る確率 p を変化させたら，結果はどのように変化するか，また，②1 回のゲームで投げあげる回数 n を増加させたら，結果はどのようになるのか，という観点からの考察のことです。

まず，①のいかさまコインの表の出る確率を変化させた場合を考えてみます。実は，上記の 2,000 ゲームの実験で使われた，いかさまコインの表の出る確率 p は 0.6 でした。そこで，この p が 0.55 であるようなゲームを「リスク型ゲーム」と命名することにします。その名前の由来は，いかさまコインの表の出る確率が 0.55 であると，まともなコインとの違いがほとんどないため，ゲーマーは判断を間違える可能性が大きくなるからです。それに対して，この

p が0.7であるゲームを「リスク逃避型ゲーム」と名付けます。命名の由来はもうおわかりですね。そうです，いかさまコインの表の出る確率が0.7もあると，まともなコインとの違いが明確なので，ゲーマーが間違える可能性が少なくなると予想されるからです。以下では，リスク型ゲームとリスク逃避型ゲームを，ゲーマーＡとＢがそれぞれ，2,000ゲーム行った結果を示すことにします。

リスク型ゲームの結果

まともなコイン（表の出る確率 $p = 0.5$）が半分
いかさまコイン（表の出る確率 $p = 0.55$）が半分

表８－３および８－４からわかることは，①手に取ったコインがまともな場合にはゲーマーＡもＢも，いかさまと誤る割合はそれぞれ，約５％と約10％であって，変化はないということ，②これに対して，手に取ったコインがいかさまな場合は，判断を誤った回数が，ゲーマーＡでは，456回から815回に増大し，ゲーマーＢでも377回から755回に増大していること，です。なお，この場合の誤った回数はゲーマーＡの方がＢよりも多いことは以前の例と同じです。

表８－３　ゲーマーＡの結果（リスク型ゲーム）

		Ａの判断	
		まとも	いかさま
Ａが手に取ったコイン	ま と も	943	57
	いかさま	815	185

表８－４　ゲーマーＢの結果（リスク型ゲーム）

		Ｂの判断	
		まとも	いかさま
Ｂが手に取ったコイン	ま と も	911	89
	いかさま	755	245

リスク逃避型ゲームの結果

まともなコイン（表の出る確率 $p = 0.5$）が半分
いかさまコイン（表の出る確率 $p = 0.7$）が半分

次に，リスク逃避型ゲームの結果を表８－５および８－６に示しました。リスク型ゲームと同じように，①手に取ったコインがまともな場合にはゲーマーＡもＢも，いかさまと誤る割合はそれぞれ，約５％と約10％であって，変化はありません。②これに対して，手に取ったコインがいかさまな場合は，判断を誤った回数が，ゲーマーＡでは，456回から12回に激減し，ゲーマーＢでも377回から７回に大きく減少しています。これは，いかさまコインの表の出る確率が0.7と大きくなったので，まともなコインと区別がつきやすくなったからだと言うことができます。なお，ここでも，判断を誤った回数はゲーマーＡの方（12回）がＢより（7回）も多くなっています。

表８－５　ゲーマーＡの結果（リスク逃避型ゲーム）

		Ａの判断	
		まとも	いかさま
Ａが手に取ったコイン	まとも	943	57
	いかさま	12	988

表８－６　ゲーマーＢの結果（リスク逃避型ゲーム）

		Ｂの判断	
		まとも	いかさま
Ｂが手に取ったコイン	まとも	911	89
	いかさま	7	993

今度は，リスク型ゲームにおいて，投げあげる回数 n を増加させた場合，どのようなことになるのかについて考えてみます。以下では $n = 1{,}000$ として，ゲーマーＡとＢがそれぞれ，2,000ゲーム行った結果を示します。

リスク型ゲームの結果（ただし，投げ上げる回数 n は1,000）

まともなコイン（表の出る確率 $p = 0.5$）が半分

いかさまコイン（表の出る確率 $p = 0.55$）が半分

表８－７，８－８からは，以下のことがわかります。まず，①手に取ったコインがまともな場合は，ゲーマーＡ，Ｂが判断を誤る割合はそれぞれ，約５％

表８－７　ゲーマーＡの結果（$n = 1{,}000$）

		Ａの判断	
		まとも	いかさま
Ａが手に取ったコイン	まとも	946	54
	いかさま	107	893

表8－8　ゲーマーBの結果（n＝1,000）

		Bの判断	
		まとも	いかさま
Bが手に取ったコイン	ま と も	893	107
	いかさま	59	941

と10％であって，変化はありません。この性質は，リスク逃避型ゲームにおいて，n ＝ 1,000としても，実は，同様です。②手に取ったコインがいかさまな場合には，ゲーマーAが判断を誤った回数は815回から107回に大幅に減少し，ゲーマーBでもその回数は755回からわずか59回に激減しています。このようにして，コインを投げあげる回数を増やすと，いかさまコインの化けの皮をはがすことができて，結果として判断を誤る割合が両ゲーマーで減少することがわかります。

エクセルで実験

本文でとりあげたゲームをエクセルで実現するためのシートを作ってみましょう。まず，シート全体を次頁に示します。

このシートの要点を書いていきます。まず，いかさまコインで表が出る確率によって，ゲームの結果は異なるので，これをあらかじめ入力する必要があります。B列3行に0.7と入力しましょう。もちろん，この確率は読者のご希望通りにしてもかまいません。また，コインを投げ上げる回数もB列5行に入力しておきます（本例では30）。次に，ゲーマーAが，コインはまともだと判断する領域（N/nの範囲）をC列8行とD列8行に入力します。それぞれ，以下のようになります。

```
=0.5-1.96*SQRT(0.5*(1-0.5)/$B$5)
=0.5+1.96*SQRT(0.5*(1-0.5)/$B$5)
```

ゲームの結果は，手に取ったコインがまともか，いかさまかに応じて2通り，ゲーマーAの判断が2通りありますから，合計4通りあることになります。後述するように，N/nの実現値をC列28行に計算し，投げるコインがまともかいかさまかはC列25行に記録されるので，ゲーマーAの判断の結果は，C

	A	B	C	D	E
1	まともなコインで表が出る確率	0.5			
2					
3	いかさまコインで表が出る確率	0.7			
4					
5	コインを投げ上げる回数(n)	30			
6					
7	**ゲーマーAの戦略**				
8	N/nに着目して	まともと判断する区間	0.321	0.679	
9					
10				Aの判断	
11				まとも	いかさま
12		手に取ったコイン→	まとも	こうなった！	
13			いかさま		
14					
15	**ゲーマーBの戦略**				
16	N/nに着目して	まともと判断する区間	0.350	0.650	
17					
18				Bの判断	
19				まとも	いかさま
20		手に取ったコイン→	まとも	こうなった！	
21			いかさま		
22					
23					
24	1 ゲーム開始	赤鉛筆転がす↓	手に取ったコイン		
25	ゲームをまともなコインで行うか	0.382000183	まとも		
26	いかさまコインで行うか決める				
27					
28	2実際にコインを投げる	N/n→	0.567		
29		0.449568163	1		
30		0.76473281	0		
31		0.137882626	1		
32		0.272835475	1		
33		0.973296304	0		
34		0.450178533	1		
35		0.102755821	1		
36		0.941557054	0		
37		0.396435438	1		
38		0.535782952	0		
39		0.853236488	0		
40		0.451826533	1		
41		0.231116672	1		
42		0.983642079	0		
43		0.507217627	0		
44		0.9365215	0		
45		0.118686483	1		
46		0.25122837	1		
47		0.048341319	1		
48		0.877010407	0		
49		0.818475906	0		
50		0.949705496	0		
51		0.475783563	1		
52		0.278298288	1		
53		0.808038575	0		
54		0.668141728	0		
55		0.456160161	1		
56		0.338084048	1		
57		0.40110477	1		
58		0.245307779	1		

列 28 行およびC列 25 行を参照しながら，D 列 12 行，E 列 12 行，D 列 13 行，E 列 13 行に記録されます。順に以下の式を入れれば良いことになります。

=IF(AND($C$25=" まとも ",AND($C$28>$C$8,$C$28<$D$8)),"こうなった！","")

```
=IF(AND($C$25="まとも",OR($C$28<$C$8,$C$28>$D$8)),"こうなった！","")
=IF(AND($C$25="いかさま",AND($C$28>$C$8,$C$28<$D$8)),"こうなった！","")
=IF(AND($C$25="いかさま",OR($C$28<$C$8,$C$28>$D$8)),"こうなった！","")
```

まったく同様にして，ゲーマーＢについても，準備しておきましょう。ゲーマーＢがコインはまともだと判断する領域をＣ列16行とＤ列16行に入力します。

```
=0.5-1.64*SQRT(0.5*(1-0.5)/$B$5)
=0.5+1.64*SQRT(0.5*(1-0.5)/$B$5)
```

ゲーマーＢの4通りの結果は以下の式を順に，Ｄ列20行，Ｅ列20行，Ｄ列21行，Ｅ列21行に入力すればよろしい。

```
=IF(AND($C$25="まとも",AND($C$28>$C$16,$C$28<$D$16)),"こうなった！","")
=IF(AND($C$25="まとも",OR($C$28<$C$16,$C$28>$D$16)),"こうなった！","")
=IF(AND($C$25="いかさま",AND($C$28>$C$16,$C$28<$D$16)),"こうなった！","")
=IF(AND($C$25="いかさま",OR($C$28<$C$16,$C$28>$D$16)),"こうなった","")
```

さて，いよいよ，ゲーム開始です。まず，手に取るコインをまともにするか，いかさまにするかを決めなければなりません。Ｂ列25行に赤鉛筆を転がした結果を入力しましょう。もちろん，これは，エクセルの乱数を使ってやります。Ｂ列25行の値を見て，Ｃ列25行に，手に取ったコインがまともかいかさまか決めます。どっちになるかは半々だとしますと，同セルに次の式を入れます。

```
=IF(B25<0.5," まとも "," いかさま ")
```

次に，コイン投げに対応して，赤鉛筆を転がした結果をB列29行から同58行までに記録します（もちろん，エクセルの乱数発生を使います）。そして，C列29行から，同58行までにコイン投げの結果が自動的に出てくるように以下のような式を入力します。代表例として，C列29行をとりあげます。

```
=IF($C$25=" まとも ",IF(B29<0.5,1,0),IF(B29<$B$3,1,0))
```

この式をコピーして，C列30行から58行まで貼り付ければよろしい。こうして，C列29行から同58行までに，C列25行に対応したコイン，すなわち，まともか，いかさまのコインを投げた結果が記録されました。この結果から，N/n をC列28行に計算します。そのために，同セルに以下の式を入れます。

```
=SUM(C29:C58)/$B$5
```

こうして，1回のゲームが完成しました。ゲームを繰り返すには，B列25行およびB列29行から同58行に赤鉛筆を転がした結果を記入しなおすだけです。実際に赤鉛筆を転がしても良いですし，エクセルの乱数を使ってもかまいません。

本章のまとめ

○　コインを投げる回数 n が100回で，手に取ったコインが「まとも」な場合，リスク型ゲームであっても，リスク逃避型ゲームであっても，「いかさま」と誤る割合はゲーマーAで約5％，ゲーマーBで約10％である。

○　コインを投げる回数 n が1,000回に増えても，手に取ったコインが「まとも」な場合，リスク型ゲームであっても，リスク逃避型ゲームであっても，「いかさま」と誤る割合はゲーマーAで約5％，ゲーマーBで約10％である。

○　コインを投げる回数nが100回で，手に取ったコインが「いかさま」の場合，リスク型ゲームではゲーマーA，Bとも「まとも」と誤る割合が高い。リスク逃避型では逆にこの割合は低い。

○　コインを投げる回数nを1,000回に増やすと，手に取ったコインが「いかさま」の場合，リスク型ゲームであっても，ゲーマーA，Bが「まとも」だと誤る割合を大幅に減らすことができる。

問　題

問1　まともなコインを使って，投げ上げる回数n=30のゲームを1,000回，ゲーマーAが行うようなシートを作りなさい。ただし，ゲームは，本文中と同じように投げ上げた結果を見て，ゲーマーAが投げ上げたコインの真偽を判定するものであり，ゲーマーAの戦略は本文にあるように，表の出た割合が区間

$$\left(0.5-1.96\sqrt{\frac{0.5\times(1-0.5)}{n}},\ 0.5+1.96\sqrt{\frac{0.5\times(1-0.5)}{n}}\right)$$

内であれば，コインはまともと判断し，それ以外はいかさまと判断するものである。（ヒント：1ゲームを1行で完結させるように工夫する。以下同様。）

問2　まともなコインを使って，投げ上げる回数n=30のゲームを1,000回，ゲーマーBが行うようなシートを作りなさい。ただし，ゲーマーBの戦略は本文にあるように，表の出た割合が区間

$$\left(0.5-1.64\sqrt{\frac{0.5\times(1-0.5)}{n}},\ 0.5+1.64\sqrt{\frac{0.5\times(1-0.5)}{n}}\right)$$

内であれば，コインはまともと判断し，それ以外はいかさまと判断するものである。

問3　いかさまコイン（p=0.6）を使って，投げ上げる回数n=30のゲームを1,000回，ゲーマーAが行うようなシートを作りなさい。

問4　いかさまコイン（p=0.6）を使って，投げ上げる回数n=30のゲームを1,000回，ゲーマーBが行うようなシートを作りなさい。

問5　問1～問4の結果を以下のような表にまとめなさい。

		Aの判断		合計ゲーム数
		まとも	いかさま	
Aが手に取ったコイン	まとも			1,000
	いかさま			1,000

		Bの判断		合計ゲーム数
		まとも	いかさま	
Bが手に取ったコイン	まとも			1,000
	いかさま			1,000

シミュレーション用プログラム

```
#-----------------------------------------------------------------------------------------------
# 第8章
# ゲーマーAとゲーマーBとが，それぞれ，「まともなコイン」で1,000ゲーム，「いかさま
# コイン」で1000ゲームを行う。「いかさまコイン」で表が出る確率pは関数game()の引
# 数p1で与えられる。
#「まともなコイン」で表が出る確率は関数game()の引数p0で与えられる。コインを投げ
# 上げる回数はgame()の引数nで与えられる。
# 実験は以下の3つの場合について行う。
#
# p0=0.5, p1=0.55, n=100
# p0=0.5, p1=0.60, n=100
# p0=0.5, p1=0.55, n=1,000
#-----------------------------------------------------------------------------------------------
import pandas as pd
import numpy as np
from numpy.random import *
import matplotlib.pyplot as plt

def game( p0, p1, n ):
    handan_A=(lambda x:' まとも ' if (x>=0.5-1.96*np.sqrt(0.5*(1-0.5)/n)) and
                               (x<=0.5+1.96*np. sqrt(0.5*(1-0.5)/n))else ' いかさま ')
    handan_B=(lambda x:' まとも ' if (x>=0.5-1.64*np.sqrt(0.5*(1-0.5)/n)) and
                               (x<=0.5+1.64*np. sqrt(0.5*(1-0.5)/n))else ' いかさま ')
    aka_sizi_husizi0=lambda x: 1 if x<p0 else 0
    aka_sizi_husizi1=lambda x: 1 if x<p1 else 0

    # 赤鉛筆をn回転がすという実験を1000回繰り返す
    aka=pd.DataFrame([ [rand() for j in range(n) ] for i in range(1,000)])

    # gamer Aの判断（p=p0の下での実験）
    gamer_a_p0=aka.applymap(aka_sizi_husizi0).mean(axis=1).map(handan_A)

    # 赤鉛筆をn回転がすという実験を1000回繰り返す
    aka=pd.DataFrame([ [rand() for j in range(n) ] for i in range(1,000)])

    # gamer Aの判断（p=p1の下での実験）
    gamer_a_p1=aka.applymap(aka_sizi_husizi1).mean(axis=1).map(handan_A)
```

```
# 赤鉛筆を n 回転がすという実験を 1000 回繰り返す
aka=pd.DataFrame([ [rand() for j in range(n) ] for i in range(1,000)])

# gamer B の判断（p=p0 の下での実験）
gamer_b_p0=aka.applymap(aka_sizi_husizi0).mean(axis=1).map(handan_B)

# 赤鉛筆を n 回転がすという実験を 1000 回繰り返す
aka=pd.DataFrame([ [rand() for j in range(n) ] for i in range(1,000)])

# gamer B の判断（p=p1 の下での実験）
gamer_b_p1=aka.applymap(aka_sizi_husizi1).mean(axis=1).map(handan_B)

# クロス集計
gamer_a_p0_crosstab=pd.crosstab(gamer_a_p0,columns=' 回数 ',normalize=False)
gamer_a_p1_crosstab=pd.crosstab(gamer_a_p1,columns=' 回数 ',normalize=False)
gamer_b_p0_crosstab=pd.crosstab(gamer_b_p0,columns=' 回数 ',normalize=False)
gamer_b_p1_crosstab=pd.crosstab(gamer_b_p1,columns=' 回数 ',normalize=False)

# 変数名などの整理
gamer_a_p0_crosstab[' 真のサイコロの性質 ']=' まとも '
gamer_a_p0_crosstab[' プレーヤー ']=' ゲーマー A'
gamer_a_p0_crosstab.index.name=' 判断 '
gamer_a_p0_crosstab.reset_index().set_index([' 真のサイコロの性質 ',' プレーヤー ',' 判断 '])

gamer_a_p1_crosstab[' 真のサイコロの性質 ']=' いかさま '
gamer_a_p1_crosstab[' プレーヤー ']=' ゲーマー A'
gamer_a_p1_crosstab.index.name=' 判断 '
gamer_a_p1_crosstab.reset_index().set_index([' 真のサイコロの性質 ',' プレーヤー ',' 判断 '])

gamer_b_p0_crosstab[' 真のサイコロの性質 ']=' まとも '
gamer_b_p0_crosstab[' プレーヤー ']=' ゲーマー B'
gamer_b_p0_crosstab.index.name=' 判断 '
gamer_b_p0_crosstab.reset_index().set_index([' 真のサイコロの性質 ',' プレーヤー ',' 判断 '])

gamer_b_p1_crosstab[' 真のサイコロの性質 ']=' いかさま '
gamer_b_p1_crosstab[' プレーヤー ']=' ゲーマー B'
gamer_b_p1_crosstab.index.name=' 判断 '
gamer_b_p1_crosstab.reset_index().set_index([' 真のサイコロの性質 ',' プレーヤー ',' 判断 '])

# まとめのクロス表
game_result=pd.concat([gamer_a_p0_crosstab,
gamer_a_p1_crosstab,gamer_b_p0_crosstab,gamer_b_p1_crosstab])

titlename='p0='+str(p0)+'  p1='+str(p1)+'  n='+str(n)

(game_result.reset_index().pivot_table(index=[' プレーヤー ',' 真のサイコロの性質 '],
values=' 回数 ',columns=' 判断 ').plot.barh(stacked=True,fontsize=20,title=titlename))
```

```
    return game_result

game(0.5,0.55,100).reset_index()
game(0.5,0.60,100).reset_index()
game(0.5,0.55,1000).reset_index()
```

9　割合 p に関する仮説検定（本体）

本章ではいよいよ，統計的検定そのものを学びます。そのために，統計的検定を適用する典型的な問題を題材として扱ってみましょう。

問　あやしげなコインが1個ある。このコインを投げあげたとき表の出る確率 p は $p = 0.5$（まともなコイン）か $p \neq 0.5$（いかさまコイン）のどちらかである。そこで，このコインを $n = 100$ 回投げてみたところ，表が $N = 58$ 回出た。この結果から $p = 0.5$ が正しいか否かを判断しなさい。

この問では，コインは「まとも」か「いかさま」かのどちらかであることがわかっています。そして，我々はコインがまともであるか，いかさまであるか，判断を迫られています。その上で，コインを $n = 100$ 回投げた結果が与えられているわけです。このような状況は統計的検定が有効な典型的な例だと言うことができます。上記の問では，リアリティが不足しているので，現実的な例に置き換えてみましょう。

北九州市立大学経済学部では，一般入試の英語と数学は選択制になっています。両科目の試験の難易度が同じであれば，もちろん素点を使って，入試の合否を判定すれば良いですね。ところが，難易度をそろえるのはなかなか難しいのです。年によっては，難易度に明らかな違いがみられることがあります。このような場合には両科目の得点を何らかの方法で変換して，結果的に難易度が等しくなるようにする必要があるのです。したがって，我々は毎年，両科目の試験の難易度が等しいと言えるのか，言えないのかについて判断をしなければなりません（コインはまともかいかさまか判断するのに対応）。その判断に使われる情報は，受験生の英語と数学の得点です（コインを100回投げて58回表が出たということに対応)。そうして，下記に述べるような統計的検定を使えば，難易度に差があったかどうかについて，合理的な判断を下すことができるようになります。さあ，問に戻って，統計的検定を学習しましょう。

上記の問に答えるための統計的検定は5つのステップから成り立っています。論理の進め方に注意しながら読んでください。

① 我々はデータを見て，以下のような2つの仮説，帰無仮説（H_0）および対立仮説（H_1）のどちらが正しいのかを最終的に判定します。したがって，統計的検定の第1ステップでやらなければならないことは，この両仮説を設定することです。本問に対するそれは，以下のようになります。

　帰無仮説（H_0）：$p = 0.5$
　対立仮説（H_1）：$p \neq 0.5$

② 第2ステップでは，検定に利用される確率変数（これを**検定統計量**といいます）の確率分布を確かめます。本問の検定統計量は N/n，すなわち，表が出た割合です。この確率変数について，以下の定理が知られています。

> **定理9－1**：一般に n 回コインを投げて N 回表が出たとすると，N/n は確率変数であり，平均 p，分散 $p\ (1-p)/n$ の正規分布に従う（この時 p の値は何でも良い）。ただし n は十分大きいとする。

定理より，<u>もし，帰無仮説が正しいならば</u>（$p = 0.5$），直ちに次のことがわかります。すなわち，このコインを100回投げて N 回表が出たとすると，$\dfrac{N}{100}$ は確率変数であり

平均 $p=0.5$，分散 $\frac{p(1-p)}{100}=\frac{0.5^2}{100}=\frac{1}{400}$ の正規分布に従う。

正規分布が出てきましたので，4 章の正規分布の性質から，$N/100$ の分布は以下のように描くことができます。

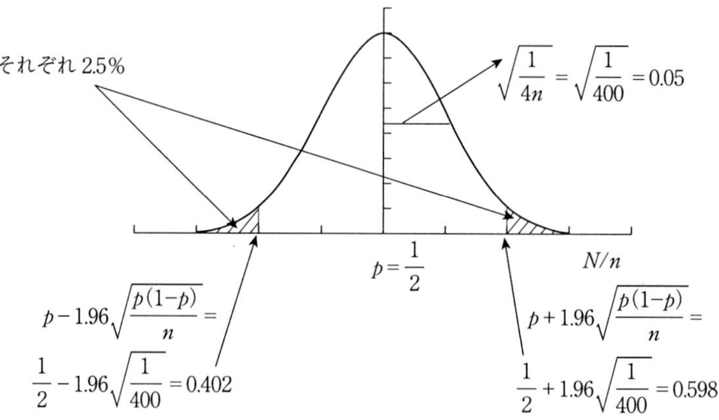

③　第 3 ステップでは，検定統計量 $N/100$ が，どのような値になったら，帰無仮説が誤っていると判断するのかを決めます。直感的には $N/100$ が 0.5 に近い値をとれば，コインはまともである可能性が高そうですね。つまり，帰無仮説が正しいように思われます。それに対して，もし，$N/100$ が 0 に近い値とか，1 に近い値であれば，帰無仮説が誤っている可能性が大きそうに思われます（したがって，対立仮説が正しいように見えます）。このことを考慮すると，帰無仮説が誤っていると判断される，$N/100$ の領域（**棄却域**といいます）は，$N/100<0.402$，および，$N/100>0.598$ となります。このように棄却域を設定することがどのような意味を持つのかについては，後述の「解題」で解説します。

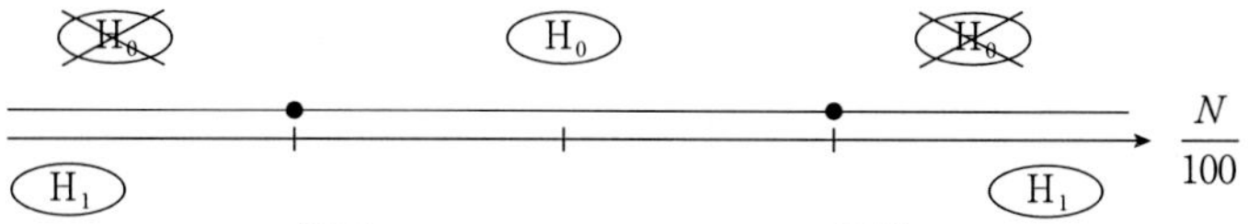

$$\frac{1}{2}-1.96\sqrt{\frac{1}{400}}=0.402 \qquad \frac{1}{2} \qquad \frac{1}{2}+1.96\sqrt{\frac{1}{400}}=0.598$$

④　第 4 ステップでは，確率変数である検定統計量 $\frac{N}{100}$ がどの値に実現したかをデータから計算します。本問では

$$\frac{N}{100}=\frac{58}{100}=0.58$$

となります。

⑤　第 5 ステップでは，検定統計量 $\frac{N}{100}$ の実現値が棄却域に入っているか否かに応じて，帰無仮説を棄却する（すなわち対立仮説を採択する）か，帰無仮説を受容するかを判定します。ここでは，$N/100 = 58/100 = 0.58$ でしたから，これは，棄却域に入っていません。したがって，帰無仮説は棄却されず，採択されることになります。すなわち，このコインはまともであった（$p = 0.5$）ということになります。

以上が統計的検定と言われるものです。おわかりになったでしょうか。ところで，検定統計量が棄却域に入ることを，「**有意**」と表現することが慣例になっています。良く聞く言葉ですので，これも，しっかりと覚えておいてください。

解　題

さて，上記の検定の説明は，読者に有無を言わさず，教え込もうとするもので，この検定がいったいどのような意味を持っているのかについては，何も語っていません。そこで，本節では，上記の検定が何をやっているのかについて考えてみます。

まず，第3ステップに注目してください。ここでは，棄却域を設定するのでした。そして，その棄却域は$N/100<0.402$，および，$N/100>0.598$でしたね。ところが，第2ステップに戻って考えてみると，帰無仮説が正しい時に，確率変数$N/100$が$N/100<0.402$となる確率は2.5％であり，同様に，$N/100>0.598$となる確率が2.5％であることが自明です。ところが，この検定では，$N/100<0.402$，および，$N/100>0.598$となったときには，自動的に帰無仮説が誤りであると判断する，のでした。したがって，上記の検定法は以下の性質を持っていることがわかります。

1　上記の検定では，棄却域の設定から明らかなように，5％の確率で，H_0が正しいときに誤ってH_0を棄却してしまう。

このような検定を「**有意水準5％の検定**」といいます。あらためて，以下に，帰無仮説が正しい時の$N/100$の確率分布を示しておきます。

図9－1　帰無仮説が正しい時（p = 0.5）の$N/100$の確率分布

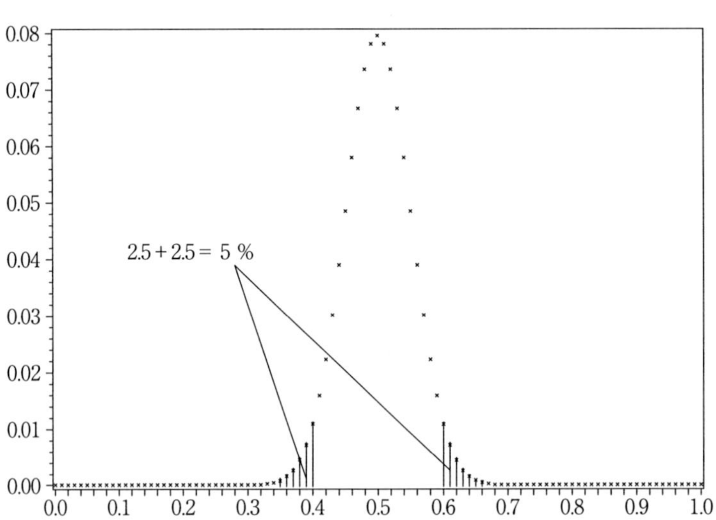

次に，棄却域でない領域に着目しましょう。その領域は $0.402 \leq N/100 \leq 0.598$ ですね。この領域では，自動的に，対立仮説は誤りで，帰無仮説が正しいと判断するのでした。ところで，対立仮説が正しい場合，たとえば，$p = 0.6$ の時の $N/100$ の確率分布はどのようになっているのでしょうか。それを，図9－2に示します。

図9－2から次のことが明らかになります。

2　対立仮説（$H_1 : p = 0.6$）が正しい時に，誤って，帰無仮説が正しいと判断してしまう確率は45％である。

図9－2　対立仮説が正しい時（$p = 0.6$）の $N/100$ の確率分布

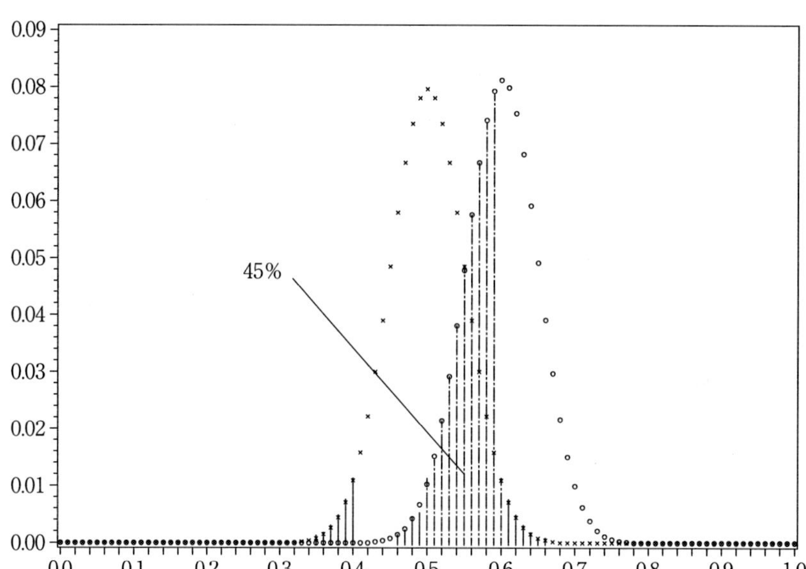

最後に，統計的検定を行うことによって生じる４つの場合を表にまとめてみましょう。

表９－１　統計的検定の生じうる結果

		判　断	
		$H_0 : p = 0.5$	$H_1 : p \neq 0.5$
真　実	$H_0 : p = 0.5$	○正しい判断	第１種の過誤
	$H_1 : p \neq 0.5$	第２種の過誤	○正しい判断

表９－１に示してあるように，帰無仮説が正しいにもかかわらず，誤って，帰無仮説を棄却することを「**第１種の過誤**」と呼びます。また，対立仮説が正しいにもかかわらず，誤って，帰無仮説が正しいと判断することを「**第２種の過誤**」といいます。したがって，上記の検定は第１種の過誤の確率が５％であるような検定を行っているということがわかります。これに対して，第２種の過誤の確率は対立仮説の如何によって変動することに注意してください。

エクセルで実験

以下では，5つの検定のステップを踏んで，実際に検定が行えるようなシートを作ります。シートのあらましは，以下の図のようになります。

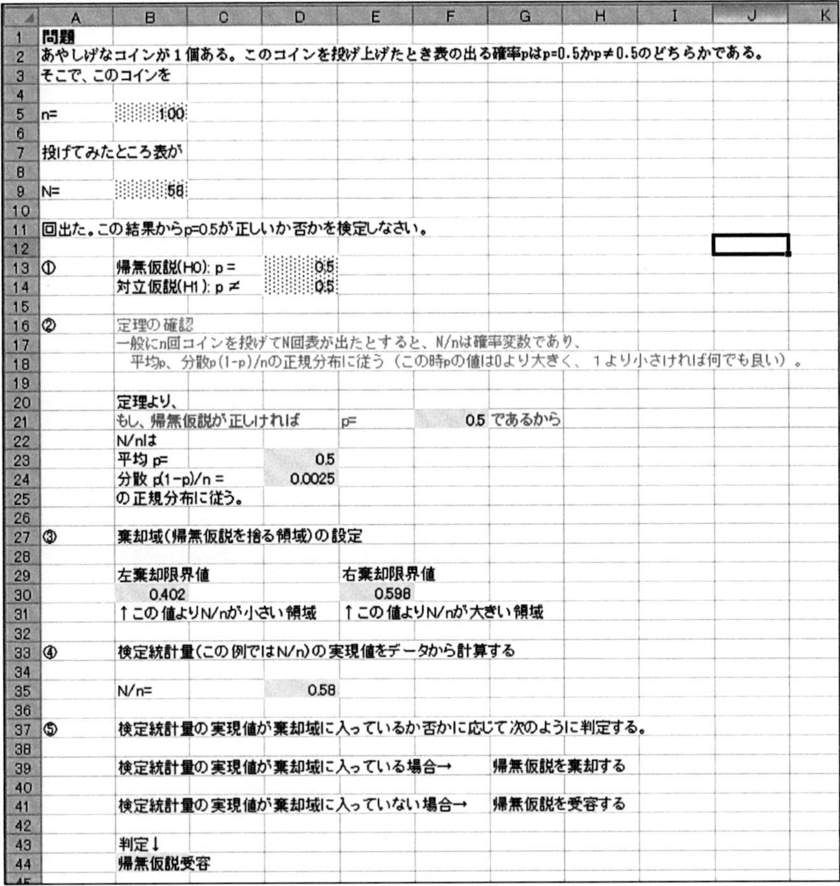

	A	B	C	D	E	F	G	H	I	J	K
1	問題										
2	あやしげなコインが１個ある。このコインを投げ上げたとき表の出る確率pはp=0.5かp≠0.5のどちらかである。										
3	そこで、このコインを										
4											
5	n=	100									
6											
7	投げてみたところ表が										
8											
9	N=	58									
10											
11	回出た。この結果からp=0.5が正しいか否かを検定しなさい。										
12											
13	①	帰無仮説(H0): p =		0.5							
14		対立仮説(H1): p ≠		0.5							
15											
16	②	定理の確認									
17		一般にn回コインを投げてN回表が出たとすると、N/nは確率変数であり、									
18		平均p、分散p(1-p)/nの正規分布に従う（この時pの値は0より大きく、１より小さければ何でも良い）。									
19											
20		定理より、									
21		もし、帰無仮説が正しければ			p=	0.5	であるから				
22		N/nは									
23		平均 p=		0.5							
24		分散 p(1-p)/n =		0.0025							
25		の正規分布に従う。									
26											
27	③	棄却域(帰無仮説を捨る領域)の設定									
28											
29		左棄却限界値			右棄却限界値						
30		0.402			0.598						
31		↑この値よりN/nが小さい領域			↑この値よりN/nが大きい領域						
32											
33	④	検定統計量(この例ではN/n)の実現値をデータから計算する									
34											
35		N/n=		0.58							
36											
37	⑤	検定統計量の実現値が棄却域に入っているか否かに応じて次のように判定する。									
38											
39		検定統計量の実現値が棄却域に入っている場合→					帰無仮説を棄却する				
40											
41		検定統計量の実現値が棄却域に入っていない場合→					帰無仮説を受容する				
42											
43		判定↓									
44		帰無仮説受容									

文字で書いているところは明らかでしょうから，薄い網掛けのところ（これは，定数の入力を行うところです）と濃い網掛けのところ（ここには式が入ります）だけを

次に解説します。それぞれ，以下のように入力してください。

＜薄い網掛け＞

B 列 5 行に 100 と入力。

B 列 9 行に 58 と入力。

D 列 13 行に 0.5 と入力。

D 列 14 行に 0.5 と入力。

＜濃い網掛け＞

F 列 21 行に，=$D$13 と入力。

D 列 23 行に，=$D$13 と入力。

D 列 24 行に，=$D$13*(1-$D$13)/B5 と入力。

B 列 30 行に，=$D$13-1.96*SQRT($D$13*(1-$D$13)/B5) と入力。

E 列 30 行に，=$D$13+1.96*SQRT($D$13*(1-$D$13)/B5) と入力。

D 列 35 行に，=B9/B5 と入力。

B 列 44 行に，=IF(OR(D35<B30,D35>E30)," 帰無仮説棄却 "," 帰無仮説受容 ") と入力。

最後の if 式について，改めて解説しておきます。まず，if 式の一般形は以下のようです。

if(命題，命題が真の時の値，命題が偽の時の値)

ここで，上記の例では

命題＝ OR(D35<B30,D35>E30)

となっています。この意味は，「D 列 35 行の値が B 列 30 行の値よりも小さいか，D 列 35 行の値が E 列 30 行の値より大きい」です。つまり，「検定統計量が棄却域に入っている」という命題に対応します。また，命題が真の時の値＝"帰無仮説棄却"

ですから，検定統計量が棄却域に入っていれば，このセルに「帰無仮説棄却」という文字が書き込まれることになります。さらに，

命題が偽の時の値＝"帰無仮説受容"

ですから，検定統計量が棄却域に入っていなければ，このセルに「帰無仮説受容」と書き込まれます。If 式は，これから良く使いますので，十分に理解しておいてください。最後に，その他の箇所を入力してシートを完成させてください。

本章のまとめ

○　割合 p に関する仮説検定は次の5つのステップからなる。すなわち，

1　p に関する帰無仮説と対立仮説の設定。

2　p に関する帰無仮説が正しいときの検定統計量の分布の確認。

3　棄却域（検定統計量がこの領域に入ると帰無仮説を棄却する領域）の設定。

4　データから検定統計量の値を計算する（検定統計量の実現値の計算）。

5　検定統計量の実現値が棄却域に入っていれば，帰無仮説棄却。そうでなければ帰無仮説受容。

○　帰無仮説が正しいときに誤って，帰無仮説を棄却することを第一種の過誤といい，その確率を有意水準という。

○　有意水準は通常5%が使われ，まれに，10%，1%が使われる。

○　帰無仮説が誤っているときに（＝対立仮説が正しいときに），誤って帰無仮説が正しいと判断することを第二種の過誤という。

問　題

問 1　1897 年，我が国では男子が 290,836 人，女子が 278,198 人誕生している。このデータをもとにして，男子の生まれる確率は 0.5 であるという帰無仮説を検定しなさい。検定にあたっては，教科書本文にあるように 5 つのステップを踏みなさい。

問 2　株式のデイトレーダー A は株式投資に勝っても負けても，その日のうちに手じまう（ポジションを 0 にする）。デイトレーダー A の 200 日の売買履歴から，そのうち，110 日で勝ったことが分かった。A の勝率は 0.5 であるという帰無仮説を検定しなさい。検定にあたっては，教科書本文にあるように 5 つのステップを踏みなさい。

シミュレーション用プログラム

```
#----------------------------------------------------------------------------
# 第 9 章
# 有意水準 5% で，検定を行う。
#   ①まともなサイコロで 1,000 回検定
#   ②いかまさサイコロで 1,000 回検定
#   最後に，①と②とをまとめた表を作成する
#
# どのような条件で実験するかは以下のとおり
#
# test(0.5, 0.60 ,100)   n=100 で，p0 と p1 とが遠い値の場合
# test(0.5, 0.55, 100)   n=100 で，p0 と p1 とが近い値の場合
# test(0.5, 0.55, 1000)  n=1,000 で，p0 と p1 とが近い値の場合
#----------------------------------------------------------------------------
import pandas as pd
import numpy as np
from numpy.random import *
import matplotlib.pyplot as plt

def test( p0, p1, n ):

    test005=(lambda x:' まとも ' if (x>0.5-1.96*np.sqrt(0.5*(1-0.5)/n)) and (x<0.5+1.96*
        np.sqrt(0.5*(1-0.5)/n)) else ' いかさま ')
    test010=(lambda x:' まとも ' if (x>0.5-1.64*np.sqrt(0.5*(1-0.5)/n)) and (x<0.5+1.64*
        np.sqrt(0.5*(1-0.5)/n)) else ' いかさま ')
    aka_matomo =lambda x: 1 if x<p0 else 0
    aka_ikasama=lambda x: 1 if x<p1 else 0

    # 赤鉛筆を n 回転がすという実験を 1000 回繰り返す
    aka=pd.DataFrame([ [rand() for j in range(n) ] for i in range(1000)])

    # まともなサイコロを n 回転がして，5% 有意水準で検定する。これを 1000 回行う
    test_result_in_matomo=aka.applymap(aka_matomo).mean(axis=1).map(test005)
```

```
# 赤鉛筆を n 回転がすという実験を 1000 回繰り返す
aka=pd.DataFrame([ [rand() for j in range(n) ] for i in range(1000)])

# いかさまサイコロを n 回転がして，5% 有意水準で検定する。これを 1000 回行う
test_result_in_ikasama=aka.applymap(aka_ikasama).mean(axis=1).map(test005)

# クロス集計
test_result_in_matomo_crosstab=pd.crosstab(test_result_in_matomo,
columns=' 回数 ',normalize=False)
test_result_in_ikasama_crosstab=pd.crosstab(test_result_in_ikasama,
columns=' 回数 ',normalize=False)

# 変数名などの整理
test_result_in_matomo_crosstab[' コインの真の性質 ']=' まとも '
test_result_in_matomo_crosstab[' 有意水準 ']='5% '
test_result_in_matomo_crosstab.index.name=' 検定結果 '

# 変数名などの整理
test_result_in_ikasama_crosstab[' コインの真の性質 ']=' いかさま '
test_result_in_ikasama_crosstab[' 有意水準 ']='5% '
test_result_in_ikasama_crosstab.index.name=' 検定結果 '

# ①まともなサイコロで 1000 回検定し，さらに②いかまささサイコロで 1000 回検定したうえで
# 最後に，①と②とをまとめた DataFrame を作成する
test_result=pd.concat([test_result_in_matomo_crosstab,test_result_in_ikasama_crosstab])

temp=test_result

# test_result のインデックス等を修正する。修正した結果は以下のとおり
#
# ' コインの真の性質 ', ' 検定結果 '  ' 回数 '
#  まとも            まとも      値 1
#  まとも            いかさま    値 2
#  いかさま          まとも      値 3
#  いかさま          いかさま    値 4
#
#                                   ↓マルチインデックス設定
test_result=test_result.reset_index().set_index([' コインの真の性質 ',' 検定結果 ']).loc[
    [(' まとも ',' まとも '),(' まとも ',' いかさま '),(' いかさま ',' まとも '),(' いかさま ',' いかさま ')],:]

# タイトル設定
titlename='p0='+str(p0)+'  p1='+str(p1)+'  n='+str(n)

# 1000 回の検定結果の描画
# .pivot_table() の使い方注意（stacked=True で累積棒グラフになる）
test_result.pivot_table(index=[' コインの真の性質 '],columns=' 検定結果 ',
values=' 回数 ').plot.barh(stacked=True,fontsize=20,title=titlename)
```

```
plt.show()
return test_result
test(0.5,0.60,100)
test(0.5,0.55,100)
test(0.5,0.55,1000)
```

10 割合 p に関する仮説検定（考察）

前章では，統計的仮説検定の考え方を，最もシンプルな例を用いて紹介しました。本章では，その内容を踏まえて，さらに統計的検定の考え方に習熟したいと思います。そのための材料として，あやしげなコインの例を引き続き利用しますが，本章では，①あやしげなコインの表の出る確率 p についての帰無仮説は 0.5 だけとは限りません。また，②コインを投げあげる回数 n を増やした場合にどのようなことが起きるかを調べていきます。

まず，帰無仮説において，あやしげなコインの表の出る確率 p が p_0 であるか否かを検定する問題を考えてみます。コインを投げあげる回数は変更の可能性を考えて，n に統一して話を進めます。前章と同じように，5 つのステップを踏んで考えます。まず，第 1 ステップは以下のようになります。

① 第 1 ステップ

帰無仮説（H_0），対立仮説（H_1）を次のように設定する。

$H_0 : p = p_0$

$H_1 : p \neq p_0$

ここで，p_0 は必ずしも 0.5 ではないことに注意してください。こうすることによって，より一般的な検定に対応することができるようになります。

第 2 ステップはどうなるでしょうか。第 2 ステップは，検定で利用される定理の確認と，「もし帰無仮説が正しければ・・・」という 2 つの部分からなっているのでした。前半部分は当然，変更はありません。しかし，後半部分は変化します。第 2 ステップの後半部分は次のようになります。

② 第2ステップの後半

もし，帰無仮説が正しいならば（$p = p_0$），このコインを n 回投げて N 回表が出たとすると，$\dfrac{N}{n}$ は確率変数であり，平均 $p = p_0$，分散 $\dfrac{p_0(1-p_0)}{n}$，の正規分布に従う。

また，N/n の分布を描くと下記のようになります。

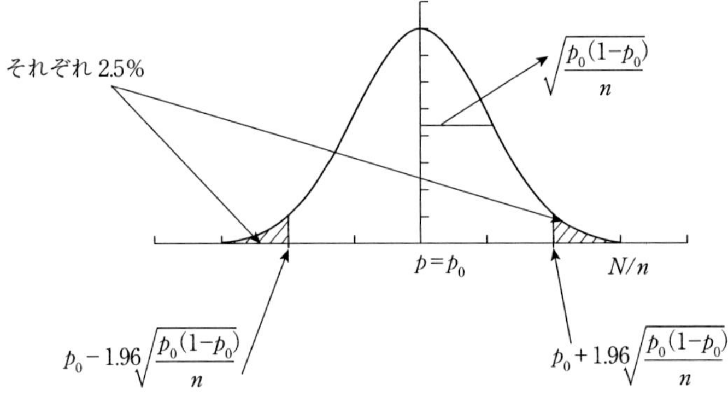

さて，次に棄却域を設定する第3ステップを考えてみます。帰無仮説における p が p_0 に変更されていますから，第3ステップも変更が加えられて，次のようになります。

③ 第3ステップ

棄却域（H_0 を棄却し，H_1 を採択する領域）を，$N/n<p_0 - 1.96\sqrt{\dfrac{p_0(1-p_0)}{n}}$ および $N/n>p_0 + 1.96\sqrt{\dfrac{p_0(1-p_0)}{n}}$ と設定する。

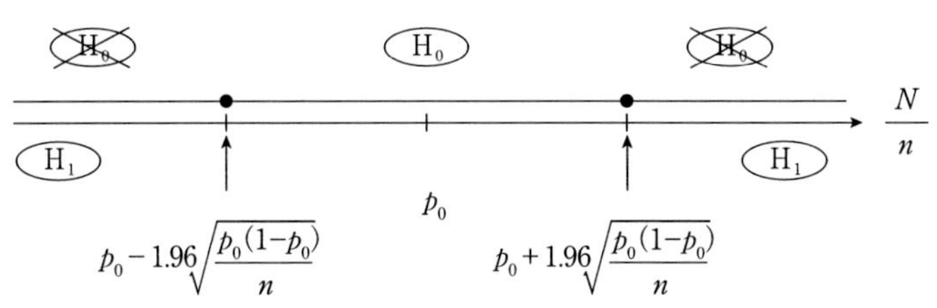

なぜなら，N/n が区間 $\left[p_0 - 1.96\sqrt{\frac{p_0(1-p_0)}{n}},\ p_0 + 1.96\sqrt{\frac{p_0(1-p_0)}{n}}\right]$ に入れば H_0 が正しいと思われ，入らなければ H_0 が誤りと推定されるからである。

第4ステップは検定統計量 N/n をデータから計算するだけですから，まったく変更はありません。また，第5ステップは検定統計量の実現値をもとにして，それが棄却域に入っていれば，帰無仮説を棄却し（対立仮説を採択），そうでなければ，帰無仮説を受容するというものでしたから，これも，変更はないことになります。ただし，棄却域そのものは第3ステップで変更が加えられています。以上で，検定をする準備がすべて整いました。

これから，上記のような検定の性質を調べていくことにしましょう。具体的には，上記の検定における，第1種の過誤の確率と第2種の過誤の確率とに注目することにします。本章の冒頭で述べたように，帰無仮説において表が出る確率 p_0，対立仮説において表が出る確率 p_1，コインを投げあげる回数 n を，以下のようにいろいろに変えていきます。

条件1：$p_0 = 0.5$，$p_1 = 0.6$ を固定したままで，n のみを100回，500回，1,000回と変化させる。

条件2：$n = 100$，$p_0 = 0.5$ を固定したままで，p_1 を0.4，0.7，0.9と変化させる。

条件3：$n = 100$，$\underline{p_0 = 0.6}$ として，p_1 を0.5，0.7，0.9と変化させる。

表10－1によれば，条件1を適用した場合，サンプル数nが増えると第2種の過誤の確率が減少していくことがわかります。直感的には，あやしげなコインの表の出る確率がp_0とわずかに異なる値であっても，nが増加すると，その識別が容易にできるようになるであろうということから理解することができます。第1種の過誤の確率は変化しません。

表10－1　nのみを変化させた場合の確率

		$n = 100$		$n = 500$		$n = 1000$	
		判　断		判　断		判　断	
		$H_0: p = 0.5$	$H_1: p = 0.6$	$H_0: p = 0.5$	$H_1: p = 0.6$	$H_0: p = 0.5$	$H_1: p = 0.6$
真の世界	$H_0: p = 0.5$	0.9431	0.0569	0.9456	0.0544	0.9463	0.0537
	$H_1: p = 0.6$	0.4567	0.5433	0.0048	0.9952	0	1

次に表10－2に目を転じます。こちらは条件2の場合ですが，対立仮説のp_1が帰無仮説のp_0から離れるほど，第2種の過誤の確率は減少していくことが見て取れます。ただし，第1種の過誤の確率は，やはり，変わっていません。

表10－2　p_1（対立仮説のもとでの表の出る確率）を変化させた場合の確率

		$n = 100$		$n = 100$		$n = 100$	
		判　断		判　断		判　断	
		$H_0: p = 0.5$	$H_1: p = 0.4$	$H_0: p = 0.5$	$H_1: p = 0.7$	$H_0: p = 0.5$	$H_1: p = 0.9$
真の世界	$H_0: p = 0.5$	0.94311	0.05689				
	$H_1: p = 0.4$	0.45666	0.54334				
真の世界	$H_0: p = 0.5$			0.94311	0.05689		
	$H_1: p = 0.7$			0.0125	0.9875		
真の世界	$H_0: p = 0.5$					0.94311	0.05689
	$H_1: p = 0.9$					4.75E－16	1

（注）表中の4.75E-16は4.75×10^{-16}のことである。

最後に条件3を考えてみます。表10－3をご覧ください。ここでは，p_0 の値を0.6として，さらに，p_1 を変化させています。その心は，帰無仮説における p_0 の値は0.5でなくとも良いこと，また，その時に p_1 の変化とともに，どのようなことが起きるのかを理解してもらいたいということです。結果は，前表と同じように，対立仮説の p_1 が帰無仮説の p_0 から離れるほど，第2種の過誤の確率は減少することがわかります。また，第1種の過誤の確率は変わっていません。

表10－3　$p_0 = 0.6$ として，p_1 を変化させた場合の確率

		$n = 100$		$n = 100$		$n = 100$	
		判　断		判　断		判　断	
		$H_0: p = 0.6$	$H_1: p = 0.5$	$H_0: p = 0.6$	$H_1: p = 0.7$	$H_0: p = 0.6$	$H_1: p = 0.9$
真の世界	$H_0: p = 0.6$	0.9481	0.0519				
	$H_1: p = 0.5$	0.4602	0.5398				
真の世界	$H_0: p = 0.6$			0.9481	0.0519		
	$H_1: p = 0.7$			0.4509	0.5491		
真の世界	$H_0: p = 0.6$					0.9481	0.0519
	$H_1: p = 0.9$					0	1

以上の実験結果から，統計的検定は，n，p_0，p_1，の値が変化しても第1種の過誤の確率が変化しないように設計されていることがわかります。一方，第2種の過誤の確率は，これらの変化に影響を受けます。実際の検定では，このことに注意する必要がでてくることがあります。

エクセルで実験

前2章では，統計的検定の手続きに習熟してもらうことが主眼でしたので，ここまでに勉強してきた統計的検定が「有意水準5％」の検定になっているかどうかを確認するという重要なミッションを先送りしてきました。そこで，本章の「エクセルで実験」では，学んできた統計的検定が，本当に有意水準5％

の検定になっているかを確かめることにしましょう。

あやしげなコインがあって，そのコインの表の出る確率 p が 0.5 であるか否かを検定したいとします。帰無仮説は $p = 0.5$ で，対立仮説は $p \neq 0.5$ ですね。コインを $n = 30$ 回投げた時に，表がでた回数を N とすると，$N/30$ が検定統計量になります。棄却域は

$$\frac{N}{30} < 0.5 - 1.96\sqrt{\frac{0.5 \times (1-0.5)}{30}} \text{ または } \frac{N}{30} > 0.5 + 1.96\sqrt{\frac{0.5 \times (1-0.5)}{30}}$$

ですね。$N/30$ が棄却域に実現すると，帰無仮説棄却，そうでなければ，帰無仮説受容と判断するのでした。これが，「有意水準 5 %」の検定であることを証明するためには，第 1 種の過誤の確率を調べればよいのです。つまり，$p = 0.5$ であるコインを 30 回投げて上記検定を実行する，ということを 1,000 回繰り返したとします。そして，1,000 回の検定のうちの 5 %，つまり，50 回程度，誤った判断（帰無仮説棄却）をすることを確認すれば良いわけです。早速，そのための，エクセルシートを作成しましょう。まず，全体のあらましを下記に示します。

	A 列 帰無仮説が正しい時の コインの表が出る確率	B 列 コインを 投げる回数	C～AF 列 赤鉛筆を 30 回転がす	AG～BJ 列 コインを 30 回投げる （表＝ 1，裏＝ 0）	BK 列 コインを 30 回投げた 時に表が出た割合	BL 列 左棄却限界値	BM 列 右棄却限界値	BN 列 検定結果
↑1000回の実験↓	0.5	30	一様乱数	コイン投げの結果	$N/30$ の実現値	0.321	0.679	帰無仮説棄却 あるいは 帰無仮説受容

まず，シートをわかりやすくするために，A 列 1 行，B 列 1 行，C 列 1 行に順に次のように入力します。

表が出る確率

コインを投げる回数

赤鉛筆を 30 回投げる→

また，AG 列 1 行に

表が出たら 1，裏が出たら 0 →

としましょう。さらに，BK 列 1 行，BL 列 1 行，BM 列 1 行，BN 列 1 行に，それぞれ，

表が出た割合
左棄却限界値
右棄却限界値
検定結果

と記入しましょう。

次に，一度の検定に相当する，エクセルシート 2 行目を作成します。A 列 2 行目に「0.5」，B 列 2 行目に「30」とします。それぞれ，表が出る確率，コインを投げる回数であることは自明ですね。そして，C 列 2 行目から AF 列 2 行目に赤鉛筆を 30 回転がした結果を入力します（一様乱数を 30 個作ります）。さて，AG 列 2 行目から BJ 列 2 行目には，赤鉛筆を転がした結果に対応して，コインを 30 回投げた結果を作ります。AG 列 2 行目に次の式を入れましょう。

```
=IF(C2<$A2,1,0)
```

そして，AG 列 2 行目をコピーして，AH 列 2 行から BJ 列 2 行までに貼り付ければよろしい。これで，コイン投げ完成です。BK 列 2 行には表が出た割合が入りますから，次式を入力します。

```
=SUM(AG2:BJ2)/B2
```

次に，BL 列 2 行目に左棄却限界値，BM 列 2 行目に右棄却限界値を計算します。それぞれ以下のようになります。

```
=A2-1.96*SQRT(A2*(1-A2)/B2)
=A2+1.96*SQRT(A2*(1-A2)/B2)
```

最後に，BN列2行目に検定結果が現れるような式を書きましょう。それは次のようになります。

=IF(OR(BK2<BL2,BK2>BM2),"帰無仮説棄却","帰無仮説受容")

ここで，OR(BK2<BL2,BK2>BM2)は検定統計量が棄却域に入っていることを示しています。

さあ，これで，1回目の検定に成功しました。後は，この検定を999回行うだけです。一見大変そうですが，エクセルの力を借りれば一気にできます。まず，A列2行とB列2行をコピーして，A列3行～1001行とB列3行～1001行に貼り付けましょう。それから，赤鉛筆を30転がすという行為を999回行い，その結果をC列3行からAF列1001行までに入力します。念のため，その設定のスクリーンショットを右に掲げます。

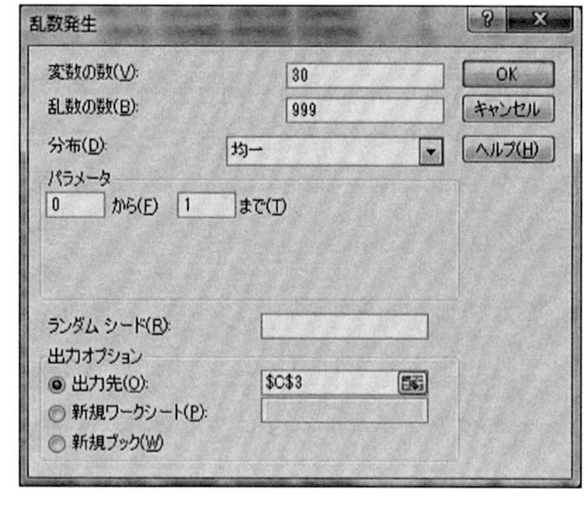

後は，AG列2行～BN列2行をコピーして，AG列3行～BN列1001までに貼り付ければ完成です。BN列に1,000回の検定結果ができているはずです。この中で，帰無仮説棄却という誤った判断が50回程度行われているはずです。具体的には，BQ列1行に

=COUNTIF(BN2:BN1001,"帰無仮説棄却")

とすれば，帰無仮説が棄却された回数をカウントしてくれます。以上で，この検定が「有意水準5％の検定」となっていることの確認がとれました。

本章のまとめ

○　コインを n 回投げたところ，N 回表が出たとする。この時，表が出る確率 p について，帰無仮説 $p = p_0$ と対立仮説 $p = p_1$ のどちらが正しいか有意水準 5 % で検定するには，検定統計量を N/n とし，棄却域を $\frac{N}{n} < p_0 - 1.96\sqrt{\frac{p_0(1-p_0)}{n}}$，$\frac{N}{n} > p_0 + 1.96\sqrt{\frac{p_0(1-p_0)}{n}}$ とすれば良い。ただし，n は十分大きいとする。

○　上記検定で，他の条件は変化させずに，コインを投げる回数 n を増やしていくと，第 1 種の過誤の確率は変化しないが，第 2 種の過誤の確率は減少していく。

○　上記検定で，他の条件は変化させずに，対立仮説における p の値（p_1）を帰無仮説における p の値（p_0）から遠ざけると第 1 種の過誤の確率は変化しないが，第 2 種の過誤の確率は減少していく。

問　題

問 1　エクセルの Sheet1 の 1 行だけを使って，いかさまコイン（p=0.6）を 30 回投げて，帰無仮説 p=0.5 の検定を 1 回だけ行いなさい。

問 2　問 1 の検定の「方法」について，統計学の素人から，インチキではないのかと疑問が提起された。これに対して，「第 2 種の過誤の確率」を明示したい。Sheet1 でどのようなことを行えば，これを明示できるか？

問 3　問 1 で行った，検定を 1,000 回行いなさい。その結果，何回正しい判定をしているか数えなさい。

シミュレーション用プログラム

```
#--------------------------------------------------------------------------------
# 第 10 章
# 帰無仮説下の N/n の分布と対立仮説下の N/n の分布を同時に描き
# 第 1 種の過誤の確率と第 2 種の過誤の確率とを図示する
#--------------------------------------------------------------------------------
import pandas as pd
import numpy as np
```

```
from numpy.random import *
import matplotlib.pyplot as plt
from scipy import stats

def N_over_n( p0,p1,n ,number):

    #============================
    # N/n の分布（帰無仮説の下）

    x = [i/n for i in range(n+1)]

    # 帰無仮説下の 2 項分布
    binom=stats.binom.pmf([i for i in range(n+1)], n, p0) #pdf ではなく，pmf

    # 帰無仮説下の分布を binom0 に保管
    binom0=binom

    # 棄却限界値
    hidari=p0-1.96*np.sqrt(p0*(1-p0)/n)
    migi  =p0+1.96*np.sqrt(p0*(1-p0)/n)

    fig=plt.figure(number,figsize=(8,5),tight_layout=True)
    ax1=fig.add_subplot(2,1,1) # fig.add_subplot(m,n,l) m × n のキャンバスの l 番目

    ax1.plot(x, binom,color='r',label=' 帰無仮説 :p=%s' % p0) # 2 項分布描画（ x は変換済み）
    ax1.fill_between(x,0,binom,where=x<=hidari,color="r",alpha=0.5) # 左裾着色
    ax1.fill_between(x,0,binom,where=x>=migi,color="r",alpha=0.5)   # 右裾着色

    #====================================
    # N/n の分布（対立仮説の下）

    # 対立仮説下の 2 項分布
    binom=stats.binom.pmf([i for i in range(n+1)], n, p1) #pdf ではなく，pmf

    # 対立仮説下の分布を binom1 に保管
    binom1=binom

    ax1.plot(x, binom,color='blue',label=' 対立仮説 :p=%s' % p1) # 2 項分布描画（ x は変換済み）
    ax1.fill_between(x,0,binom,where=((x>hidari)&(x<migi)),color="blue",alpha=0.5)
    # (hidari,migi) 区間の着色

    ax1.set_title(' 第 1 種の過誤の確率と第 2 種の過誤の確率 (n=%s)' % n)

    ax1.legend(loc='upper right',fontsize=10)

    #plt.show()
```

```
    all=pd.DataFrame({'x':x,' 帰無仮説下の二項分布 ':binom0,' 対立仮説下の二項分布 ':binom1})

    # まとめの表
    c00=all[(all.x>=hidari)&(all.x<=migi)][' 帰無仮説下の二項分布 '].sum()
    c01=all[(all.x<hidari)|(all.x>migi)][' 帰無仮説下の二項分布 '].sum()

    c10=all[(all.x>=hidari)&(all.x<=migi)][' 対立仮説下の二項分布 '].sum()
    c11=all[(all.x<hidari)|(all.x>migi)][' 対立仮説下の二項分布 '].sum()

    #print(c00,c01,c10,c11)

    ax2=fig.add_subplot(2,1,2)
    data = {"A":3.2,"B":2.1,"C":1.2,"D":0.5,"E":0.2,"F":0.1}

    # 表を描写
    ax2.table(
            cellText=[[' 帰無仮説 ',c00,c01],[' 対立仮説 ',c10,c11]],
            cellColours=[['white','white','lightcoral'],['white','cornflowerblue','white']],
            colLabels=[' 真の世界↓ ',' 帰無仮説が正しいと判断 ',' 対立仮説が正しいと判断 '],
            loc='center')

    ax2.axis('off')

    plt.show()

N_over_n( 0.5, 0.6, 100 ,1)
N_over_n( 0.5, 0.6, 500 ,2)
N_over_n( 0.5, 0.6, 1000,3)
N_over_n( 0.5, 0.4, 100 ,4)
N_over_n( 0.5, 0.7, 100 ,5)
N_over_n( 0.5, 0.9, 100 ,6)
N_over_n( 0.6, 0.5, 100 ,7)
N_over_n( 0.6, 0.7, 100 ,8)
N_over_n( 0.6, 0.9, 100 ,9)
```

11　2つの真の割合の差の検定

我々の生活の中では，2つのグループ間で，ある特定の真の割合についての差があるかないかが重大な関心になることがしばしばあります。たとえば，癌に対する新薬が開発されたとします。問題は当然，この新薬が癌に有効と言えるかどうかですね？　このような場合，医学的には次のような実験をして，新薬が真に有効か否かを判定します。まず，癌患者を無作為に2つのグループに分けます。そして，1つめのグループにはこの新薬を投与し，もう1つのグループ（対照群といいます）には，新薬と偽ってプラシーボと呼ばれる偽の薬を与えるのです。そして，2つのグループのおのおのにおいて，生存率を計算します。最後に，2つの生存率の差をもとにして，検定を行い，新薬が真に有効かどうかを判定するのです。

上記のように2つの真の割合の差が問題になる例は，枚挙に暇がありません。男女差別を問うた世論調査において，男女差別が「ある」と考える，男性の真の割合と女性の真の割合に差があると言えるか否か，自民党支持者と民主党支持者の間で，国民皆保険を支持する人の真の割合に差があるか否かなど，いくらでも考えることができます。そこで，本章では，このような問題に対応するために考案された，「2つの真の割合の差の検定」を考えることにしましょう。

本章を書くにあたって，筆者は以前から疑問に思っていた実験を敢行することにいたしました。私事で恐縮ですが，筆者には2人の息子がいます。子供が小さかったころ，よくキャンプをして遊んでいたのですが，順番を決めるためにやる，じゃんけんの勝率が，息子2人で，どうも同じではないような気がしていました。次男が弱いような気がするのです。そこで今回，あらためて息子2人のじゃんけん力の比較を行うことにしました。対戦相手が父だと，相性がでてきますから，困ったときのiPhoneアプリ！　というわけで，「じゃんけん

for kids」というアプリを選んで，このアプリと対戦してもらうことにしました。

まず，何を検定したいのか，正確に記述することにしましょう。1回のじゃんけんで長男が勝つ真の割合を p_1（以下，長男の真の勝率とします），次男が勝つ真の割合を p_2（次男の真の勝率）とします。長男が「じゃんけん for kids」とじゃんけんをした回数を n_1 回，次男のそれを n_2 回とします。また，長男が勝った回数を N_1 回，次男が勝った回数を N_2 回と記述することにしましょう。ここで，1つ注意をしておきます。統計学を学んだことの無い人は，すぐに，この実験での長男の勝率 N_1/n_1 と次男の勝率 N_2/n_2 との差をとって，その大小で，安易な結論を引き出そうとしますが，それは誤りだということです。我々の関心はあくまで，長男が勝つ<u>真の割合 p_1</u> と次男が勝つ<u>真の割合 p_2</u> との間に差があるか無いかを知りたいわけです。そのためには，以下で述べるような検定を経ないと，科学的な結論には到達できないのです。以下，検定の常套手段に従って，5つのステップを踏んで考えてみます。

<ステップ1>

帰無仮説：$p_1 = p_2$（すなわち，長男と次男の真の勝率には差がないということです）

対立仮説：$p_1 \neq p_2$（当然，2人の真の勝率には差があるという意味ですね）

<ステップ2>

本検定で利用する定理の確認です。検定統計量としては，$\dfrac{N_1}{n_1} - \dfrac{N_2}{n_2}$ を使います。

定理 11 − 1

n_1，n_2 が十分大きいとき，$\dfrac{N_1}{n_1}-\dfrac{N_2}{n_2}$ は平均 p_1-p_2，分散 $\dfrac{p_1(1-p_1)}{n_1}+\dfrac{p_2(1-p_2)}{n_2}$ の正規分布に従う。

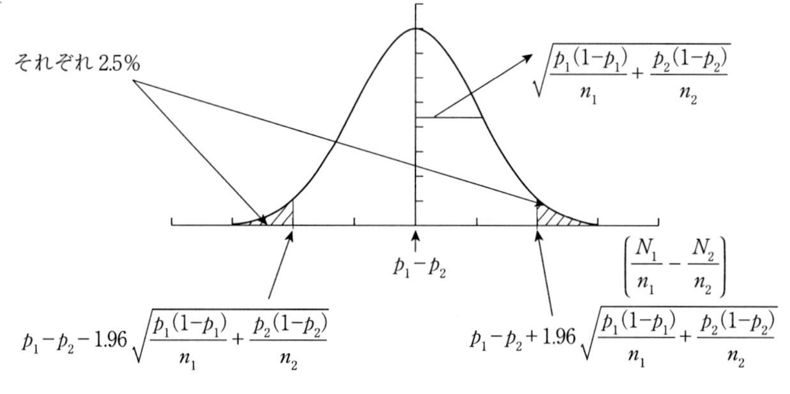

この定理はどのような p_1，p_2 に対しても成立していることに注意してください。したがって，もし，帰無仮説が正しければ，$p_1=p_2=p$ とおいて，

$\dfrac{N_1}{n_1}-\dfrac{N_2}{n_2}$ は，平均 0，分散

$$\frac{p_1(1-p_1)}{n_1}+\frac{p_2(1-p_2)}{n_2}=\frac{p(1-p)}{n_1}+\frac{p(1-p)}{n_2}=p(1-p)\left(\frac{1}{n_1}+\frac{1}{n_2}\right)$$

の正規分布に従う，ということが直ちに導かれます。以下に，その時の

$\dfrac{N_1}{n_1}-\dfrac{N_2}{n_2}$ の分布を示します。

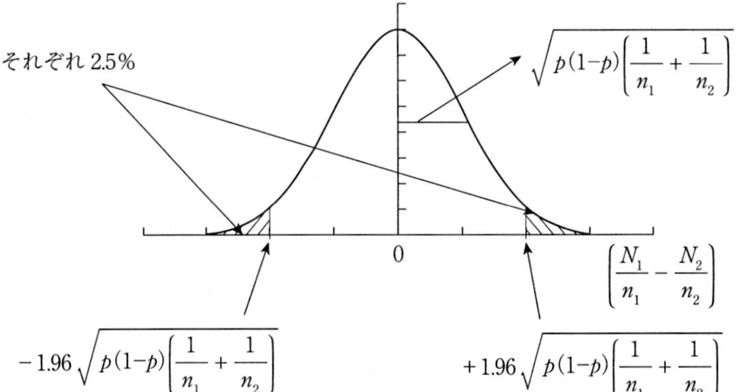

<ステップ 3 >

ここでは，検定統計量 $\frac{N_1}{n_1}-\frac{N_2}{n_2}$ の実現値が，どの値になったら，帰無仮説を棄却するかを決めるのでしたね（棄却域の設定）。直感的には $\frac{N_1}{n_1}-\frac{N_2}{n_2}$ の値が 0 に近いと，長男の真の勝率と次男の真の勝率とは，ほとんど変わらないと考えられますから，帰無仮説が正しいと予想されますね。それに対して，$\frac{N_1}{n_1}-\frac{N_2}{n_2}$ の値が正で 0 から遠いと，長男の真の勝率の方が，次男の真の勝率よりも高いことが予想されますし，負で 0 から遠いと，逆に，次男の真の勝率の方が長男の真の勝率よりも高いことが想定されます。したがって，x 軸に $\frac{N_1}{n_1}-\frac{N_2}{n_2}$ をとったとき，x 軸の両端を棄却域に設定すれば良いことがわかります。ステップ 2 の結果を踏まえると，以下のように棄却域が考えられるでしょう。

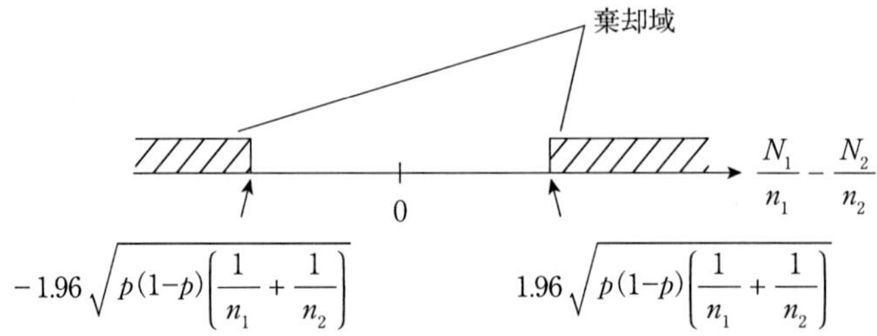

ところが，残念ながら，このままでは，検定には使うことができません。なぜだか，おわかりですか？　そうです，この棄却域には，神様しか知らないpが含まれていますね。したがって，このままでは，実行可能な棄却域にはならないのです。棄却域を実際に利用可能な形にするには，$\sqrt{p(1-p)\left(\frac{1}{n_1}+\frac{1}{n_2}\right)}$ のpをなんらかの点推定値で置き換える必要があります。詳細は省きますが，以下のような棄却域を設定すれば，有意水準５％の検定になることがわかっています。

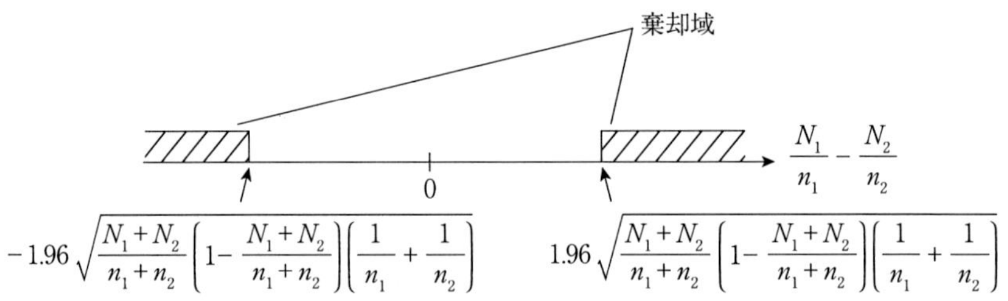

帰無仮説が正しければ，$p_1=p_2=p$となり，長男と次男のじゃんけんは，なんら異なるところはないことになりますから，長男と次男のじゃんけんの結果を合体させて２人あわせて勝った回数を，２人あわせたじゃんけんの回数で割った値でpの点推定値としたわけです。直感的には納得していただけるのではないでしょうか。

＜ステップ４＞

データから，$\dfrac{N_1}{n_1}-\dfrac{N_2}{n_2}$ を計算します。

＜ステップ５＞

$\dfrac{N_1}{n_1}-\dfrac{N_2}{n_2}$ の実現値が，$1.96\sqrt{\dfrac{N_1+N_2}{n_1+n_2}\left(1-\dfrac{N_1+N_2}{n_1+n_2}\right)\left(\dfrac{1}{n_1}+\dfrac{1}{n_2}\right)}$ より大きいか，$-1.96\sqrt{\dfrac{N_1+N_2}{n_1+n_2}\left(1-\dfrac{N_1+N_2}{n_1+n_2}\right)\left(\dfrac{1}{n_1}+\dfrac{1}{n_2}\right)}$ より小さい時，帰無仮説を棄却し，そうでなければ，帰無仮説を受容します。

以上が，２つの真の割合の差の検定と呼ばれるものです。おわかりいただけたでしょうか？　最後に，長男と次男がそれぞれ，100回ずつじゃんけんした結果を示します。「じゃんけん for kids」は幼児に対してじゃんけんを教えるために開発されたようで，非常にシンプルにできていますから，この実験には最適だと思います。その起動画面は右のようになっています。

この画面で，ぐう，ちょき，ぱーのどれかのボタンを押すと，次の画面は右のようになって iPhone の手が上に示され，勝敗がわかるようになっています。臨場感を出すために，長男と次男の２人の前に，私が iPhone 片手に陣取った上で，勝負をいたしました。次の表がその結果です。

表 11－1　長男と次男の対ロボットじゃんけんの結果

勝　敗	長　男	次　男
勝った回数	30	35
負けた回数	25	34
引き分けた回数	45	31
合　計	100	100

この結果を用いて，早速，検定を行ってみましょう。第 3 ステップの棄却域は

$$1.96\sqrt{\frac{N_1+N_2}{n_1+n_2}\left(1-\frac{N_1+N_2}{n_1+n_2}\right)\left(\frac{1}{n_1}+\frac{1}{n_2}\right)} =$$

$$1.96\sqrt{\frac{30+35}{100+100}\left(1-\frac{30+35}{100+100}\right)\left(\frac{1}{100}+\frac{1}{100}\right)} = 0.1298$$

より，0.1298 以上，－ 0.1298 以下となります。検定統計量の実現値は

$$\frac{N_1}{n_1}-\frac{N_2}{n_2}=\frac{30}{100}-\frac{35}{100}=-0.05$$

ですから，この値は棄却域から，十分離れた領域に実現したことがわかります。よって，帰無仮説 $p_1 = p_2$（長男と次男で，じゃんけんの勝率に差はないという仮説）は，まったく棄却できず，これを受容することになります。すなわち，次男がじゃんけんに弱いというのは，単なる思い込みにすぎないことが判明したのです[1)]。

1）ちなみに，引き分けた回数に着目すると，長男が 45 回の引き分けに対して，次男が 31 回の引き分けでした。両者の真の引き分け率に関して，2 つの真の割合の検定を行うと，検定統計量が 0.14 になり，わずかに有意になります（棄却限界値は ± 0.1345）。すなわち，長男の引き分け率は次男よりも高いという結論になります。次男がじゃんけんに弱いという印象を持っていた理由はこのあたりにあるのかもしれません。

エクセルで実験

本章で取り扱った検定のポイントはステップ2の定理11－1にあることはおわかりになったことと思います。そこで，本節では，この定理11－1をエクセルで確認することにしましょう。

ここでも本文と同様に，A君，B君の2人がじゃんけんアプリとじゃんけんをすることを考えていきます。通常はA君もB君もじゃんけんで勝つ真の確率は1/3なのですが，定理11－1の確認が目的なので，ここではA君がじゃんけんに勝つ真の確率p_1を0.6，B君がじゃんけんに勝つ真の確率p_2を0.5としておきましょう。また，A君，B君が行ったじゃんけんの回数をそれぞれ$n_1 = 30$，$n_2 = 50$とします。これから作るエクセルシートのあらましを下記に示します。

	A列 A君の真の勝率p_1	B列 B君の真の勝率p_2	C列 A君のじゃんけんの回数	D列 B君のじゃんけんの回数	E～AH列 赤鉛筆を30回転がす	AI～BL列 A君じゃんけん30回 (勝ち＝1，その他0)	BM列 A君の勝率	BN～DK列 赤鉛筆を50回転がす	DL～FI列 B君じゃんけん50回 (勝ち＝1，その他0)	FJ列 B君の勝率	FK列 A君勝率－B君勝率
↑1000回の実験↓	0.6	0.5	30	50	一様乱数	じゃんけんの結果A君	$N_1/30$の実現値	一様乱数	じゃんけんの結果B君	$N_2/50$の実現値	$N_1/30 - N_2/50$

まずABCD列1行にそれぞれp_1，p_2，n_1，n_2と入力します。同様にABCD列2行にそれぞれ0.6，0.5，30，50と入力しましょう。今回も今までと同様に赤鉛筆を転がして勝敗を決めていきます。E列1行に「赤鉛筆を30回転がす」と入力し，E列2行からAH列2行まで30個の一様乱数を発生させます。A君の真の勝率は0.6なので，発生した乱数が0から0.6までの数字であれば，A君はじゃんけんに勝ったとみなします。そこでAI列1行に「A君について，勝ったら1，負けか引き分けなら0」と入力します。AI列2行からBL列2行まではどうすればよいかおわかりでしょうか？　まず，AI列2行に次の式

```
=IF(E2<$A2,1,0)
```

を入力します。そして，このセルをコピーして，AJ 列 2 行から BL 列 2 行までを選択，貼り付けてください。これで，AI 列から BL 列までに A 君のじゃんけんの結果が入るはずです。

次に，BM 列 2 行に A 君の勝率である，N_1/n_1 を出力したいと思います。まず BM 列 1 行に「N_1/n_1」と入力し，BM 列 2 行に次の式を入力します。

=SUM(AI2:BL2)/C2

これで N_1/n_1 が出力されたはずです。

次に B 君について考えてみましょう。やり方は A 君の場合とまったく同様に行うことができます。じゃんけんの回数が異なるだけですね。まず，BN 列 1 行に「赤鉛筆を 50 回転がす」と入力し，BN 列 2 行から DK 列 2 行まで 50 個の一様乱数を発生させます。DL 列 1 行には「B 君について，勝ったら 1，負けか引き分けなら 0」と入力し，DL 列 2 行に次の式

=IF(BN2<$B2,1,0)

を入力します。これをコピーし，先ほどと同様に DM 列 2 行から FI 列 2 行までを選択，貼り付けすればよろしい。これが，B 君のじゃんけんの結果になります。FJ 列 1 行には，B 君の勝率である「N_2/n_2」と入力します。この計算は，FJ 列 2 行で行い，次式を入れます。

=SUM(DL2:FI2)/D2

これで N_2/n_2 が計算されます。

さて，以上で，A 君の勝率と B 君の勝率の実現値が得られました。我々は，$(N_1/n_1 - N_2/n_2)$ の確率分布を知りたいわけですから，この実現値を計算する必要があります。FK 列 2 行にこれを表示したいと思います。FK 列 1 行に「$N_1/n_1 - N_2/n_2$」と入力した後，FK 列 2 行に

=BM2-FJ2

と入力するだけです。これで，$(N_1/n_1 - N_2/n_2)$ の実現値をただ 1 個得ること

ができました。

さて，$(N_1/n_1 - N_2/n_2)$ の確率分布を知るためには，$(N_1/n_1 - N_2/n_2)$ の実現値が多数必要です。とりあえず，1,000 個の実現値を得ることにしましょう。これはとても簡単に行うことができます。まず E 列 3 行から AH 列 1001 行，BN 列 3 行から DK 列 1001 行までに一様乱数を発生させます。次に A 列 2 行から D 列 2 行を選択，コピーし，A 列 3 行から D 列 1001 行までに貼り付けます。さらに AI 列 2 行から BL 列 2 行をコピーし，AI 列 3 行から BL 列 1001 行までに貼り付けます。同じようにDL 列 2 行から FI 列 2 行をコピーし，DL 列 3 行から FI 列 1001 行までに貼り付けましょう。つづいて，BM 列 2 行をコピーし BM 列 3 行から BM 列 1001 行までに貼り付け，FJ 列 2 行をコピーし FJ 列 3 行から FJ 列 1001 行までに貼り付けます。最後に FK 列 2 行をコピーし FK 列 3 行から FK 列 1001 行までに貼り付けます。FK 列に $N_1/n_1 - N_2/n_2$ の値が 1,000 個現れたでしょうか？

ここまでくればあと一息です。1,000 個の $N_1/n_1 - N_2/n_2$ の実現値からヒストグラムを作成してみましょう。もし定理 11 － 1 が正しければ，$N_1/n_1 - N_2/n_2$ は平均 $p_1 - p_2 = 0.1$，分散 $\dfrac{p_1(1-p_1)}{n_1} + \dfrac{p_2(1-p_2)}{n_2} = 0.013$ の正規分布に従うはずです。そこで，データ区間の最初の値を $0.1 - 3\sqrt{0.013} = -0.24205$ とし，これに，0.05 を順に加えていき，最後の値を 0.457947 としましょう。このデータ区間を使って，FK 列の 1,000 個の実現値のヒストグラムを描いてみます。正規分布の形状が得られたでしょうか？

本章のまとめ

○　2つのグループにおける，特定の性質の真の割合に差があるか否かは統計的検定で判断することができる。

○　第 1 グループの無作為標本数を n_1，第 2 グループの無作為標本数を n_2 とし，特定の性質が出現した数をそれぞれのグループごとに，N_1，N_2，とする。この時，検定統計量 $\dfrac{N_1}{n_1}-\dfrac{N_2}{n_2}$ が，平均 p_1-p_2，分散 $\dfrac{p_1(1-p_1)}{n_1}+\dfrac{p_2(1-p_2)}{n_2}$，の正規分布に従うことを用いて，統計的検定を行うことができる。ただし n_1，n_2 は十分大きいとする。検定の5つのステップについては，本文を参照されたい。

○ 上記の検定は，通常「2つの割合の差の検定」と呼ばれるが，本書では，曖昧さを防ぐために「2つの真の割合の差の検定」とした。

問　題

問1 第46回衆議院議員総選挙における年齢別投票率（某市）によれば，20～24歳で有権者数24,881人に対して，投票者数8,782人であり，25～29歳では有権者数27,388人に対して，投票者数11,024人であった。20～24歳の真の投票率と25～29歳の真の投票率との差はあると言えるか検定しなさい。検定にあたっては，5つのステップを踏むこと。

問2 2020年はコロナの年として長く記憶されるであろう。ところで，2020年末にモデルナのコロナワクチンの第3相試験の結果が報道された。それによれば，約3万人に対して，ランダムにワクチンと偽ワクチンとを投与して2週間後に検査したところ，ワクチン投与グループでは，5名がコロナに感染し，偽ワクチン投与グループでは，90名がコロナに感染した。$n_1=n_2=15{,}000$ として，2つの真の割合の差の検定を用いて，ワクチンは有効か否かを判定せよ。ちなみに，以下の図は $p_1=p_2=95/30{,}000$ とした時の検定統計量のヒストグラムである。ほぼ標準正規分布になっていることが見て取れる。

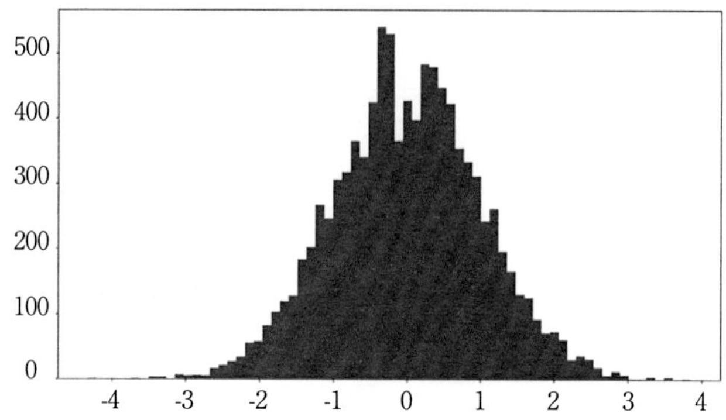

シミュレーション用プログラム

```
#--------------------------------------------------------------------------------
# 11 章
# 二つの割合の差の検定で使われる定理を確認するプログラム
#
# 定理：
# ( N1/n1 - N2/n2 ) は平均 p1-p2, 分散 p1(1-p1)/n1 + p2(1-p2)/n2 の正規分布に従う。
#
# パラメータ
# n1, p1, n2, p2
#--------------------------------------------------------------------------------
import pandas as pd
import numpy as np
from numpy.random import *
import matplotlib.pyplot as plt
from scipy import stats

# パラメータ設定
n1=300
p1=0.7

n2=200
p2=0.5

# 平均の差を作る回数
n_sinbunsya=10000 # 2 つの平均の差を作る回数

# 対応する正規分布のパラメータ
mean=p1-p2
std=np.sqrt(p1*(1-p1)/n1 + p2*(1-p2)/n2)

# 赤鉛筆の結果から, 首相支持, 不支持の変数をつくるラムダ関数の定義
NHK1 = lambda x: 1 if x<p1 else 0
NHK2 = lambda x: 1 if x<p2 else 0

# 赤鉛筆を (n*n_sinbunsya) 回, ころがして, n_sinbunsya 行, n 列の行列に記録する
aka1=pd.DataFrame(np.random.rand(n1*n_sinbunsya).reshape(n_sinbunsya,n1) )
aka2=pd.DataFrame(np.random.rand(n2*n_sinbunsya).reshape(n_sinbunsya,n2) )

# 赤鉛筆の結果から, 首相支持, 不支持の調査結果を得る。
# さらにそれを, n_sinbunsya 行, n 列の行列に記録する。
tyousa_kekka1=aka1.applymap(NHK1)
tyousa_kekka2=aka2.applymap(NHK2)

# 新聞社ごとに点推定を行う
tensuitei1=pd.DataFrame(tyousa_kekka1.mean(1),columns=[' 点推定 '])
```

```
tensuitei2=pd.DataFrame(tyousa_kekka2.mean(1),columns=['点推定'])

# 二つの割合の差を計算する
sa=tensuitei1-tensuitei2
sa=sa.rename(columns={'点推定':'二つの割合の差'})
#sa.drop('点推定',axis=1,inplace=True)

# 対応する正規乱数を作る
seikiransu=pd.DataFrame(normal(mean,std,n_sinbunsya),columns=['正規乱数'])

# 合体させる
result=sa.join(seikiransu) # 強制合体。共通の変数がない場合はこれが便利

# 点推定から，ヒストグラム作成(割合の差の分布と，それに対応する正規分布がほぼ等し
# いこと)
fig=plt.figure(figsize=(8,5),tight_layout=True)
ax1=fig.add_subplot(1,2,1) # fig.add_subplot(m,n,l) m × n のキャンバスの1番目
ax2=fig.add_subplot(1,2,2)

result['二つの割合の差'].plot(kind='hist',bins=100,range=(0,1),ax=ax1)
result['正規乱数'].plot(kind='hist',bins=100,range=(0,1),ax=ax2)

ax1.set_title('二つの割合の差(N1/n1 - N2/n2)のヒストグラム¥n (n1=%s, p1=%s,n2=%s,p2=%s)'
   % (n1,p1,n2,p2))
ax2.set_title
('正規乱数のヒストグラム¥n (平均=(p1-p2), 標準偏差=sqrt(p1*(1-p1)/n1 + p2*(1-p2)/n2)')

plt.show()

#================================================================
# 検定統計量の計算とヒストグラム
# 標準誤差の計算
p=(tyousa_kekka1.sum(1)+tyousa_kekka2.sum(1))/(n1+n2)
std=np.sqrt(p*(1-p)*(1/n1+1/n2))

# 検定統計量の計算
kentei=(sa['二つの割合の差']-(p1-p2))/std

# 描画
fig2=plt.figure(figsize=(8,5),tight_layout=True)
ax3=fig2.add_subplot(1,1,1)
ax3.set_title('検定統計量のヒストグラム')
ax3.grid(False) # グリッド線消去
ax3.hist(kentei.values, bins=69)
plt.show()
```

12 適合度の検定

前章に引き続いて，実際の生活の中で出くわす統計的検定の例をとりあげていきたいと思います。時代劇なぞを見ていると，ヤクザがサイコロを振って，賭博をしている図がよくでてきますね。悪役の胴元に，主人公の二枚目が「てめぇ，サイコロに何か仕組んだな！」などと，迫る場面は1つの定番となっています。現代人の我々が，あのような賭博を頻繁にやっているとは思えませんが，主人公が「サイコロに何か仕組まれた」と判断した理由は何なのでしょうか？　まぁ，時代劇に対して，ちょっと無粋な突っ込みかもしれませんが，この問題を統計的な観点から考えてみたいと思います。

サイコロを1回振って得られる目を X とします。胴元は当然，サイコロは「まとも」だと主張しますから，その場合，X が1，2，3，4，5，6のいずれかの目になる確率はそれぞれ，1/6ということになります。これに対して，主人公はサイコロに何か仕組まれた（サイコロは「いかさま」）と言っているわけですから，「X が1，2，3，4，5，6のいずれかの目になる確率はそれぞれ，1/6という訳ではない」と主張していることになります。胴元と主人公の争いは，サイコロを何回か振って（n 回振ったとしましょう），その結果を見て，起こっている訳ですから，統計的な検定で決着をつけることができそうです。実際，このような場合には「適合度の検定」という手法で，白黒をつけることができるのです。以下では，例によって，5つのステップを踏んで，統計的検定を構成してみましょう。なお，この賭博場で，$n = 100$ 回サイコロを振った結果は以下のようであったとします。

表 12－1　賭博場でのサイコロの目

サイコロの目	1	2	3	4	5	6
目が出た回数	19	21	10	16	25	9

＜ステップ１＞

帰無仮説：サイコロはまともである（サイコロの目はすべて1/6の確率で起こる）。

対立仮説：サイコロはいかさまである（サイコロの目はすべて1/6の確率で起こる訳ではない）。

＜ステップ２＞

Xがi（= 1, 2, 3, 4, 5, 6）という目になる確率をp_iとしましょう。また，このサイコロをn回，転がしたとき，iという目になった回数をN_i（これを**度数**といいます）とします。この時，以下のような定理が成立します。

定理12－1：$\chi^2 = \dfrac{(N_1 - np_1)^2}{np_1} + \dfrac{(N_2 - np_2)^2}{np_2} + \dfrac{(N_3 - np_3)^2}{np_3} + \dfrac{(N_4 - np_4)^2}{np_4} + \dfrac{(N_5 - np_5)^2}{np_5} + \dfrac{(N_6 - np_6)^2}{np_6}$ と定義された変数χ^2（カイニジョウと読みます）は，自由度が6 － 1 = 5のカイ二乗分布に従う確率変数になる（カイ二乗変数，または，χ^2変数）。ただし，nは十分大きいとする。

この定理において，np_1，・・・，np_6は**期待度数**と呼ばれます。その名前の由来は以下のようです。すなわち，Xが1という値をとる確率はp_1でしたから，サイコロをn回振ると，$n \times p_1$だけの回数が1になることが期待されますね。以下同様に，Xが2となる回数はnp_2回期待されます。最後は，Xが6となる回数はnp_6回期待されます。こうして，np_1，・・・，np_6は期待度数と呼ばれることになったわけです。カイ二乗変数は正の値をとり，その分布は右の裾が長くだらだらと続く形をしています。そして，**自由度**[1)]というパラメー

1）サイコロをn回転がした結果は，1，2，3，4，5の目が出た回数が決まると，6の目の出た回数は自動的に決まります。その意味で，出る目の回数の自由度は6ではなく，5です。これが，本例で自由度が5であることの直感的理解になります。

タを持っていて，この自由度の値によって分布の形状が少し変わってきます。詳細は類書に譲るとして，本検定では，以上のことを覚えておくだけで十分です。

さて，第2ステップの後半では，帰無仮説が正しい時，この定理がどのようになるかを考えます。もし，帰無仮説が正しいならば（つまり，サイコロがまともならば），すべての目の出現する確率はすべて等しく，1/6ですね。したがって，検定統計量χ^2は以下のようになり，

$$\frac{\left(N_1-n\frac{1}{6}\right)^2}{n\frac{1}{6}}+\frac{\left(N_2-n\frac{1}{6}\right)^2}{n\frac{1}{6}}+\frac{\left(N_3-n\frac{1}{6}\right)^2}{n\frac{1}{6}}+\frac{\left(N_4-n\frac{1}{6}\right)^2}{n\frac{1}{6}}+\frac{\left(N_5-n\frac{1}{6}\right)^2}{n\frac{1}{6}}+\frac{\left(N_6-n\frac{1}{6}\right)^2}{n\frac{1}{6}}$$

この量が自由度5のカイ二乗分布に従う，ということになります。以下に，その密度関数を示します。

図12－1　自由度5のカイ二乗分布

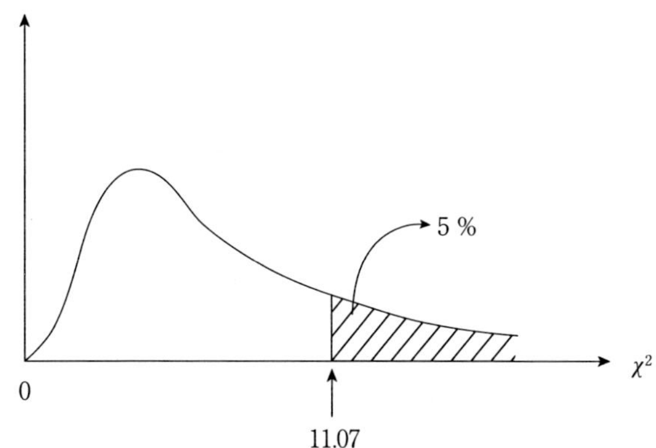

なお，カイ二乗分布の右裾5％を切り取る点は，以下のような，エクセル関数で簡単に得ることができます。

=CHIINV(0.05,5)

1番目の引数0.05は5％を，2番目の引数5は自由度をそれぞれ表しています。

<ステップ3>

ここでは，帰無仮説を棄却するχ^2の領域を決定するのでした。もし，帰無仮説が正しいならば，χ^2はどのような値をとるでしょうか。χ^2は6つの項からなっているので，その1つの項に注目してみます。

$$\frac{\left(N_1 - n\frac{1}{6}\right)^2}{n\frac{1}{6}}$$

もし，帰無仮説が正しければ，1の目が出る回数N_1は，期待されるとおり，$n/6$回くらいになりそうですね。すると，この項の分子は小さい値になることが予想されます。これに対して，帰無仮説が誤っていれば，N_1は$n/6$から遠く離れた値になりそうですから，この項の分子は大きくなることでしょう。よって，χ^2の値が大きければ，帰無仮説を棄却し，小さければ，帰無仮説を受容するということになります。したがって，棄却域は以下のようになります。

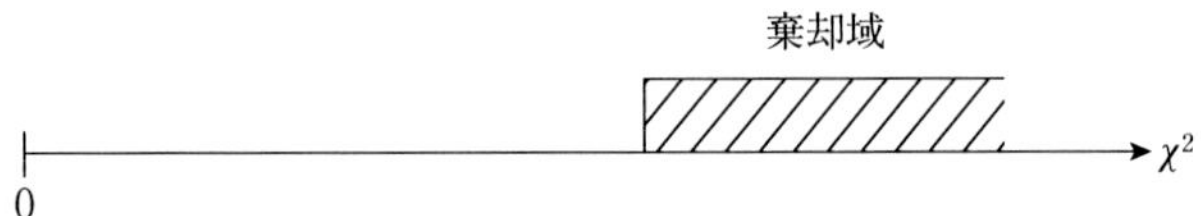

問題は，棄却域とそうでない領域との境界をどう決定するかです。ここで，本検定のχ^2変数が自由度5のカイ二乗分布に従っていることを使います。ステップ2より，自由度5のカイ二乗変数が11.07以上となる確率は5％であることがわかりますから，有意水準5％の検定を行うためには，この11.07を境界値にすれば良いことがわかります。よって，棄却域は以下のようになります。

<ステップ4>

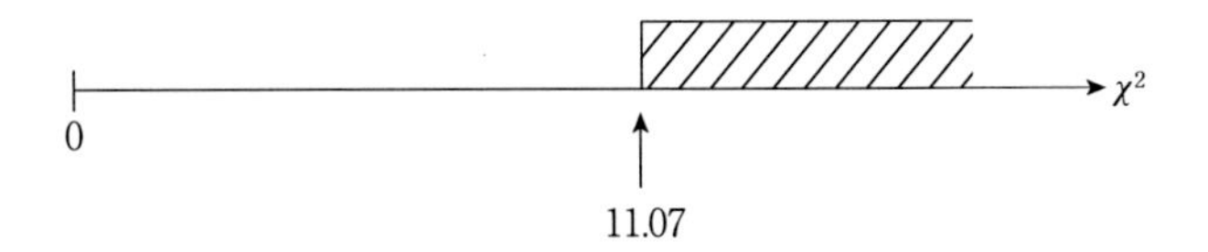

データから，χ^2 の実現値を計算します。本例では，次のようになりますね。

$$\frac{\left(N_1-n\frac{1}{6}\right)^2}{n\frac{1}{6}}+\frac{\left(N_2-n\frac{1}{6}\right)^2}{n\frac{1}{6}}+\frac{\left(N_3-n\frac{1}{6}\right)^2}{n\frac{1}{6}}+\frac{\left(N_4-n\frac{1}{6}\right)^2}{n\frac{1}{6}}+\frac{\left(N_5-n\frac{1}{6}\right)^2}{n\frac{1}{6}}+\frac{\left(N_6-n\frac{1}{6}\right)^2}{n\frac{1}{6}}$$

$$=\frac{(19-16.666)^2}{16.666}+\frac{(21-16.666)^2}{16.666}+\frac{(10-16.666)^2}{16.666}+\frac{(16-16.666)^2}{16.666}+\frac{(25-16.666)^2}{16.666}+$$

$$\frac{(9-16.666)^2}{16.666}=11.84$$

<ステップ5>

χ^2 の実現値が 11.07 を超えていれば，帰無仮説を棄却し，対立仮説を採択します。超えていなければ，素直に，帰無仮説を受容します。本例では，χ^2 の実現値が 11.84 でしたから，この値は，わずかに棄却域に入っています。したがって，本例では，主人公の言うように，サイコロはいかさまである，何か仕組まれたに違いないと判断して良いことになります。

エクセルで実験

本章の実験では，エクセルの重要な関数である「MATCH」を使います。そこで，まず，この関数の使い方を学びましょう。A 列 1 行に「赤鉛筆」，B 列 1 行に「サイコロの目」と入力します。また，A 列 2 行～8 行に，順に，-1,

1/6, 2/6, 3/6, 4/6, 5/6, 2と入れます[2]。さらに，B列3行〜8行を，順に，1, 2, 3, 4, 5, 6としましょう。その上で，実験のため，A列10行に次のように入力してみます。

=MATCH(0.5,A2:A8,1[3])

すると，同セルに「4」という数字が現れているはずです。この4は，MATCHの第1の引数0.5が区間[3/6,4/6)に入っており，その区間[3/6,4/6)がA列2行〜8行に示されている区間の「4番目」の区間であることを示します。したがって，たとえば，=MATCH(1,A2:A8,1)は6を返すことになります。こうして，MATCHの第1番目の引数として，赤鉛筆を転がした結果を使えば，自動的に，通常のサイコロを振った結果を返してくれることがわかります。

MATCH関数の使い方がわかったので，本章の「エクセルで実験」のあらましを以下に示しておきましょう。

赤鉛筆	サイコロの目		C列〜CX列	CY列〜GT列	GU列	GV列	GW列	GX列	GY列	GZ列	HA列
−1		↑1000回の実験↓	一様乱数100個	サイコロの目	1の度数	2の度数	3の度数	4の度数	5の度数	6の度数	カイ二乗変数の値
0.166667	1										
0.333333	2										
0.5	3										
0.666667	4										
0.833333	5										
2	6										

まず，2行目に，まともなサイコロを100回振って，カイ二乗変数の実現値を1個だけ求めることにしましょう。C列2行〜CX列2行目までに，赤鉛筆を100回転がした結果を入れましょう。設定は次頁のようですね。

次に，この100個の赤鉛筆の結果（一様乱数の結果）から，まともなサイコロ

2）ここは，0, 1/6, 2/6, 3/6, 4/6, 5/6, 1と入れたいところですが，エクセルの仕様上の問題から，このようにしています。

3）この「1」は関数MATCHの照合の型を1にしたという意味です。詳細はエクセルのヘルプをご覧ください。

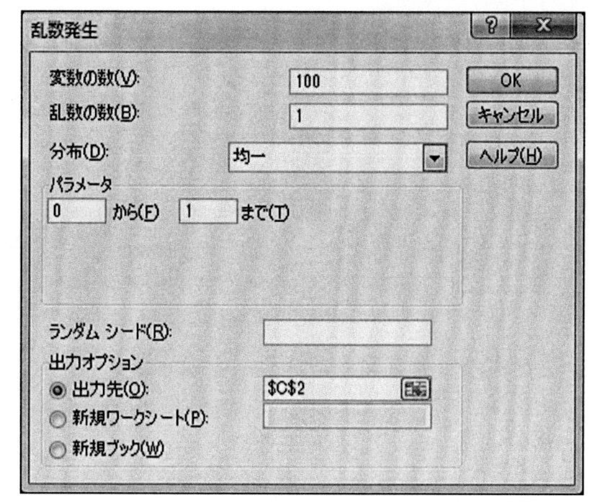

を 100 回転がした結果を得ることにします。そのためには，CY 列 2 行に以下のような式を入力します。

=MATCH
(C2,$A$2:$A$8,1)

これで，同セルに，まともなサイコロを 1 回転がした結果が現れているはずです。その上で，このセルをコピーして，CZ 列 2 行～ GT 列 2 行までに貼り付けてください。これで，あわせて，サイコロを 100 回転がした結果が得られました。これらの 100 個のサイコロの目から 1 の目が何回出ているか数えてみましょう。そのためには，GU 列 2 行に次の式を入れます。

=COUNTIF(CY2:GT2,1)

この式は，CY 列 2 行～ GT 列 2 行にかけて存在している，100 個のサイコロの目の中で 1 の目が何回出ているかを自動的に計算するための式です。同様に，GV 列 2 行～ GZ 列 2 行に以下のような式を順に入力します。

=COUNTIF(CY2:GT2,2)
=COUNTIF(CY2:GT2,3)
=COUNTIF(CY2:GT2,4)
=COUNTIF(CY2:GT2,5)
=COUNTIF(CY2:GT2,6)

最後に，HA 列 2 行に，少し長いですが，以下の式を入力して，カイ二乗変数の値を計算します。

=(GU2-100/6)^2/(100/6)+(GV2-100/6)^2/(100/6)+(GW2-100/6)^2/(100/6)+(GX2-100/6)^2/(100/6)+(GY2-100/6)^2/(100/6)+(GZ2-100/6)^2/(100/6)

これで，1 個のカイ二乗変数の実現値を得ることができました。

以上のような要領で，残り 999 個のカイ二乗変数の実現値を手に入れることにしましょう。これは，以外に簡単にできます。まず，一様乱数を横に 100 個，縦に 999 個つくりましょう。設定は以下のようになりますね。

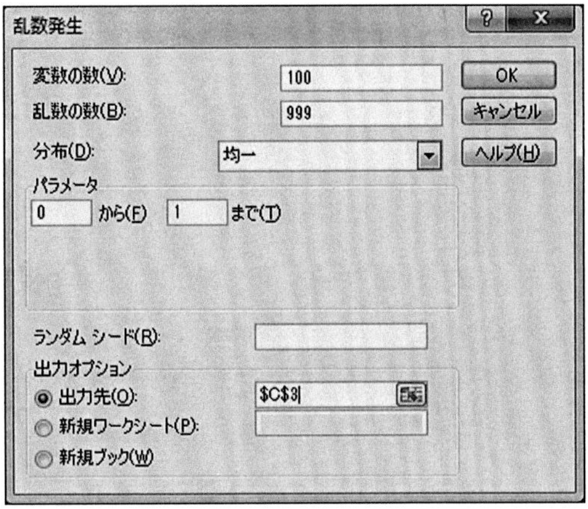

これらの乱数に対応する式は，すでに CY 列 2 行～ HA 列 2 行にすべて入力済みですから，これをコピーして，CY 列 3 行 ～ HA 列 1001 行までに貼り付けるだけです。これで，HA 列にカイ二乗変数の実現値 1,000 個が得られたことになります。

最後に，HA 列の 1,000 個のカイ二乗変数の実現値からヒストグラムを描いてみましょう。このカイ二乗変数の右裾 5％を切り取る点は，CHIINV(0.05,5)＝11.07 ですから，データ区間として，HC 列 2 行～ HC 列 18 行までに，0 から 16 までの値を 1 ずつ増やしながら，入れておきます。その上で，右のように設定します。

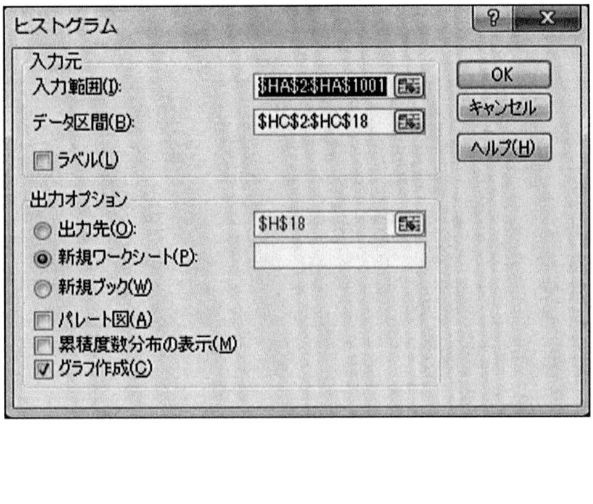

その結果は，おおよそ次のようになっているはずです。

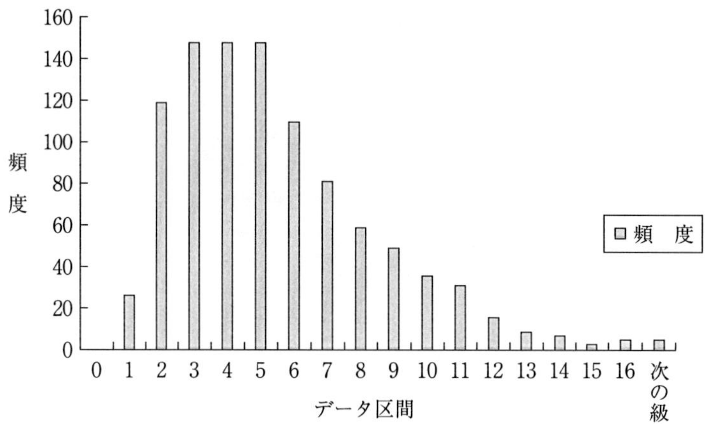

読者は，上図のような自由度5のカイ二乗分布を描くことができたでしょうか？

本章のまとめ

適合度の検定を一般的に書いておく。ある実験，ないし事象の結果が k 個のカテゴリからなるとする。また，そのカテゴリが出現する真の確率を順に，p_1, p_2, …, p_k とする。さらに，この実験，ないし事象が n 回独立に実現したときの各カテゴリへの出現回数（度数）を N_1, N_2, …, N_k とする。この時，以下のように定義される確率変数 χ^2 は自由度 $k-1$ のカイ二乗分布に従う。

$$\chi^2 = \sum_{i=1}^{k} \frac{(N_i - np_i)^2}{np_i}$$

したがって，この量を検定統計量として，帰無仮説，

$$p_1 = \overline{p}_1,\ p_2 = \overline{p}_2,\ \cdots,\ p_k = \overline{p}_k$$

を検定することができる。棄却域は自由度 $k-1$ のカイ二乗分布の右裾5％を

切り取る領域となる。本章のサイコロの例では，$n = 100$，$k = 6$，帰無仮説

$$\bar{p}_1 = \bar{p}_2 = \bar{p}_3 = \bar{p}_4 = \bar{p}_5 = \bar{p}_6 = \frac{1}{6}$$

であり，$n = 100$ 回の実験，ないし事象の結果は

$$N_1 = 19,\ N_2 = 21,\ N_3 = 10,\ N_4 = 16,\ N_5 = 25,\ N_6 = 9$$

であることは，自明であろう。

問　題

問 1　メンデルの法則によれば，エンドウの茎の高さは優性遺伝子 A，低さは劣性遺伝子 a で発現する。遺伝子型 Aa をもつエンドウを自家受粉させると，3 対 1 の割合で茎の高いエンドウと低いエンドウとができる。この法則を確かめるために，遺伝子型 Aa をもつエンドウを自家受粉させたところ，茎の高いエンドウが 787，低いエンドウが 277 得られた。この結果はメンデルの法則を支持するか検定しなさい。

問 2　問 1 の実験結果は，茎の高いエンドウが出現する真の確率が 4 分の 3 であるという帰無仮説の検定と同じである。割合の検定を用いて，実験結果がメンデルの法則に従っていると言えるか検定しなさい。

シミュレーション用プログラム

```
#----------------------------------------------------------------------------------------
# 第 12 章
# サイコロの目を題材にして，χ 2 乗変数の分布を示す
#----------------------------------------------------------------------------------------

from scipy import stats
import pandas as pd
import numpy as np
from numpy.random import *

import matplotlib as mpl
import matplotlib.pyplot as plt

n=100
```

```
n_chi=10000

# サイコロを転がすための準備
saikoro=pd.Series([1,2,3,4,5,6]) # Series を作る

# サイコロを n 回転がすということを n_chi 回繰り返す
dice=pd.DataFrame(saikoro.sample(n*n_chi,replace=True).values.reshape(n_chi,n))

# それぞれの目が何回出たか記録するための準備
obs_head=pd.DataFrame(columns=[1,2,3,4,5,6])

dice_summary=lambda x:x.value_counts() # それぞれの目が何回出たか，行ごとにカウントし出力

obs=dice.apply(dice_summary,axis=1) # n 回サイコロを振るごとに，目の度数を計算する

# 任意の目が出ていない場合の対策
obs=pd.concat([obs_head,obs])

# 欠損値対策
obs.fillna(0,inplace=True)

# chi 2 乗の計算
ex=n*(1/6) # 期待度数の計算
chi_square=lambda x:(   (x[1]-ex)**2/ex+(x[2]-ex)**2/ex+(x[3]-ex)**2/ex+
                        (x[4]-ex)**2/ex+(x[5]-ex)**2/ex+(x[6]-ex)**2/ex
                     )

chi2=obs.apply(chi_square,axis=1)

# chi2 の実現値のデータのパーセンタイルを返す
print(chi2.describe(percentiles=[0.90,0.95,0.99]))

print(stats.chi2.ppf(0.95, 6-1)) # χ 2 乗変数の右裾 5%点を返す

# 図示
chi2.plot(kind='hist',bins=25,title=
'サイコロの適合度の検定に使われるカイ 2 乗変数のヒストグラム (n=%s)' % n)
plt.show()
```

13 分割表—カイ二乗検定—

日本人には血液型によって，性格が決定されていると考えている人がかなりいます。通常の会話でも「A 型だからしかたがないよねぇ」とか「B 型だから変わっているんだねぇ」とか，まぁ，挨拶代わりに使われることも多いように思います。また，この種のテーマはマスコミの格好の飯の種で，視聴者が忘れた頃に，またとりあげられるといった傾向にあるような気がします。軽い気持ちで血液型性格を語る人には恐縮なのですが，筆者は何事も疑ってかかる「C」型なので，本章では血液型と性格の関係を探ってみたいと思います。

血液型性格の代表的な例としては，A 型は消極的で保守的，B 型は積極的で進取的，というものがあります。もし，この主張が正しければ，無作為に標本を選んで，その性格を，「消極的・保守的」と「積極的・進取的」とに二分した場合，A 型では前者である人の割合が高く，B 型では逆に後者である人の割合が多いということが期待されますね。ほんとうの所は，どうなっているのでしょうか。分割表という道具を使って，調べてみることにしましょう。

まず，n 人がランダムサンプルとして選ばれたとします。そして，この標本に対して，血液型と性格を調べて，各カテゴリに入る人数 N (i, j) を数え上げることにしましょう（これを**度数**と呼びます）。表 13 − 1をご覧ください。このような表を**分割表**と呼びます。

表 13 − 1　血液型と性格の関係（度数）

	性　格		
血液型	積極的・進取的	消極的・保守的	合　計
A 型	$N(1,1)$	$N(1,2)$	$N(1,\cdot)$
AB 型	$N(2,1)$	$N(2,2)$	$N(2,\cdot)$
B 型	$N(3,1)$	$N(3,2)$	$N(3,\cdot)$
O 型	$N(4,1)$	$N(4,2)$	$N(4,\cdot)$
合　計	$N(\cdot,1)$	$N(\cdot,2)$	n

（注）たとえば，$N(1,1)$ は A 型で積極的・進取的であった人の数を表す。また，$N(i,\cdot)$ は各血液型の人数を表し，$N(\cdot\ j)$ は各性格の人数を表す。$N(i,\cdot)$ および $N(\cdot\ j)$ を**周辺度数**と呼ぶ。

この時，A 型で何人，B 型

で何人というふうに，こちらから決めることはできないことに注意してください。同様に，積極的・進取的な人の人数，消極的・保守的な人の人数も固定することはできません。したがって，この表ではサンプル数 n を除いて，他の変数はすべて確率変数になっているわけです。大文字の N を使ったのは，これが確率変数であることを意識しているためです。

次に，表13－1に対応した真の確率を，次表のように表現することにしましょう。

表13－2　血液型と性格の関係（真の確率）

	性　格		
血液型	積極的・進取的	消極的・保守的	合　計
A型	$p(1,1)$	$p(1,2)$	$p(1,\cdot)$
AB型	$p(2,1)$	$p(2,2)$	$p(2,\cdot)$
B型	$p(3,1)$	$p(3,2)$	$p(3,\cdot)$
O型	$p(4,1)$	$p(4,2)$	$p(4,\cdot)$
合　計	$p(\cdot,1)$	$p(\cdot,2)$	1

（注）たとえば，A型で積極的・進取的となる真の確率は $p(1,1)$ である。また，A型になる真の確率は $p(1,\cdot)$，積極的・進取的な性格になる真の確率は $p(\cdot,1)$ である。

最後に，表13－2で，ある血液型である性格になる真の確率が与えられているので，n 人のランダムサンプルが与えられれば，ある血液型である性格になる人の数は，平均的に n ×確率で計算できそうですね。前章でも出てきましたが，これを**期待度数**といいます。期待度数の記号 $E(i, j)$ を表13－3のように定めます。

表13－3　血液型と性格の関係（期待度数）

	性　格	
血液型	積極的・進取的	消極的・保守的
A型	$E(1,1) = p(1,1)n$	$E(1,2) = p(1,2)n$
AB型	$E(2,1) = p(2,1)n$	$E(2,2) = p(2,2)n$
B型	$E(3,1) = p(3,1)n$	$E(3,2) = p(3,2)n$
O型	$E(4,1) = p(4,1)n$	$E(4,2) = p(4,2)n$

お疲れ様でした。これで，すべての記号の導入は完了です。いよいよ，5つのステップを踏んで仮説検定を構成することにしましょう。

＜ステップ1＞

帰無仮説 H_0：血液型と性格には関係がない（血液型と性格は独立である）。

対立仮説 H_1：血液型と性格には関係がある（血液型と性格は独立ではない）。

<ステップ 2>

ここでは，前半で，検定統計量に関する定理を確認するのでした。本章の検定で使われる検定統計量の定義は定理の中で与えておきます。

定理 13 − 1

以下のように定義される変数 χ^2 は，

$$\chi^2 = \frac{(N(1,1)-E(1,1))^2}{E(1,1)} + \frac{(N(1,2)-E(1,2))^2}{E(1,2)} + \frac{(N(2,1)-E(2,1))^2}{E(2,1)} + \frac{(N(2,2)-E(2,2))^2}{E(2,2)} + \frac{(N(3,1)-E(3,1))^2}{E(3,1)} + \frac{(N(3,2)-E(3,2))^2}{E(3,2)} + \frac{(N(4,1)-E(4,1))^2}{E(4,1)} + \frac{(N(4,2)-E(4,2))^2}{E(4,2)}$$

自由度 4 × 2 − 1 = 7 のカイ二乗分布に従う。

さて，ここで，もし帰無仮説が正しい場合，定理 13 − 1 はどのように変化するでしょうか。そのためには，帰無仮説が正しい時，確率 p がどのようになるのか，また，それに応じて，期待度数がどのように変わるのかを調べる必要があります。

まず，帰無仮説が正しいとすると，血液型と性格には何の関係もないことになります。この時，たとえば，A 型で積極的・進取的となる真の確率 $p(1,1)$ は A 型になる真の確率 $p(1,\cdot)$ と積極的・進取的になる真の確率 $p(\cdot,1)$ との積になります[1)]。このことはすべての確率 $p(i, j)$ についても言うことができます。また，この確率の変化に応じて，期待度数も変わります。たとえば，A 型で積極的・進取的となる期待度数 $E(1,1)$ は，$p(1,\cdot) \times p(\cdot,1) \times n$ に変更されることになります。ところで，これらの変更を加えて，定理 13 − 1 に代入したところで，まだ，検定統計量としては使うことができません。というのは，神様しか知らない $p(1,\cdot)$ とか $p(\cdot,1)$ が残っているからです。これらをデータから推定しておく必要があります。$p(1,\cdot)$ は A 型になる真の確率ですから，$N(1,\cdot)/n$ で推定できそうですね。同様にして，$p(\cdot,1)$ は積極的・進取的になる確率ですから，$N(\cdot,1)/n$ で推定できます。こうして，血液型と性格に何の関連もなく，両者が独立であるとすると，期待度数は次のように変更を受けることになります。

$$E'(i, j) = \frac{N(i,\cdot)}{n}\frac{N(\cdot, j)}{n}n$$

詳細は省きますが，血液型と性格が独立の時，定理 13 － 1 は，以下のように変更されます[2)]。

定理 13 － 2

以下のように定義されるカイ二乗変数

$$\chi^2 = \frac{(N(1,1)-E'(1,1))^2}{E'(1,1)} + \frac{(N(1,2)-E'(1,2))^2}{E'(1,2)} +$$
$$\frac{(N(2,1)-E'(2,1))^2}{E'(2,1)} + \frac{(N(2,2)-E'(2,2))^2}{E'(2,2)} +$$
$$\frac{(N(3,1)-E'(3,1))^2}{E'(3,1)} + \frac{(N(3,2)-E'(3,2))^2}{E'(3,2)} +$$
$$\frac{(N(4,1)-E'(4,1))^2}{E'(4,1)} + \frac{(N(4,2)-E'(4,2))^2}{E'(4,2)}$$

は自由度（4 － 1）×（2 － 1）＝ 3 のカイ二乗分布に従う。

1）筆者が朝ご飯を食べる確率を $p(1,\cdot)$，富士山が爆発する確率を $p(\cdot,1)$ とします。筆者が朝ご飯を食べて，かつ，富士山が爆発する確率は $p(1,\cdot) \times p(\cdot,1)$ になりますね。もし，両者が独立でないと，この式が成り立たず，筆者が朝ご飯を食べると富士山が爆発する確率が上がったりするわけです。これでは，朝飯もおちおち食えません。

<ステップ３　棄却域の設定>

もし，「帰無仮説 H_0：血液型と性格には関係がない。」が正しければ，観測度数 N と期待度数 E' とは近い値をとることが予想されますね。したがってこの場合，$N(i, j) - E'(i, j)$ が小さくなるため，χ^2 も小さくなると考えられます。逆に，「帰無仮説 H_0：血液型と性格には関係がない。」が正しくなければ，観測度数 N は期待度数 E' とは大きく違った値をとることでしょう。この場合，同様の考えで，χ^2 は大きくなると考えられます。一方，χ^2 は，その定義から０以上の値をとることが明らかです。以上より，棄却域は以下のようにすれば良いことがわかります。

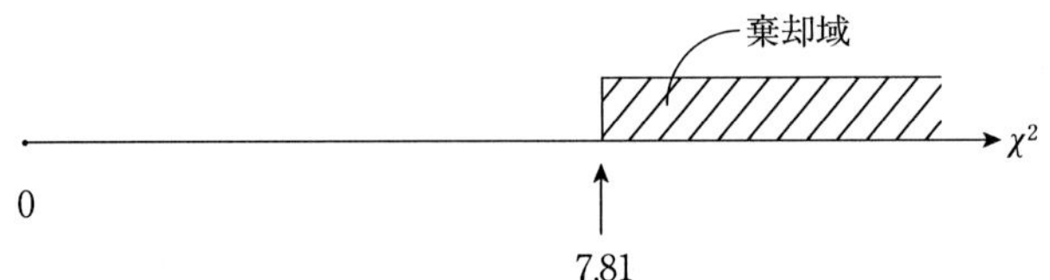

上の図の 7.81 は，「自由度３の χ^2 変数が 7.81 以上となる確率が５％である」ことから，これを境界とします。これで，有意水準５％の検定となるわけです。なお，7.81 そのものは，以下の式をエクセルに入力すれば簡単に得られます。

=CHIINV (0.05,3)

関数，CHIINV(0.05,3) は自由度３の χ^2 変数が，その値以上になる確率が 0.05（５％）となる，まさにその値を返すことは，先にも述べました。引数，0.05 と３の意味は明らかでしょう。

２）定理 13 − ２における自由度は，一般に（分割表の行のカテゴリ数− 1）×（分割表の列のカテゴリ数− 1）で求められます。直感的には，周辺度数を固定してしまうと，自由に動ける観測度数の数は（分割表の行のカテゴリ数− 1）×（分割表の列のカテゴリ数− 1）になってしまうということです。

<ステップ 4　データから検定統計量の実現値を計算する>

ここで，実際の調査結果を表 13 － 4 に，また，期待度数を表 13 － 5 に示します。

表 13 － 4　血液型と性格の関係

	性　格		
血液型	積極的・進取的	消極的・保守的	合　計
A 型	18	53	71
AB 型	5	17	22
B 型	9	27	36
O 型	12	34	46
合　計	44	131	175

（注）単位は人である。

表 13 － 5　血液型と性格の関係（期待度数）

	性　格		
血液型	積極的・進取的	消極的・保守的	合　計
A 型	17.9	53.1	71
AB 型	5.5	16.5	22
B 型	9.1	26.9	36
O 型	11.6	34.4	46
合　計	44	131	175

（注）単位は人である。期待度数は小数第 2 位で四捨五入している。

この 2 つの表から，χ^2 変数の実現値を計算すると，

$$\chi^2 = \frac{(18-17.9)^2}{17.9} + \frac{(53-53.1)^2}{53.1} + \frac{(5-5.5)^2}{5.5} + \frac{(17-16.5)^2}{16.5} +$$

$$\frac{(9-9.1)^2}{9.1} + \frac{(27-26.9)^2}{26.9} + \frac{(12-11.6)^2}{11.6} + \frac{(34-34.4)^2}{34.4}$$

$$= 0.092$$

になります。

＜ステップ5　χ^2 変数の実現値が棄却域に入っているかどうか判定する＞

ステップ4で示されたように，χ^2 変数の実現値は 0.092 でした。これは，棄却域 $\chi^2 > 7.81$ からは，随分遠い値であることがわかります。もちろん，帰無仮説は棄却されません。つまり，血液型と性格は関係が無い（血液型と性格は独立である），という結論が導かれることになります。

以上が，分割表による，カイ二乗検定と呼ばれるものです。おわかりいただけたでしょうか？

最後に，表 13 − 4 の結果がどのようにして得られたのかについて一言したいと思います。我が林田ゼミの 2006 年度卒業生，YY さん，NW さんが，以下のような調査票を作り，必修科目である統計学の受講生に対して調査をして，次頁の表を作成しました[3)]。

このアンケート調査の際，「血液型と気質の関係を調査する」という真の目的は伏せてあります。その代わり，「身長・体重と気質の関係を調べる」と調査対象である学生に告げ，調査票の中に備考という欄を作りました。学生が「備考」を除く，すべての項目に記述を終えた後に，初めて調査目的を明らかにし，「備考」欄に，血液型の記入を求めたのです。言うまでもなく，これは，調査目的を明らかにすることによる，ゆがみを避けるために行われました。結果はすでに述べたとおりで，血液型と性格の間には関係が無いという仮説が強く支持されることになりました。日本人の好きな血液型性格診断は，東京女子師範学校（現お茶の水女子大学）教授古川竹二にその源流をさかのぼることができるようです。なぜ，このような俗説が定着しているのかは，もはや日本人論の課題だと思うのですが，ともかく，この俗説の真偽自体は，このように統計的検定を行うことによって，簡単に決着をつけることができることに注目して

3）このデータについては，翌年度の卒業生，ST さん，RT さんが，さらに詳細な分析を施し，発展した卒業論文を作成しています。

アンケート調査

性別　　1．男　　2．女
出身県
身長（センチメートル）
体重（キログラム）

問1　以下のA組とP組を読んで自分が属していると思われる組に○をつけて下さい。

A組	P組
1．物事を苦にしない方	1．心配性の方
2，事を決するとき躊躇（ちゅうちょ）しない方	2．事を決するのに迷う方
3．恥ずかしがりやでない方	3．恥ずかしがりやな方
4．人の前に出るのを苦にしない方	4．人の前に出るのを苦にする方
5．引っ込み思案でない方	5．引っ込み思案な方
6．進んで人と交わる方	6．進んで人と交わらない方
7．自動的な方	7．他動的な方
8．他人に動かされない方	8．他人に動かされる方
9．自分の考えをまげない方	9．自分の考えをすぐまげる方

問2　自分はどちらかといえば***A組***に属すると答えた方へお願いします。***P組***の項目の中で自分にあてはまるものに丸をつけてください。

問3　自分はどちらかといえば***P組***に属すると答えた方へお願いします。***A組***の項目の中で自分にあてはまるものに丸をつけてください。

備考

ご協力ありがとうございました。

ください。余談ですが，いまでも，YY，NW 嬢の納得のいかない顔を思い出しては苦笑しています。

エクセルで実験

本章で取り扱った検定のポイントはステップ2の定理13－2にあることはおわかりになったことと思います。そこで，本節では，この定理13－2をエクセルで確認することにしましょう。

本文と同じく，血液型と性格の関係を例題にとりあげますが，簡単化のために，血液型を以下のように2種類にしてしまおうと思います。

表13－6　血液型と性格の関係（独立な場合の確率）

	性　格		血液型の周辺確率
血液型	積極的・進取的	消極的・保守的	
A 型	0.1	0.3	0.4
A 型以外	0.15	0.45	0.6
性格の周辺確率	0.25	0.75	1

ここで，血液型の周辺確率とは，A 型になる確率が 0.4，A 型以外の血液になる確率が 0.6 であることを意味します。また，性格の周辺確率とは，性格が積極的・進取的になる確率が 0.25，消極的・保守的になる確率が 0.75 であることを示します。もし，両者が独立であれば，各セルの確率は周辺確率の積になります。たとえば，A 型で積極的・進取的な性格になる確率は 0.4 × 0.25 ＝ 0.1 となるわけです。

さて，後述の実験を行うために，各セルに番号を振っておきましょう。それは，以下のようです。セル番号 1 は血液型が A 型で，性格が積極的・進取的な人を意味しています。後の番号は自明ですね。

表 13 － 7　血液型と性格の関係（各セルに番号を振った）

	性　格		血液型の周辺確率
血液型	積極的・進取的	消極的・保守的	
A 型	1	2	0.4
A 型以外	3	4	0.6
性格の周辺確率	0.25	0.75	1

ここで，まず，実験の全体像を示しておきます。

	E 列～CZ 列	DA 列～GV 列	1：A 型で積極的・進取的	2：A 型で消極的・保守的	3：A 型以外で積極的・進取的	4：A 型以外で消極的・保守的	1：A 型で積極的・進取的期待度数	2：A 型で消極的・保守的期待度数	3：A 型以外で積極的・進取的期待度数	4：A 型以外で消極的・保守的期待度数	カイ二乗変数
↑1000回の実験↓	一様乱数100 個										
	一様乱数100 個	各セルに対応した番号	「1」の度数	「2」の度数	「3」の度数	「4」の度数	「1」の期待度数	「2」の期待度数	「3」の期待度数	「4」の期待度数	カイ二乗変数の実現値

本章の実験の最大の特徴は，1 人の観測値を得るために，2 本の赤鉛筆を転がす必要があるところにあります。したがって，n 人＝ 100 人から成るランダムサンプルを得るためには 2 × 100 個の一様乱数が必要になります。そこでまず，右のように設定して，200 個の一様乱数を作ります。

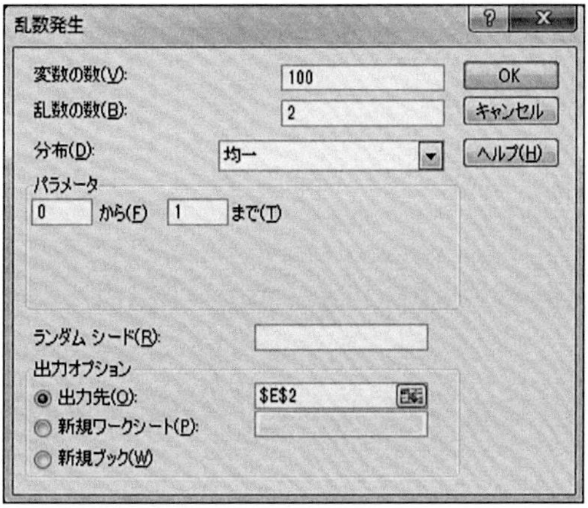

乱数発生
変数の数(V): 100
乱数の数(B): 2
分布(D): 均一
パラメータ
0 から(F) 1 まで(T)
ランダム シード(R):
出力オプション
出力先(O): $E$2
新規ワークシート(P):
新規ブック(W)
OK
キャンセル
ヘルプ(H)

その上で，DA 列 3 行に，

次式を入れます。

```
=IF(AND(E2<0.4,E3<0.25),1,IF(AND(E2<0.4,E3>=0.25),2,IF(AND(E2>=0.4,
E3<0.25),3,IF(AND(E2>=0.4,E3>=0.25),4,0))))
```

この式は，これまでで一番，複雑な形をしていますが，しばらくご辛抱ください。この式の，先頭は，次のようになっていますね。

```
=IF(AND(E2<0.4,E3<0.25),1,・・・)
```

これは，E 列 2 行の赤鉛筆の結果が 0.4 より小さく，かつ，E 列 3 行の赤鉛筆の結果が 0.25 よりも小さければ，「1」としなさい，という意味になります。これは，表 13 − 7 の A 型で積極的・進取的な人（セル番号 1）が観測されたことを示しているのです。これに続けて，

```
IF(AND(E2<0.4,E3>=0.25),2,・・・
```

となっていますね。これは，E 列 2 行の赤鉛筆の結果が 0.4 より小さく，かつ，E 列 3 行の赤鉛筆の結果が 0.25 以上となったならば，「2」としなさい，ということです。これは，A 型で消極的・保守的な人（セル番号 2）が観測されたことを意味していることは，もうおわかりだと思います。以下，順に

```
IF(AND(E2>=0.4,E3<0.25),3,・・・
```

は，A 型以外で，積極的・進取的な人（セル番号 3）が観測されたので，「3」としなさい，

```
IF(AND(E2>=0.4,E3>=0.25),4,0))))
```

A 型以外で消極的・保守的な人（セル番号 4）が観測されたので，「4」としなさい，それ以外は「0」としなさいという意味になります。これで，E 列 2 行と E 列 3 行にある 2 つの赤鉛筆の結果から，DA 列 3 行に 1 人の観測結果が得られたことになります。

100 人のランダムサンプルを得るためには，どうしたら良いでしょうか。簡

単ですね。DA 列 3 行をコピーして，DB 列 3 行～ GV 列 3 行に貼り付ければ良いのです。これで，100 人の観測結果を得ることができました。

さて，100 人の観測結果を整理しましょう。A 型で積極的・進取的な人の数を GW 列 3 行に計算しましょう。そのためには，同セルに以下の式を入れます。

```
=COUNTIF(DA3:GV3,1)
```

これは，100 人の観測結果で「1」になっているものを数えなさいという意味です。以下，GX 列，GY 列，GZ 列 3 行に，順に以下のような式を入れます。

```
=COUNTIF(DA3:GV3,2)
=COUNTIF(DA3:GV3,3)
=COUNTIF(DA3:GV3,4)
```

これで，1 組のランダムサンプルを手に入れたことになります。このランダムサンプルから期待度数を計算しましょう。期待度数を HA 列，HB 列，HC 列，HD 列 3 行に求めます。それぞれの式は以下のようになります。

```
=100*(GW3+GX3)/100*(GW3+GY3)/100
=100*(GW3+GX3)/100*(GX3+GZ3)/100
=100*(GY3+GZ3)/100*(GW3+GY3)/100
=100*(GY3+GZ3)/100*(GX3+GZ3)/100
```

たとえば，100*(GW3+GX3)/100*(GW3+GY3)/100 に着目すると，(GW3+GX3)/100 は血液型が A 型であった割合，(GW3+GY3)/100 は性格が「積極的・進取的」であった割合ですから，100*(GW3+GX3)/100*(GW3+GY3)/100 は A 型で積極的・進取的な人の期待度数になっています。その他の式についても，本文中の期待度数を計算する式のとおりになっているか，ご確認ください。

これで，カイ二乗変数の実現値を計算する準備ができました。その値は HE 列 3 行に計算することができます。式は以下のとおりです。

=(GW3-HA3)^2/HA3+(GX3-HB3)^2/HB3+(GY3-HC3)^2/HC3+(GZ3-HD3)^2/HD3

以上で，カイ二乗変数の実現値を 1 個手に入れたわけです。

本実験のカイ二乗変数は自由度（2 − 1）（2 − 1）= 1[4] のカイ二乗分布に従うわけですが，それを確認するためには，このようなカイ二乗変数の実現値を 1,000 個ほど獲得する必要があります。しかし，これはもはや難しくはありません。

まず，赤鉛筆を 100 × 2 × 999 回，転がしましょう。そのためには，右のように設定すれば良いですね。

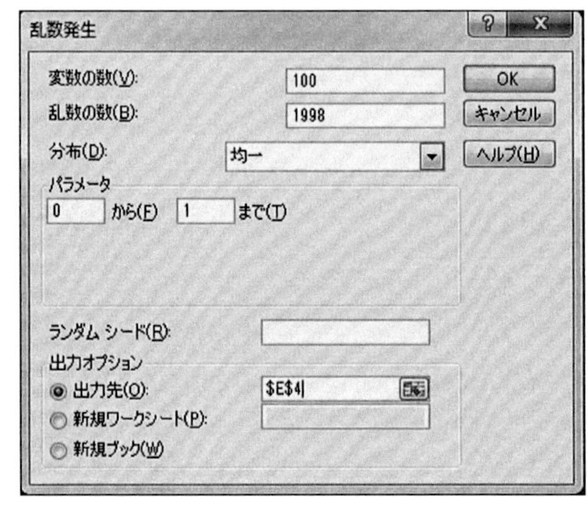

これに対応して，カイ二乗変数を計算するわけですが，DA 列 2 行〜 HE 列 3 行には，空白も含めて，すべての式が用意されていますから，この矩形の領域 (DA2 〜 HE3) をコピーして，DA 列 4 行から HE 列 2001 行までに貼り付けると，HE 列に 1,000 個のカイ二乗変数の実現値が得られます。いかがでしょうか。

最後に，HE 列の 1,000 個のカイ二乗変数の実現値のヒストグラムを描いてみましょう。データ区間としては，HG 列 2 行に 0 を入力して，以下，0.5 刻みで，10 まで用意しておきます。そうして，次頁のように設定します。

4）本実験では，分割表の行方向のカテゴリ数は A 型と A 型以外の 2，列方向のカテゴリ数は「積極的・進取的」および「消極的・保守的」の 2 ですから，自由度は 1 になります。

すると，おおよそ，以下のようなグラフが描かれるはずです。

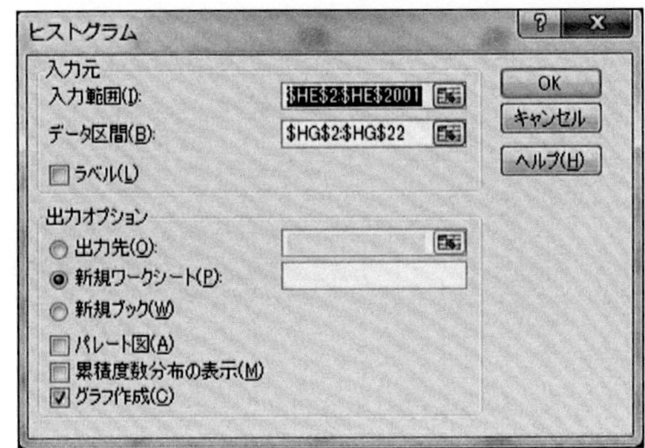

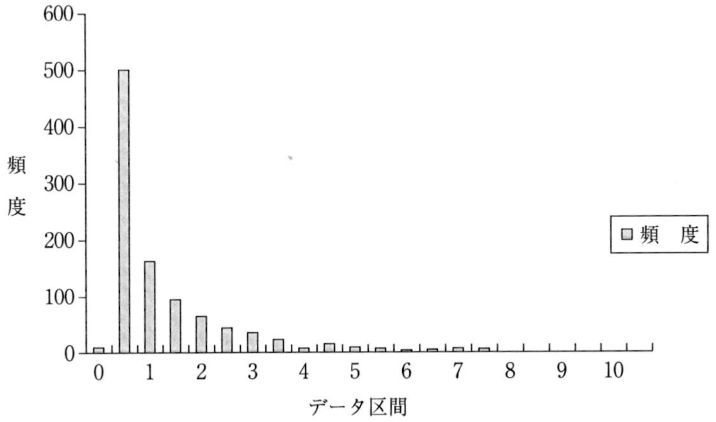

自由度１のカイ二乗分布の右裾５％を切り取る点は3.84ですから，上図は妥当なものになっていることが直感できると思います。

本章のまとめ

○　分割表におけるカイ二乗検定を一般的にまとめておく。１回の試行の結果が２つの属性Ａ（たとえば血液型）およびＢ（たとえば性格）を帯びるとする。この試行を n 回行い，表13－1のような分割表にまとめたとする。ただし，分割表の行のカテゴリ数を a，列のカテゴリ数を b とする。この時，「属性Aと属性Bとが独立である」という帰無仮説が正しい時，以下で定義されるカイ二乗変数は自由度（a − 1）（b − 1）のカイ二乗分布に従う。ただし，$N(i, j)$ は属性Aが i であり，かつ，属性Bが j である観測度数，$N(i, \cdot)$ は属性Aが i である総観測度数，$N(\cdot, j)$ は属性Bが j である総観測度数である。

$$\chi^2 = \sum_{j=1}^{b}\sum_{i=1}^{a} \frac{\left(N(i,j) - n\dfrac{N(i,\cdot)}{n}\dfrac{N(\cdot,j)}{n}\right)^2}{n\dfrac{N(i,\cdot)}{n}\dfrac{N(\cdot,j)}{n}}$$

この量を検定統計量として，帰無仮説の統計的検定が可能となる。棄却域は自由度（a − 1）（b − 1）のカイ二乗分布の右裾5％を切り取る領域となる。

問　題

問1　下記の表にある確率を用いて，一人の人間が，8つのセルの中のひとつのセルに属するようになるエクセルシートを作れ。ただし，一様乱数を二つ使いなさい。

血液型と性格が独立な例

	性　格		血液型の周辺確率
血液型	積極的・進取的	消極的・保守的	
A型	0.0975	0.2925	0.39
B型	0.055	0.165	0.22
O型	0.0725	0.2175	0.29
AB型	0.025	0.075	0.1
性格の周辺確率	0.25	0.75	1.000

問2　下記の表は米国ボストン市郊外における地域別のデータを用いて，地域ごとの住居の平均部屋数と給与の低い職業に従事する人口の割合（%）との関連を示した表である。平均部屋数と給与の低い職業に従事する人口の割合とに関連があると言えるか検定しなさい。

		平均部屋数	
		6.6 未満	6.6 以上
給与の低い職業に従事する人口の割合 (%)	6.96 未満	41	86
	6.96 ～ 16.96 未満	218	34
	16.96 以上	115	12

シミュレーション用プログラム

```
#-----------------------------------------------------------------------------------------
# 第 13 章
"""
  分割表における独立性の検定で使われる定理を確認するプログラム ( 以下の設定は AB 型
  を無視している )

確率の記号 (() 内はカテゴリ番号 )

  ---------------------------------------------------
  |        性格→|  積極的  |  消極的  | 合計
  | 血液型↓     |          |          |
  ---------------------------------------------------
  | A 型        | p11(1)   | p12(2)   |p1_
  | O,B 型      | p21(3)   | p22(4)   |p2_
  ---------------------------------------------------
   合計          p_1        p_2        1

観測値の記号

  ---------------------------------------------------
  |        性格→|  積極的  |  消極的  | 合計
  | 血液型↓     |          |          |
  ---------------------------------------------------
  | A 型        | sumy11   | sumy12   |
  | O,B 型      | sumy21   | sumy22   |
  ---------------------------------------------------
   合計                                 n|

"""
from scipy import stats
import pandas as pd
```

```
import numpy as np
from numpy.random import *

import matplotlib as mpl
import matplotlib.pyplot as plt

n=1000
n_chi=10000
p1_ = 0.4  # A 型の真の確率
p2_ = 0.6  # O,B 型の真の確率
p_1 = 0.2  #  積極的な人の真の確率
p_2 = 0.8  #  消極的な人の真の確率
# 以下, 血液型と性格が独立な場合の各セルの確率
p11 = p1_ * p_1  # A 型で積極的な確率
p12 = p1_ * p_2  # A 型で消極的な確率
p21 = p2_ * p_1  # O,B 型で積極的な確率
p22 = p2_ * p_2  # O,B 型で消極的な確率

aka=pd.DataFrame(np.random.rand(n*n_chi).reshape(n_chi,n) )
# クロス表のどこに実現するかを決定
to_cross=lambda x: 1 if x<p11 else 2 if x<(p11+p12) else 3 if x<(p11+p12+p21) else 4
cross=aka.applymap(to_cross)
cross_summary=lambda x:x.value_counts() # それぞれの目が何回出たかカウントし出力
obs=cross.apply(cross_summary,axis=1) # n 回の出生ごとに, 目の度数を計算する
# それぞれの目が何回出たか記録するための準備
obs_head=pd.DataFrame(columns=[1,2,3,4])
# 任意の目が出ていない場合の対策
obs=pd.concat([obs_head,obs])
# 欠損値対策
obs.fillna(0,inplace=True)
# Qab_1 の計算
chi_square=(lambda  x:  (x[1]-(n*p11))**2/(n*p11)+(x[2]-(n*p12))**2/(n*p12)+(x[3]-(n*p21))**2/
   (n*p21)+(x[4]-(n*p22))**2/(n*p22))
Qab_1=obs.apply(chi_square,axis=1)

# Qab_1_a_1_b_1 の計算
chi_square2=(lambda x:
                         (x[1]-(n*((x[1]+x[2])/n)*((x[1]+x[3])/n)))**2/(n*((x[1]+x[2])/n)*((x[1]+x[3])/n))+
                         (x[2]-(n*((x[1]+x[2])/n)*((x[2]+x[4])/n)))**2/(n*((x[1]+x[2])/n)*((x[2]+x[4])/n))+
                         (x[3]-(n*((x[3]+x[4])/n)*((x[1]+x[3])/n)))**2/(n*((x[3]+x[4])/n)*((x[1]+x[3])/n))+
                         (x[4]-(n*((x[3]+x[4])/n)*((x[2]+x[4])/n)))**2/(n*((x[3]+x[4])/n)*((x[2]+x[4])/n)) )
Qab_1_a_1_b_1=obs.apply(chi_square2,axis=1)

# 二つの確率変数  Qab_1  と  Qab_1_a_1_b_1  の理論分布と実現値の分布とを比較する
print(stats.chi2.ppf(0.95, 4-1)) # χ 2 乗変数の右裾 5%点を返す
print(Qab_1.describe(percentiles=[0.90,0.95,0.99])) # パーセンタイルを返す
print(stats.chi2.ppf(0.95, (2-1)*(2-1))) # χ 2 乗変数の右裾 5%点を返す
```

```
print(Qab_1_a_1_b_1.describe(percentiles=[0.90,0.95,0.99])) # パーセンタイルを返す

# ヒストグラム描画
fig=plt.figure()
ax1=fig.add_subplot(1,2,1)
ax2=fig.add_subplot(1,2,2)

ax1.set_title('χ2乗（期待度数は真の確率使用）¥n n=%s' % n,fontsize=20)
ax2.set_title('χ2乗（期待度数は推定された確率使用）¥n n=%s' % n,fontsize=20)

Qab_1.plot(kind='hist',ax=ax1,bins=35)
Qab_1_a_1_b_1.plot(kind='hist',ax=ax2,bins=35)
plt.show()
```

14 正規確率変数の平均 μ の推定と標本平均

正規確率変数に従うサイコロの振り方，つまり，正規確率変数というサイコロを振って，その実現値を得る方法は，すでに勉強しました。具体的には正規確率変数に従う乱数（**正規乱数**）をエクセルで発生させれば良いわけです。そこで，友人に平均 μ と標準偏差 σ を持つような正規乱数を 100 個作ってもらいましょう。この時，μ と σ の具体的な値は友人から知らされず，正規乱数 100 個の値だけを与えられたとします。本章では，友人が使った正規乱数の平均 μ を，どのように推定すれば良いのか探ることにしましょう。

まず，復習もかねて，友人が正規乱数を作る過程をおさらいしておきます。Excel の上の方にあるタブの中から，データ → データ分析 → 乱数発生を反転させて → OK ボタンを押します。すると，右のようなウィンドウが開きます。これは，さまざまな乱数を発生させるためのウィンドウです。正規乱数を発生させるためには，「分布」のところで，「正規」を選ばなければなりません。つまり，ここで，どのような確率変数の乱数を作るのかを決めることができるのです。

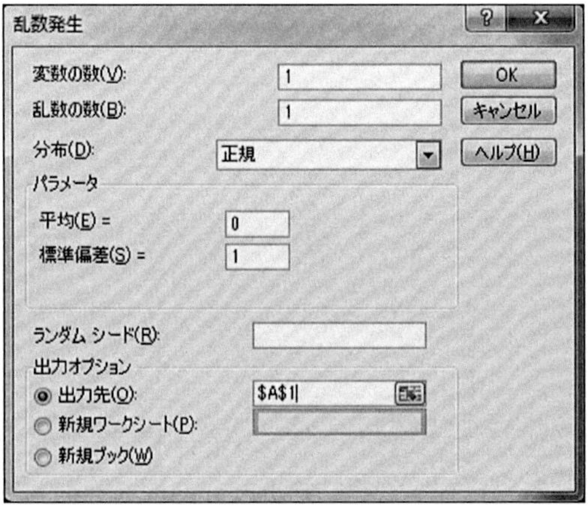

正規確率変数は，平均 μ と標準偏差 σ（あるいは，分散 σ^2）を決めると一意に定まるという性質を持っています。上の例では，平均 $\mu = 0$，標準偏差 $\sigma = 1$ の正規確率変数（**標準正規確率変数**）の乱数を 1 個だけ作る設定になっています。

次に，友人に平均 μ，標準偏差 1 の正規確率変数の実現値（正規乱数）を 100 個，A 列 1 行から CV 列 1 行までに作ってもらいましょう。ここで，友人の μ を前もって，教えてもらえないところがポイントです。したがって，あなたの手元には平均が不明ですが，標準偏差が 1 の正規確率変数の実現値が 100 個存在していることになります。さて，この 100 個のデータから友人が設定した μ を推定することを考えましょう。

まず，CW 列 1 行にこの 100 個のデータの和を計算します。それには，CW 列 1 行に次の式を入力します。

```
=SUM(A1:CV1)
```

ここで，SUM は A1 から CV1 までの 100 個の正規乱数の和を意味します。したがって，この式は，A 列 1 行から CV 列 1 行までの和を計算して，CW 列 1 行に出力せよということになります。次に，CX 列 1 行に 100 個のデータの算術平均を計算しましょう。この算術平均を統計学では**標本平均**と呼んで，前述の μ，すなわち確率変数の平均とは厳密に区別します。CX 列 1 行に次式を入力します。

```
=CW1/100
```

これは，CW 列 1 行にある 100 個のデータの和を 100 で割ることを意味します。したがって，これは算術平均になります。さて，ここで，友人が使った μ を教えてもらいましょう。どうなっていますか？　この算術平均は多かれ少なかれ，友人の μ とほぼ等しくなっているはずです。このことから，確率変数の平均 μ を，この確率変数の実現値の標本平均から推定する可能性が示唆されました。そこで，標本平均で μ を推定して良いかどうかを，さらに詳しく検討してみましょう。

平均 μ を変えてしまっては，検討がうまくできないので，μ を変えないで，友人に平均μ，標準偏差1の正規確率変数の実現値を，もう100個作ってもらいましょう。今度はこの値をA2からCV2に記録してもらいましょう。そして，先ほどと同じように，CX列2行に標本平均を計算してみます。具体的には，CW列1行とCX列1行とをコピーして，CW列2行とCX列2行に貼り付けてください。得られた標本平均は，μに近い値になっていることが確認できると思います。ここで，次のことをチェックします。

CX列1行の標本平均は，CX列2行の標本平均と同じ値になっているか？

いかがでしょう。両者の値はわずかですが，異なっていますね。どちらもμを点推定しているのでμに近い値になっていますが，同じ値にはなっていないはずです。つまり，標本平均はデータ（100個の乱数）が異なれば異なる値になる，ということがわかります。このことから，標本平均はそれ自体が確率変数であることがわかります。

標本平均を$\overline{X}$で表すことにします。今，$\overline{X}$は確率変数であることがわかりました。$\overline{X}$が確率変数であるならば，確率分布を持つはずです。いったい，どのような確率分布を持っているのでしょうか。これを直感的に知るためには，$\overline{X}$を多数実現させ，多数の$\overline{X}$の実現値からヒストグラムを描けばよいですね。早速やってみましょう。ただし，標本平均の確率分布を知るためには，μを固定して実験しなければならないので，以下では，$\mu = 0$として乱数を作ることにします。σは1としておきましょう。

まず，次のように設定して，平均0，標準偏差1の正規確率変数を100 × 1,000個実現させます。

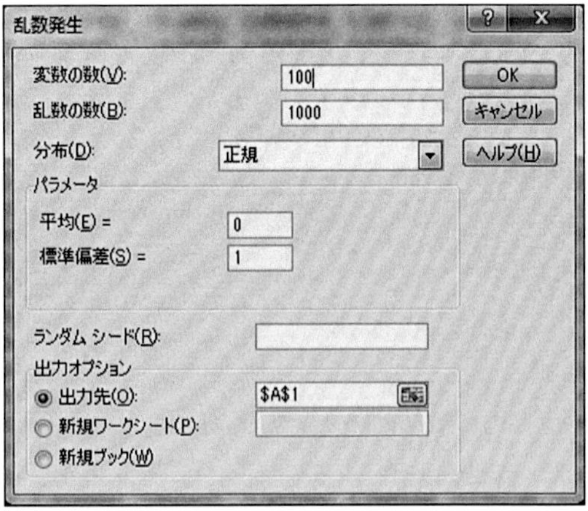

これで，A列1行からCV

列 1000 行に平均 0，標準偏差 1 の正規確率変数の実現値が 100 × 1,000 個得られたはずです。次に，A 列 1 行から CV 列 1 行までの 100 個の乱数の標本平均を，CX 列 1 行に計算しましょう。ここでは，エクセルの組み込み関数 AVERAGE を使った方法をご紹介します。

=AVERAGE(A1:CV1)

これで，CX 列 1 行に 1 行目のデータの標本平均がただ 1 個得られました。このような標本平均を 1,000 個手に入れるためには，CX 列 2 行から 1000 行までに，CX 列 1 行の式をコピペすれば良いですね。具体的には CX 列 1 行で右クリックして，コピーし，それを CX 列 2 行から 1000 行まで貼り付ければ良いのです。これで，CX 列には，各行のデータの標本平均 $\overline{X}$ が 1,000 個だけ，実現したことになります。

今，我々の目的は確率変数，$\overline{X}$ の確率分布を知ることですから，$\overline{X}$ の実現値 1,000 個からヒストグラムを描けば良いわけです。データ区間を − 0.3 から 0.05 きざみで，0.3 までとして，あらかじめ，CY 列 1 行から 13 行までに入力しておきます。そして，右のように設定してヒストグラムを描きます。

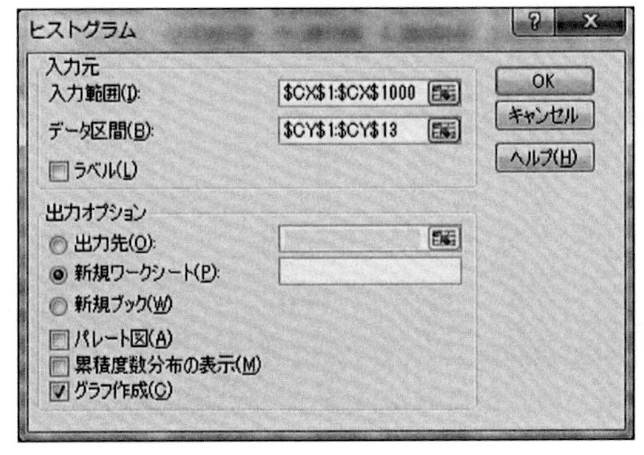

すると，おおよそ次頁のようなヒストグラムが描かれているはずです。このヒストグラムから，確率変数 $\overline{X}$ の確率分布は 0 を中心としていることが分か

1）確率変数 $\overline{X}$ は，平均 0，分散 1/100 の正規確率変数であることが理論的に証明できます。

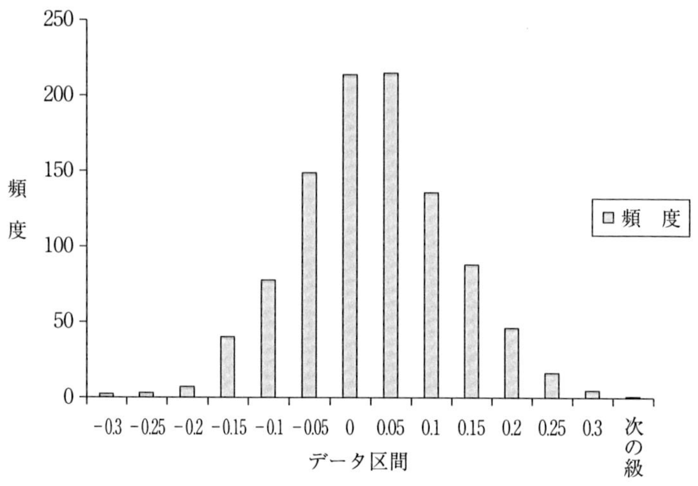

ります[1)]。このことは，確率変数 $\overline{X}$ の確率変数としての平均が 0 であることと，実は同じなのです[2)]。したがって，ヒストグラムから，確率変数 $\overline{X}$ の平均が 0 であることが判明しました。今，我々は μ を推定するために，標本平均を使っているわけですが，推定の対象になっている μ と，μ を推定するための確率変数 $\overline{X}$（これを**推定量**と呼びます）の平均が μ そのものであるということが判明したわけです。これは，好都合ですね。推定量のこのような良い性質を**不偏性**と呼び，この性質を持つ推定量を**不偏推定量**と呼んでいます。これらは統計学において重要な概念ですので記憶しておいてください。

さて，μ の推定量，標本平均の性質を別の角度から考えてみます。これまで，標本平均を計算するときに，乱数の個数を 100 としてやってきました。この 100 を**標本数**と呼びます。次の課題は，この標本数が変化したときに，確率変数 $\overline{X}$ の確率分布はどのように変わっていくか，です。以下では，標本数が n の時の標本平均を $\overline{X}_n$ と表すことにします。

2）確率変数の平均が存在しない場合は「同じ」にはなりませんが，初等的にはこの理解で十分です。

まず平均 0，分散 1 の正規確率変数を 2 個実現させて，その平均をとったものを $\overline{X}_2$ としましょう。$\overline{X}_2$ の確率分布はどのようになっているでしょうか。以下の図は $\overline{X}_2$ を 10,000 個実現させて描いたヒストグラムです。

図 14 − 1　標本数が 2 の時の標本平均のヒストグラム

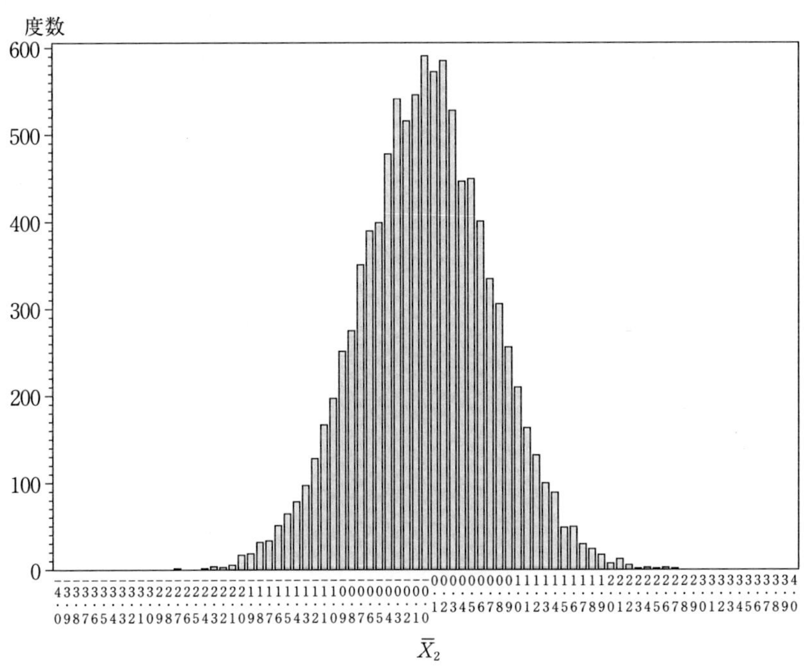

一般に，平均 μ，標準偏差 σ の正規確率変数の独立な n 個の標本の標本平均は，平均 μ，標準偏差 $\sigma/\sqrt{n}$ の正規確率変数になることが知られています。上の図からも $\overline{X}_2$ は平均 0，標準偏差 $1/\sqrt{2}$ の正規確率変数になっていることがだいたいわかると思います。

それでは，標本数を 1,000 としたときの，標本平均 $\overline{X}_{1000}$ の確率分布はどのようになるでしょうか。$\overline{X}_{1000}$ を 10,000 個実現させて，それからヒストグラムを描いた結果を図 14 − 2 に示します。

図 14 − 2　標本数が 1,000 の時の標本平均のヒストグラム

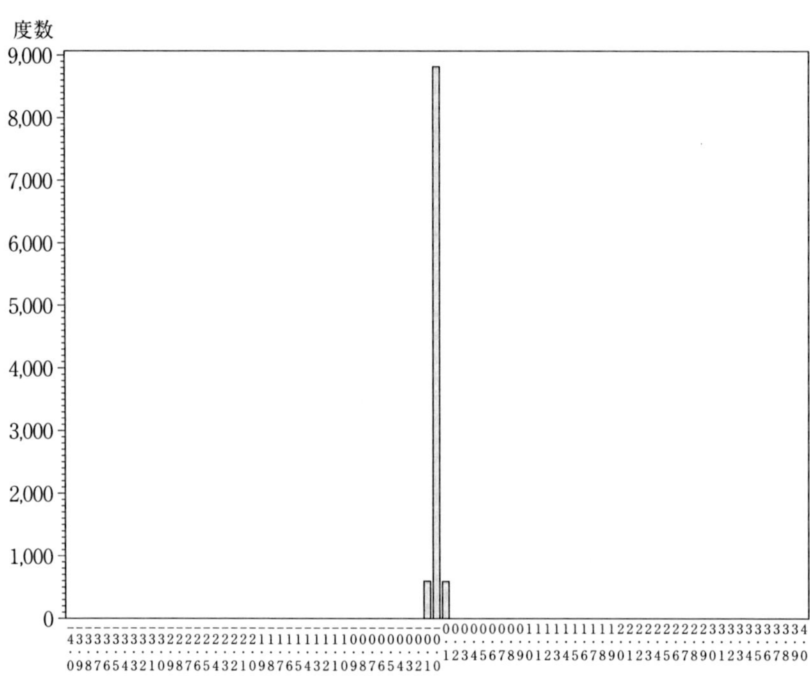

標本数が 2 であった図 14 − 1 と比較して，確率分布が 0（＝μ）に集中していることがわかりますね。実際，標本数 n が大きくなると，$\overline{X}_n$ の確率分布が μ に収束していくことが知られています。$\overline{X}_n$ は μ の推定量でしたから，これも推定量として優れた性質であることが直感できるでしょう。推定量のこのような性質を**一致性**といいます。また，一致性を有する推定量のことを**一致推定量**と呼びます。これも統計学の重要な概念なので，しっかりと理解しておいてください。言うまでもないことですが，標本平均 $\overline{X}_n$ は一致性をもつので，一致推定量と言うことができます。

エクセルで実験

ここまでは，正規確率変数の平均μを標本平均で推定できることを示してきました。そこで，本節では，題材を変えて，「円周が1の赤鉛筆を転がして，赤鉛筆のちょうど真上になった点から0線までの距離R」の確率変数としての平均μの推定を考えてみます。確率変数Rは，実は，**一様分布**という確率分布に従う確率変数になっています。また，その実現値を得るには，実際に赤鉛筆を転がしても良いのですが，エクセルを用いて**一様乱数**を発生させればよかったですね。ところで，距離Rの確率変数としての平均μはいくらだと思いますか？　Rは0から1の任意の実数値を一様にとるわけですから，直感的に$\mu = 0.5$であることがおわかりになるでしょうか？　以下では，標本数を100として，標本平均が不偏性と一致性を持つことを確認していきましょう。

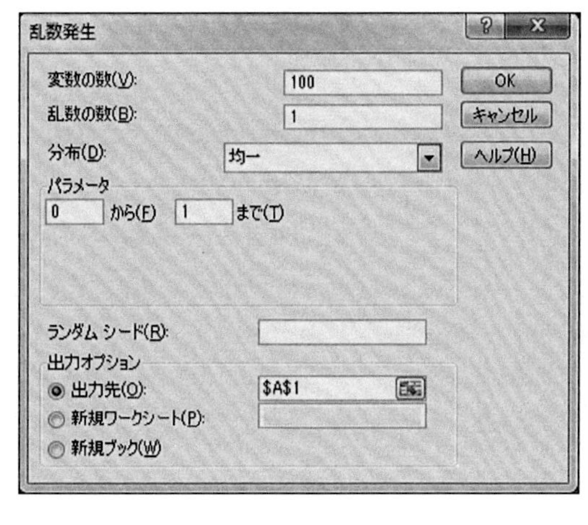

まず，1行目に赤鉛筆を100回転がした結果を入れましょう。つまり，一様乱数を100個出力させます。右のような設定で乱数を作れば良いですね。

これで，1行目に100個のRの実現値ができました。次に，CX列1行に，この100個のRの実現値の標本平均を計算します。そのためには，次の式を入力すれば良いですね。

```
=AVERAGE(A1:CV1)
```

筆者の例では，その値は0.485…となり，真の値$\mu = 0.5$と近い数字になっています。不偏性を確かめるためには，このような標本平均を 1,000 個ほど作成して，そのヒストグラムを描き，その分布の中心が 0.5 であることを確かめれば良いですね。早速やってみましょう。

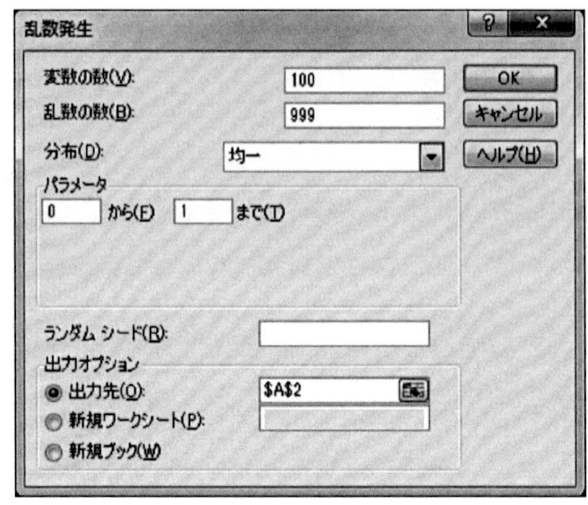

まず，次のように設定して，残りの 100 × 999 個の一様乱数を作ります。

そして，CX 列に 1,000 個の標本平均を計算しましょう。そのためには，CX 列 1 行をコピーして，CX 列 2 行～ 1000 行に貼り付ければよろしい。これで，1,000 個の標本平均の実現値を得ました。最後に，これらの 1,000 個の標本平均を用いて，ヒストグラムを描いてみます。データ区間として，0.41 ～ 0.61 までの 0.02 きざみの値を用いて，それを CZ 列 1 行から 11 行までに用意しておきます。その上で，設定は右のようです。

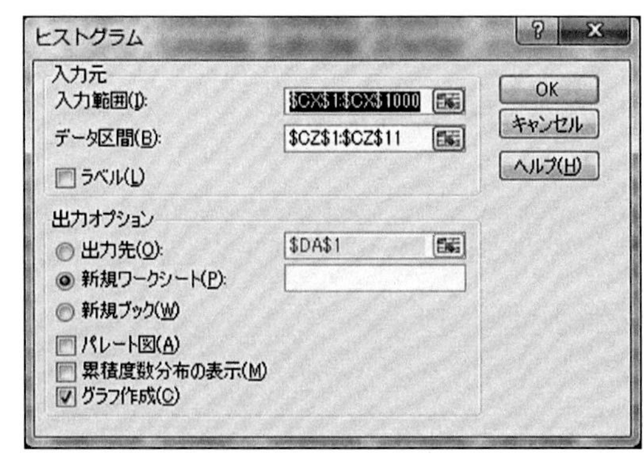

こうして，得られるヒストグラムは，おおよそ次頁のようになっているはずです。

この分布の中心が 0.5 であることは容易にわかるでしょう。したがって，標本平均は確率変数 R の平均 μ の不偏推定量であることがわかったことになります。一致性については，標本数 1,000 で同じ実験をすれば良いわけですが，これは，エクセルで実験するには，少し時間がかかります。我はと思う読者はぜひ，実験してみてください。以下では，SAS を用いた結果を掲げます。標本平均が

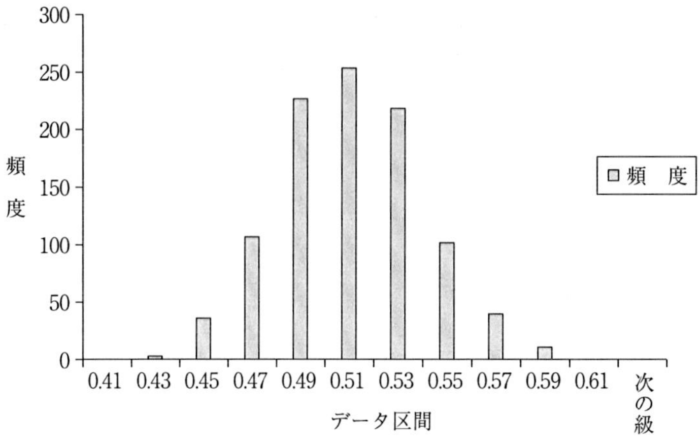

真の平均μに集中していることがわかりますね。つまり，標本平均は一致推定量であることが確認できます。

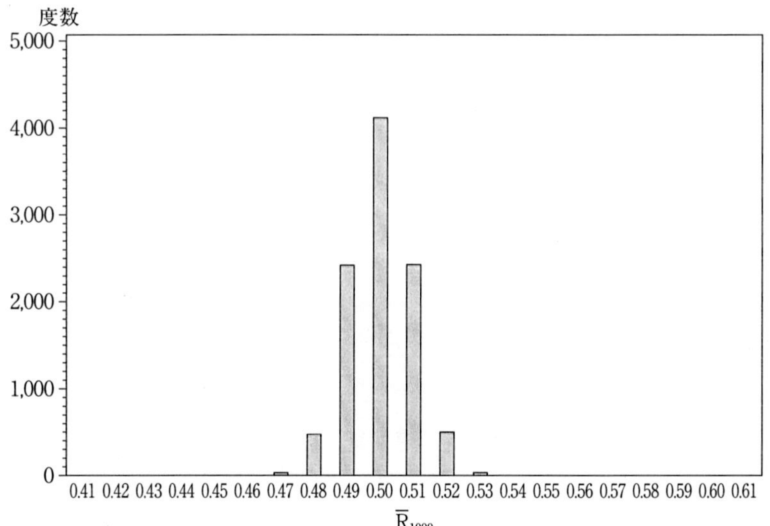

本章のまとめ

○ 平均μ，標準偏差σの正規乱数をn個与えられたとき，その標本平均で正規乱数の平均μを点推定することができる。

○ 平均μ，標準偏差σの正規乱数n個の標本平均は平均がμの正規確率変数となる。このことはnの大きさに依存しない。

○ したがって，標本平均でμを推定するときに標本平均はμの不偏推定量になっている。

○ nが大きくなると，標本平均の確率分布はμに収束していく。この性質を一致性と呼び，標本平均はμの一致推定量であることがわかる。

○ 標本平均は一般に不偏性と一致性を持つ。

問　題

問1　平均 10，標準偏差 1 の正規確率変数の密度関数を以下のステップを踏んで再現しなさい。

1）shee1 の A 列に平均 10，標準偏差 1 の正規確率変数の 1,000 個の実現値を得なさい。

2）sheet1 の A 列の 1,000 個のデータからヒストグラムを描きなさい。この時，正規分布がきれいに再現されるように，階級幅の設定に注意すること。

問2　標準正規確率変数 100 個から作られる標本平均の密度関数を以下のステップを踏んで再現しなさい。

1）sheet2 の 1 行 A 列から 1 行 CV 列までに平均 0，標準偏差 1 の正規確率変数の実現値を得なさい。さらに，1 行 A 列から 1 行 CV 列にある 100 個のデータの標本平均を 1 行 CW 列に計算しなさい。

2）同様にして，sheet2 の CW 列に 1,000 個の標本平均を計算しなさい。

3）sheet2 の CW 列に計算された標本平均 1,000 個の値を使って，ヒストグラムを描きなさい。

4）3）のヒストグラムは，どのような確率変数の密度関数を近似していると言えますか。

シミュレーション用プログラム

```
#------------------------------------------------------------------------------------------------
# 第 14 章
# 赤鉛筆を n 回転がして，標本平均を得る
# このような標本平均を n_sinbunsya 個作って，ヒストグラムを描く。
# これによって，標本平均の分布を求めることができる
#
# 対応する正規分布のヒストグラムも描く
#------------------------------------------------------------------------------------------------

import pandas as pd
import numpy as np
from numpy.random import *
import matplotlib.pyplot as plt

def hyouhon_heikin_uniform(n):

    # 標本数を変えて実験
    # n=1,2, 10, 100
    #n=10

    # 平均を何個作るか
    n_sinbunsya=100000

    # 赤鉛筆を (n*n_sinbunsya) 回，ころがして，n_sinbunsya 行，n 列の行列に記録する
    aka=pd.DataFrame(np.random.rand(n*n_sinbunsya).reshape(n_sinbunsya,n) )

    # 平均を n_sinbunsya だけ作成する
    heikin=pd.DataFrame(aka.mean(1),columns=['平均'])

    myu=0.5
    sigma=np.sqrt((1/12)/n)

    seikiransu=pd.DataFrame(normal(0.5,np.sqrt((1/12)/n),
    n_sinbunsya),columns=['対応する正規乱数'])

    # 標本数 n の一様乱数の平均と平均 0.5，分散 (1/12)/n の正規乱数とのヒストグラム作成
    # 用データ
    hikaku=heikin.join(seikiransu)

    # 以下，n 個の一様乱数から得られた標本平均とそれに対応する正規分布の描写
    # to do:x 軸を固定
    fig=plt.figure()
    ax1=fig.add_subplot(1,2,1)
    ax2=fig.add_subplot(1,2,2)
```

```
    kaikyu=[0+0.01*i for i in range(100)]

    ax1.hist(hikaku['平均'],bins=kaikyu)
    ax2.hist(hikaku['対応する正規乱数'],bins=kaikyu,color='blue')

    title1='%s 個のデータの標本平均の分布¥n 元の確率変数は¥n0-1 区間の一様確率変数' % n
    title2='平均 =%s, 分散 =1/(12*%s) の正規分布' % (myu, n)

    ax1.set_title(title1,fontsize=15)
    ax2.set_title(title2,fontsize=15)

    ax1.tick_params(axis='x', which='major', labelsize=20)
    ax2.tick_params(axis='x', which='major', labelsize=20)

    plt.show()

hyouhon_heikin_uniform(1)   # 一様乱数の確認。対応する正規分布は x 軸を切り取っている。

hyouhon_heikin_uniform(2)   # 三角関数。対応する正規分布は，結構 0，1 区間に入っている

hyouhon_heikin_uniform(10)  # 正規近似がかなり正確になる。「中心極限定理」の紹介。

hyouhon_heikin_uniform(100) # ほぼ完璧な近似。
```

15 正規確率変数の標準偏差σの推定と標本標準偏差

前章では，友人に平均μと標準偏差$\sigma=1$を持つような正規乱数を100個作ってもらい，μの具体的な値は友人から知らされていない状況において，μをどのように推定すれば良いかを考えました。本章では，今度はσをどのように推定すれば良いかを考えてみます。

まず，友人に作ってもらった平均μ，標準偏差σの正規乱数100個がA列1行から100行にあるとします。この標本平均をA列101行に計算しましょう。今度は，関数を使って次のように入力します。

=AVERAGE(A1:A100)

これで，標本平均が計算できました。友人にμを聞いて，この値がμに近いことを確認しましょう。さて，問題の標準偏差σの推定です。まず，B列1行に次のように入力します。

=(A1-$A$101)^2

これは，A1の値から，標本平均を引いて（これを**偏差**と呼びます），2乗したものです。$記号はコピー&ペーストしたときに変化しないようにする絶対記号でしたね。B列1行のこの式をB列2行から100行まで一気に，コピー&ペーストしてみてください。さらに，B列101行に次のように入力します。

=SQRT(SUM(B1:B100)/(100-1))

これが，標準偏差σの推定値になっているのです。式で書くと，x_iをi番目の

データ，$\bar{x}$をn個のデータの標本平均として，

$$\sqrt{\frac{\sum_{i=1}^{n}(x_i-\bar{x})^2}{n-1}}$$

と表されます。これを**標本標準偏差**と呼びます。また，その2乗したものを**標本分散**といいます。早速，友人にσの値を聞いてみましょう。ほとんど同じ値になっていることが確認できたと思います。

今度は，友人が使った，μとσをそのまま利用して，A列1行から100行に正規乱数を<u>新しく</u>作ってみましょう。この時，A列101行の標本平均とB列101行の標本標準偏差の値が変わりますね。この意味で，標本標準偏差は変数であることがわかります。このことを繰り返せば，標本標準偏差は100個の乱数が異なるごとに，異なった値になることが容易に理解できるでしょう。実は，標本標準偏差は変数であって，しかも確率変数であることがわかっているのです。そこで，標本標準偏差の確率変数としての性質を探ってみましょう。そのためには，標本標準偏差そのものよりも，標本分散をσ^2で割って，さらに（標本数－1）をかけた次式に着目します。

$$\frac{\sum_{i=1}^{100}(x_i-\bar{x})^2}{\sigma^2}$$

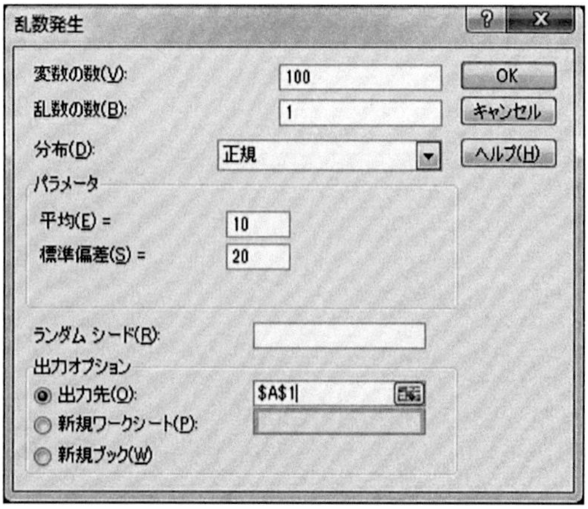

この式で表される確率変数は，どのような確率分布を持っているのでしょうか。早速，エクセルを使って分析してみます。

シートを変えて，A列1行からCV列1行までに，μ = 10，σ = 20の正規乱数を作りましょう。右のように設定

乱数発生
変数の数(V): 100
乱数の数(B): 1
分布(D): 正規
パラメータ
平均(E) = 10
標準偏差(S) = 20
ランダム シード(R):
出力オプション
出力先(O): $A$1
新規ワークシート(P):
新規ブック(W)
OK
キャンセル
ヘルプ(H)

すればよろしい。なお，$\mu = 10$，$\sigma = 20$ としたのは，特に意味はありません。

次に，CW 列 1 行に標本標準偏差を計算しましょう。このセルに次のように入力します。

=STDEV.S(A1:CV1)

上記の STDEV.S 関数は，A1 ～ CV1 にある 100 個のデータの標本標準偏差を計算する関数です。また，CX 列 1 行に次の式を入れます。この式は，$\frac{\sum_{i=1}^{100}(x_i-\overline{x})^2}{\sigma^2}$ の 1 個の実現値を計算しているのがおわかりでしょうか。

=(CW1^2)*(100-1)/(20^2)

すなわち，(CW1^2) は標本分散であり，それに（標本数－ 1）を掛けていますから，これで，$\sum_{i=1}^{100}(x_i-\overline{x})^2$ の意味になります。さらに，(20^2) で割っていますから，$\frac{\sum_{i=1}^{100}(x_i-\overline{x})^2}{\sigma^2}$ になるということですね。

さて，今，我々は次のような確率変数の分布を知りたいのです。

$$\frac{\sum_{i=1}^{100}(x_i-\overline{x})^2}{\sigma^2}=\frac{\sum_{i=1}^{100}(x_i-\overline{x})^2}{100-1}\frac{(100-1)}{\sigma^2}$$

この確率変数の 1 個の実現値が今，CX 列 1 行に計算されています。この確率変数の分布を知るには，この確率変数の多くの実現値を得て，そのヒストグラムを描けば良いですね。早速，実践しましょう。

まず，$\mu = 10$，$\sigma = 20$ の正規乱数を，100 個を一組として，1,000 組作りましょう。そのためには次頁のように設定します。

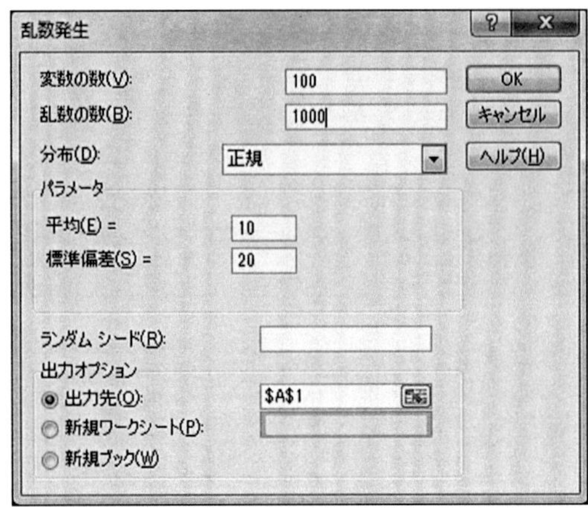

次に，それぞれの行の 100 個の正規乱数から，標本標準偏差，および，

$$\frac{\sum_{i=1}^{100}(x_i-\overline{x})^2}{\sigma^2}=\frac{\sum_{i=1}^{100}(x_i-\overline{x})^2}{100-1}\frac{(100-1)}{\sigma^2}$$

をそれぞれ，CW 列と CX 列に作りましょう。そのためには，すでに CW 列 1 行と CX 列 1 行にしかるべき式が入っていますので，これをコピーして，それを CW 列 2 行から CX 列 1000 行に一気にペーストします。これで，CX 列に目的の確率変数の 1,000 個の実現値が得られたことになります。この 1,000 個の実現値からヒストグラムを描いてみましょう。階級区分は，60 から 10 きざみで，210 までとしておきます。

図 15 － 1　$\dfrac{\sum_{i=1}^{100}(x_i-\bar{x})^2}{\sigma^2}$ の 1,000 個の実現値のヒストグラム

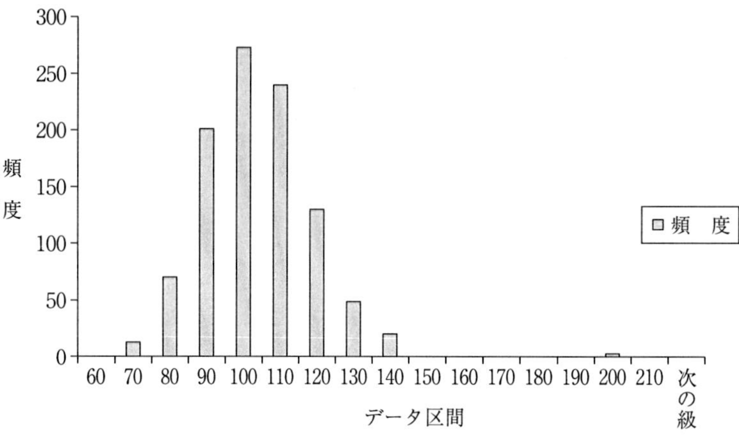

おおよそ，上記のようなヒストグラムが描かれていると思います。実際

$$\frac{\sum_{i=1}^{100}(x_i-\overline{x})^2}{\sigma^2}=\frac{\sum_{i=1}^{100}(x_i-\overline{x})^2}{100-1}\frac{(100-1)}{\sigma^2}$$

は上記のヒストグラムで近似される**カイ二乗分布**をその密度関数として持つ確率変数であることが証明されています。また，カイ二乗分布という分布はパラメータとして，自由度というものをもっていますが，上記の確率変数は自由度(100 － 1) ＝ 99 を持ちます。さらに，自由度 99 のカイ二乗変数の確率変数としての平均は 99 であることがわかっています。確率変数としての平均を推定するには標本平均を使えば良かったですね。CX 列の 1,000 個のデータの標本平均を計算すると筆者の場合，99.02 でした。極めて良好な確率変数としての平均＝ 99 の推定値と言えるでしょう。

さて，

$$\frac{\sum_{i=1}^{100}(x_i-\overline{x})^2}{\sigma^2}$$

の確率変数としての平均が 99 ＝（100 － 1）でしたから，

$$\frac{\sum_{i=1}^{100}(x_i-\overline{x})^2}{100-1}=\frac{\sum_{i=1}^{100}(x_i-\overline{x})^2}{\sigma^2}\ \frac{\sigma^2}{100-1}$$

より，

$$\frac{\sum_{i=1}^{100}(x_i-\overline{x})^2}{100-1}\ \text{の確率変数としての平均}$$

$$=\frac{\sum_{i=1}^{100}(x_i-\overline{x})^2}{\sigma^2}\ \text{の確率変数としての平均}\times\frac{\sigma^2}{100-1}$$

$$=(100-1)\times\frac{\sigma^2}{100-1}$$

$$=\sigma^2$$

となります。この式は標本分散の確率変数としての平均が σ^2 であることを意味しています。このようにして，σ^2 は

$$\frac{\sum_{i=1}^{100}(x_i-\overline{x})^2}{100-1}$$

で推定でき，しかも，不偏性が確保されていることがわかります。一般には，標本数を n として，

$$\frac{\sum_{i=1}^{100}(x_i-\overline{x})^2}{n-1}$$

で分散を推定することになります[1]。

エクセルで実験

例の赤鉛筆を転がす実験を再び考えます。円周1の赤鉛筆を1回転がして，頂点から0線まで測定したときの長さをRとします。Rは確率変数で，一様分布に従うことはすでに学習ずみですね。詳細は後続の章に譲りますが，この確率変数Rの確率変数としての分散は1/12であることが知られています。この1/12を標本分散で推定できることをこれから確認していきましょう。

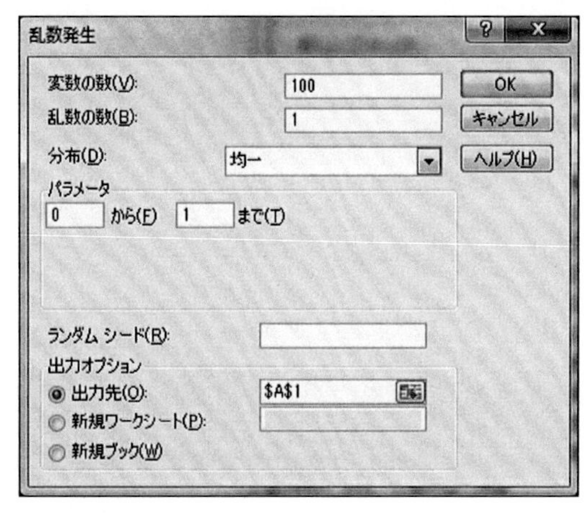

まず，新しいシートの1行目に赤鉛筆を100回転がして得られたRの実現値を入力します。実際には右のような設定で乱数を発生させます。

この100個のデータから標本分散を計算して，CW列1行に入れます。具体的には次式を同セルに記入します。

=STDEV.S(A1:CV1)^2

これで，標本分散という確率変数の，ただ1個の実現値を計算できました。標本分散という確率変数の確率分布を得るためには，このような実現値を1,000個

1）一般に，標本分散の確率変数としての平均はσ^2に一致します（不偏性）。しかし，もとの確率変数が正規分布に従わない場合は$\dfrac{\sum_{i=1}^{n}(X_i-\overline{X})^2}{\sigma^2}$はカイ二乗分布には従わないことに注意してください。

ほど必要とします。そこで，赤鉛筆をさらに 100 × 999 回，転がして，その結果を A 列 2 行から，CV 列 1000 行までに記録しましょう。ここでも，右の設定で乱数を使います。

乱数発生
変数の数(V): 100
乱数の数(B): 999
分布(D): 均一
パラメータ
0 から(F) 1 まで(T)
ランダム シード(R):
出力オプション
出力先(O): $A$2
新規ワークシート(P):
新規ブック(W)
OK
キャンセル
ヘルプ(H)

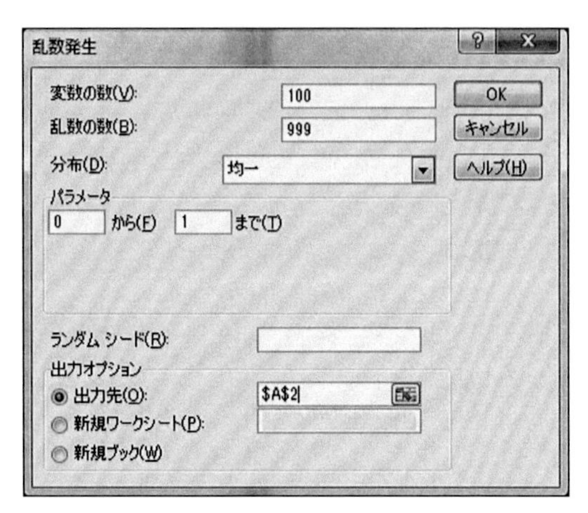

CW 列に 1,000 個の標本分散を計算するわけですが，すでに，式が CW 列 1 行にありますから，これをコピーして，下の 2 行から 1000 行に貼り付けます。これで，確率変数としての標本分散の 1,000 個の実現値が得られました。あとは，この 1,000 個のデータからヒストグラムを描くだけです。データ区間として，0.04 から 0.14 までをとり，区間の幅を 0.005 としておきます。その上で，右のように設定します。

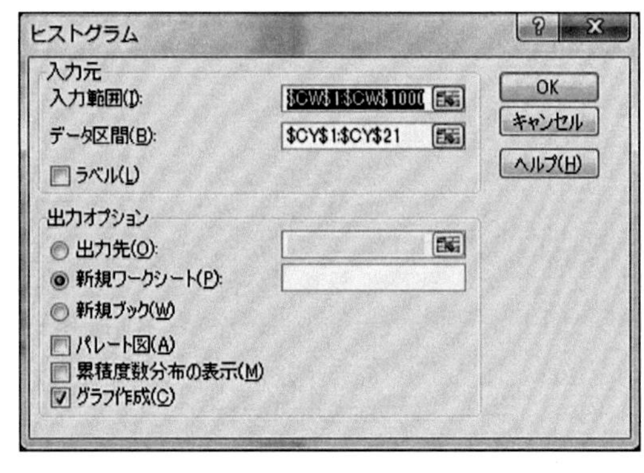

すると，およそ次頁のようなヒストグラムが得られることでしょう。

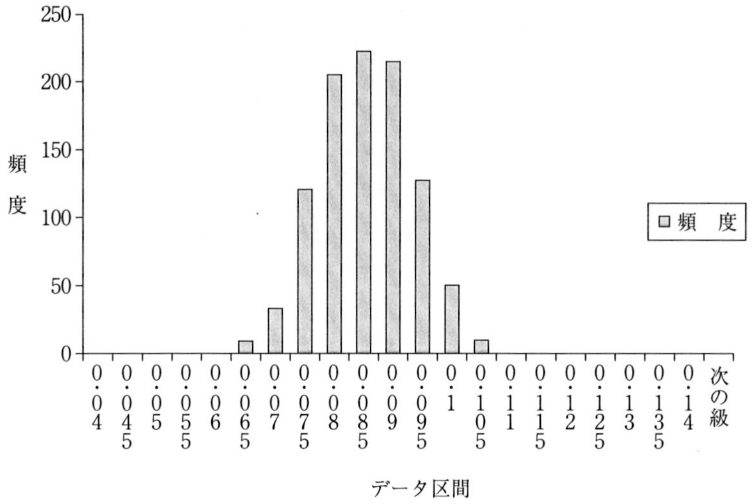

本節の確率変数としての分散は 1/12 = 0.08333…でしたから，上のヒストグラムの平均がおよそ，この値になっていることがわかると思います（不偏性）。

本章のまとめ

○　n 個の各々のデータの，標本平均からの偏差を二乗して和をとる。さらにこの和を $n-1$ で割ったもの（**標本分散**）で，分散 σ^2 を点推定することができる。

○　標本分散は不偏性を持つ。

○　標本分散の正の平方根（**標本標準偏差**）で σ を点推定することができる。

○　もとの確率変数が正規確率変数ならば，標本分散に $n-1$ をかけて，分散 σ^2 で割った変数を確率変数と見ると，自由度が $n-1$ のカイ二乗変数になる。

問　題

問 1　(0,2) 区間の一様確率変数に関する以下の問題に答えなさい。

1）sheet1 の 1 行目に，横方向に (0,2) 区間の一様乱数を 100 個実現させなさい。

2）1）の 100 個のデータから，標本標準偏差および標本分散をそれぞれ，計算し，CW 列 1 行目と CX 列 1 行目に記入しなさい。

3）2）の標本標準偏差および標本分散は，どのような確率変数の何を推定しているか述べなさい。

問 2　(0,2) 区間の一様確率変数の 100 個の実現値から計算される標本分散の，確率変数としての性質に関心がある。この確率変数としての標本分散の密度関数をヒストグラムを用いて近似しなさい。

シミュレーション用プログラム

```
#-----------------------------------------------------------------------------
# 第 15 章
# 正規乱数から標本平均，標本分散，χ 2 乗変数を求める
# これを noexp 回行って，標本平均，標本分散，χ 2 乗変数のヒストグラムを作成する
#-----------------------------------------------------------------------------
import pandas as pd
import numpy as np
from numpy.random import *
import matplotlib.pyplot as plt

def hyouhon_bunsan_normal(n):

    # 正規乱数の μ と σ
    myu=170
    sigma=6

    # 標本数を変えて実験
    # n=2, 3, 4, 10, 100
    #n=2

    # 平均，標本分散，χ 2 乗を何個作るか
    noexp=10000

    # 正規乱数を (n*noexp) 回，ころがして，noexp 行，n 列の行列に記録する
    seiki=pd.DataFrame(normal(myu,sigma,n*noexp).reshape(noexp,n) )

    # 標本平均を noexp だけ作成する
    heikin=pd.DataFrame(seiki.mean(1),columns=[' 標本平均 '])

    # 標本分散を noexp だけ作成する
    bunsan=pd.DataFrame(seiki.var(1),columns=[' 標本分散 '])
```

```
    # χ2乗変数を noexp だけ作成する
    henkan=lambda x: x*(n-1)/(sigma**2)
    chai=bunsan.applymap(henkan).rename(columns={'標本分散':'χ2乗変数'})

    # 標本平均，標本分散，χ2乗変数を一つの DataFrame にまとめる
    matomeru=heikin.join(bunsan).join(chai)

    # 標本平均，標本分散，χ2乗変数のヒストグラム
    fig=plt.figure()
    ax1=fig.add_subplot(1,2,1)
    ax2=fig.add_subplot(1,2,2)

    kaikyu1=[140+0.6*i for i in range(100)]
    kaikyu2=[0   +4*i   for i in range(100)]

    ax1.hist(matomeru['標本平均'],bins=kaikyu1)
    ax2.hist(matomeru['標本分散'],bins=kaikyu2)

    title1=(
    '%s個のデータの標本平均のヒストグラム¥n元の確率変数は¥n平均=%s,分散=%sの正規確率変数'
    % (n,myu,sigma**2))
    title2='%s個のデータの標本分散のヒストグラム' % n

    ax1.set_title(title1,fontsize=15)
    ax2.set_title(title2,fontsize=15)

    ax1.tick_params(axis='x', which='major', labelsize=20)
    ax2.tick_params(axis='x', which='major', labelsize=20)

    plt.show()

hyouhon_bunsan_normal(2) # n=2, 3, 4, 10, 100

hyouhon_bunsan_normal(3) # n=2, 3, 4, 10, 100

hyouhon_bunsan_normal(4) # n=2, 3, 4, 10, 100

hyouhon_bunsan_normal(10) # n=2, 3, 4, 10, 100

hyouhon_bunsan_normal(100) # n=2, 3, 4, 10, 100
```

16　連続型確率変数の平均μの区間推定（大標本法）

本章では，連続型確率変数の平均 μ の区間推定を考えます。連続型確率変数といっても，正規確率変数をはじめ，さまざまなものが存在します。ここでは，その代表選手として一様分布に従う確率変数をとりあげます。つまり，例の赤鉛筆で，頂点から０線までの長さＲのことです。Ｒは確率変数で，一様分布に従うことはすでに学習ずみですね。

さて，正規確率変数は平均 μ と標準偏差 σ を持つことは，正規乱数の発生のさせ方，つまり，「平均」と「標準偏差」を指定してから正規乱数を発生させたこと，から自然に習得できたことと思います。ところが，一様乱数では「範囲」を指定できただけで，そこには平均も標準偏差も出てきません。だから，一様確率変数の平均と標準偏差って何？　というのが読者の気持ちではないでしょうか。ところが，正規確率変数と同じように，一様確率変数にもちゃんと平均と標準偏差はあるのです。定義は積分を使うので，脚注に回すとして，事実だけを最初に示しておきます。範囲が０～１の一様確率変数の平均 μ と標準偏差 σ は次のようになります。

$\mu = 1/2$ 1)

$\sigma^2 = 1/12$ 2)

1）$\mu \equiv \int_0^1 x \times 1dx = 1/2$

2）$\sigma^2 \equiv \int_0^1 \left(x - \frac{1}{2}\right)^2 \times 1dx = \left[\frac{1}{3}x^3 - \frac{1}{2}x^2 + \frac{1}{4}x\right]_0^1 = \frac{1}{12}$

さて，μの値を教えた直後で恐縮ですが，想像力を発揮して，μの値がわからない状況を考えてみましょう。そのかわり，一様確率変数の実現値である一様乱数が100個与えられているとします。このとき，μの点推定はこの100個のデータの標本平均で良いことが知られています。このことは，正規確率変数の平均が標本平均で推定できることと同じ原理に由来しています（不偏性）。

次に，μの区間推定を考えてみましょう。その準備として，いきなりですが，次の確率変数の分布に着目します。

$$\frac{(\hat{\mu}-\mu)}{\sqrt{\dfrac{\hat{\sigma}^2}{n}}}$$

ここで，$\hat{\mu}$は標本平均，$\hat{\sigma}^2$は標本分散，nはデータ数です。この確率変数の分布がどのようなものかを想像できる読者はいるでしょうか？　恐らく，見当もつかないと思います。こういうときに，どうすれば良かったでしょうか？　そう，この確率変数のたくさんの実現値を得て，それを用いてヒストグラムを描けば良かったですね。早速やってみましょう。

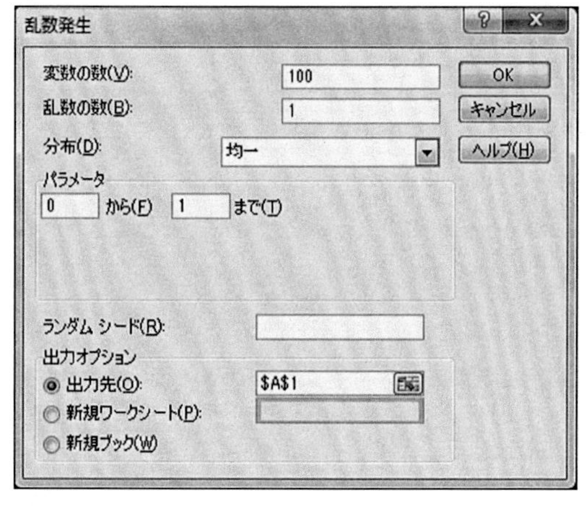

まず，1行目に100個の一様乱数を発生させねばなりませんね。右のように設定します。

次に，CW列1行に標本平均を計算しましょう。このセルに次のように入力します。

=AVERAGE(A1:CV1)

さらに，CX列1行に標本分散を計算します。同セルに次のように入力です。

=STDEV.S(A1:CV1)^2

最後に，$\dfrac{(\hat{\mu}-\mu)}{\sqrt{\dfrac{\hat{\sigma}^2}{n}}}$ をCY列1行に計算しましょう。これによって，確率変数 $\dfrac{(\hat{\mu}-\mu)}{\sqrt{\dfrac{\hat{\sigma}^2}{n}}}$ の1個の実現値が得られることになります。同セルに次のような式を入れます。

=(CW1-1/2)/SQRT(CX1/100)

言うまでもないことですが，今は $\mu = 1/2$，$n = 100$ ですね。あとは，この作業を1,000回繰り返して，確率変数 $\dfrac{(\hat{\mu}-\mu)}{\sqrt{\dfrac{\hat{\sigma}^2}{n}}}$ の実現値を1,000個手に入れましょう。

まず，一様乱数を100個手に入れることを1,000回繰り返します。以下のようにすればよろしい。

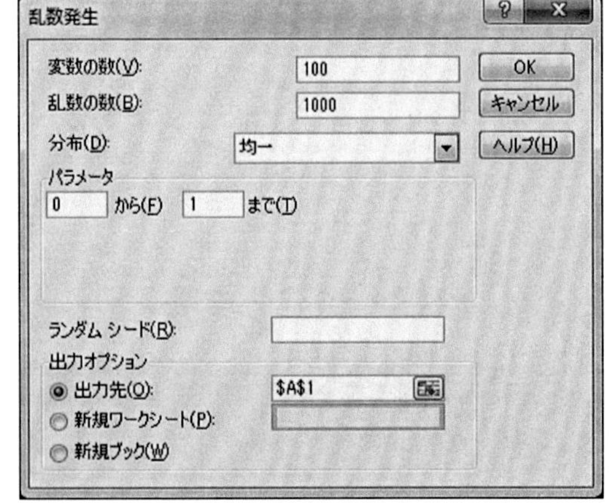

CW列1行，CX列1行，CY列1行にはそれぞれ，標本平均，標本分散，および確率変数 $\dfrac{(\hat{\mu}-\mu)}{\sqrt{\dfrac{\hat{\sigma}^2}{n}}}$ の実現値が入っています。すべて，式で表現されていますから，この3つのセルをコピーして，CW列2行～1000行，CX列2行～1000行，CY列2行～1000行に貼り付ければ良いわけです。これで，確率変数 $\dfrac{(\hat{\mu}-\mu)}{\sqrt{\dfrac{\hat{\sigma}^2}{n}}}$ の実現値を1,000個手に入れることに成功しました。

最後に，この1,000個のデータを使って，ヒストグラムを描いてみましょう。まず，データ区間として，－3から3までを0.2きざみにします。これをCZ列1行から31行までに入力しておきます。このようにしておいてから，右のように設定します。

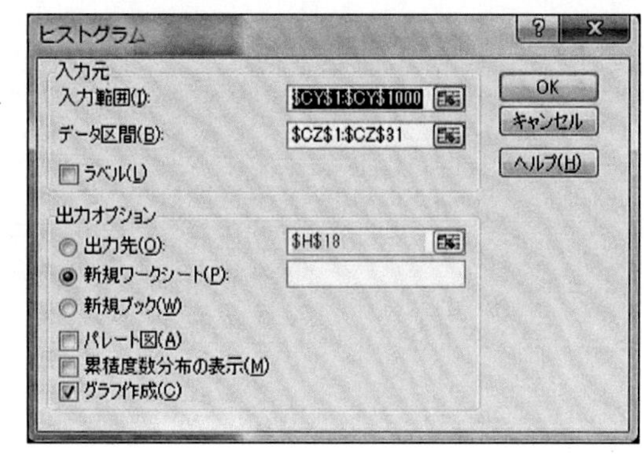

するとおおよそ，次のようなヒストグラムが描かれているはずです。

図 16－1　$\dfrac{(\hat{\mu}-0.5)}{\sqrt{\dfrac{\sigma^2}{100}}}$ の 1,000 個のデータのヒストグラム（通常の赤鉛筆）

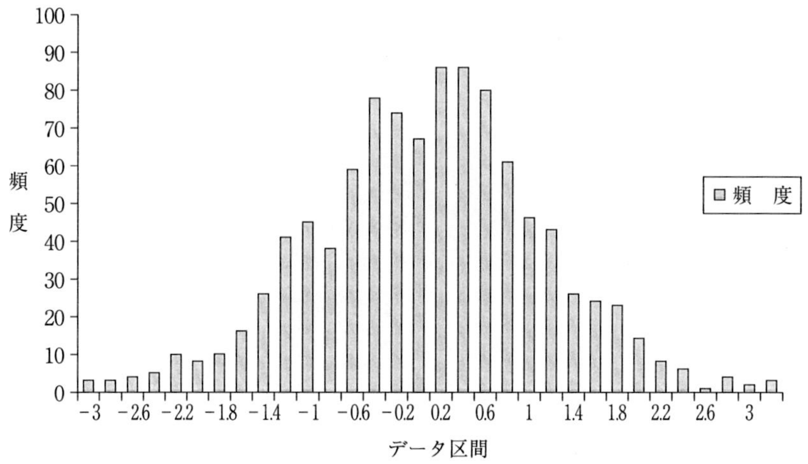

筆者のヒストグラムは，少しでこぼこがありますが，読者はこの分布が何に従っているか直感的におわかりでしょうか？　そうです，この分布は，平均0，分散1の標準正規確率変数の確率分布になっているのです。

標準正規確率変数の性質から直ちに次のことが言えます。

$$\frac{(\hat{\mu}-\mu)}{\sqrt{\frac{\hat{\sigma}^2}{n}}}$$ が－1.96 から 1.96 の間に入る確率は 0.95 である。

このことから，直接，

$(\hat{\mu}-\mu)$ が $-1.96\sqrt{\frac{\hat{\sigma}^2}{n}}$ から $1.96\sqrt{\frac{\hat{\sigma}^2}{n}}$ の間に入る確率は 0.95 である。

ことが出てきます。このことから，さらに，

μ が $\hat{\mu}-1.96\sqrt{\frac{\hat{\sigma}^2}{n}}$ から $\hat{\mu}+1.96\sqrt{\frac{\hat{\sigma}^2}{n}}$ の間に入る確率は 0.95 である。

と言うことができますね。この最後の文章は，とりもなおさず，μ に関する 95％信頼区間が次のように設定できることを示しています。

$$\left(\hat{\mu}-1.96\sqrt{\frac{\hat{\sigma}^2}{n}},\ \hat{\mu}+1.96\sqrt{\frac{\hat{\sigma}^2}{n}}\right)$$

これが，μ に関する 95％信頼区間として，知られているものです。

ここで，この信頼区間の重要な性質を 2 つ指摘しておきましょう。まず第 1 に，n はある程度大きくなければなりません。といっても，30 くらいもあれば十分です。このことから，この 95％信頼区間を作る手法を大標本法とも呼びます。第 2 に，本章では，一様確率変数を例題としてとりあげましたが，この大標本法は平均と分散を持つ連続型確率変数[3)]すべてで適用可能です。したがって，事実上，ほとんどの場合に使うことができる信頼区間であると言って良いわけです。

3）連続型確率変数とは，ある区間において任意の値をとることができる確率変数のことです。正規確率変数と一様確率変数はその代表選手です。その分布は密度関数と呼ばれますが，本書は初学者向けに書かれているので，連続型確率変数であっても確率分布と呼称します。

エクセルで実験

ここでは，例の赤鉛筆のすこし変わったやつを考えることにしましょう。赤鉛筆の表面に0線を引くのは以前と同じですが，今度は，左回りに0から－1までメモリを入れることにしましょう。また，右回りには0から1までのメモリを入れることにします。この赤鉛筆の断面は右のようになっているわけです。

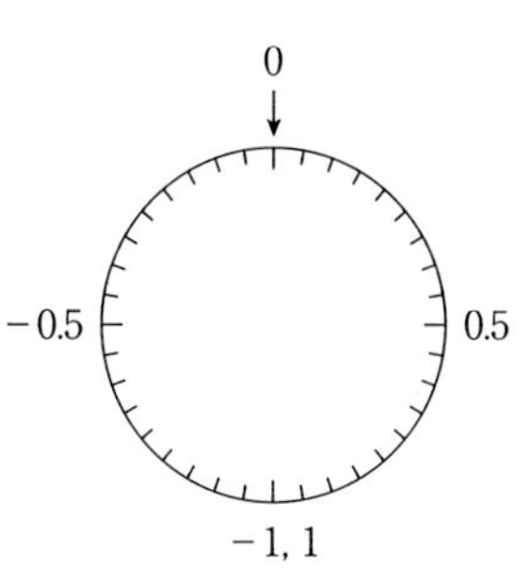

この赤鉛筆を，1回転がして，真上に来たメモリを読み取りそれをRとすることにしましょう。まず，直感的には，このRが一様分布に従うことはおわかりだと思います。なぜなら，どのメモリであっても，等しく真上に来ることがありそうだからですね。しかしながら，今度のRはこれまでの一様確率変数とは明らかに違います。というのは，今度のRは－1から1までの任意の実数値を取り得るからです。したがって，確率変数としてのRの平均と分散はそれぞれ，0.5，1/12ではありません。ところで，確率変数Rの平均μはいくらになるとお考えでしょうか？　Rは－1から1までの値を一様にとりうるのですから・・・，そうです，読者の直感は正しく，0になるのです。以下では，この0という平均の推定問題を考えます。

このような赤鉛筆をn回，転がして，n個のデータを手に入れたとしましょう。これまで学んできたように，このn個のデータから，確率変数Rの平均μは標本平均で点推定できます。また，本章で学習したように，確率変数Rの平均μの95%信頼区間は

$$\left(\hat{\mu}-1.96\sqrt{\frac{\hat{\sigma}^2}{n}},\ \hat{\mu}+1.96\sqrt{\frac{\hat{\sigma}^2}{n}}\right)$$

となります。その根拠は，次の量

$$\frac{(\hat{\mu}-\mu)}{\sqrt{\frac{\hat{\sigma}^2}{n}}}$$

が標準正規確率変数になっていることにあります（ただし，nは十分大きいとする）。そこで，本例でも，この量が標準正規確率変数になっているか，エクセルを使って確かめることにしましょう。

まず，この変種の赤鉛筆を100回，転がして，Rの実現値を100個手に入れることにします。右のように設定します。

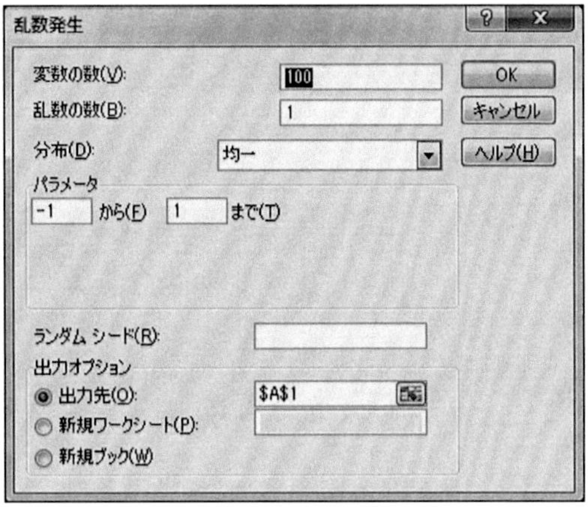

ここのポイントはパラメータを－1から1までに変更することです。こうすれば，変種の赤鉛筆を転がすことと同じになります。上記の設定では1行目に，100個のデータが並ぶことになります。

さて，本文と同じように，100個のデータの標本平均をCW列1行目に，標本分散をCX列1行目に計算しましょう。それぞれ，以下の式が入ります。

=AVERAGE(A1:CV1)

=STDEV.S(A1:CV1)^2

CY列1行に，確率変数 $\frac{(\hat{\mu}-\mu)}{\sqrt{\frac{\hat{\sigma}^2}{n}}}$ の実現値を計算しましょう。同セルに次式を入れるのでしたね。

=(CW1-0)/SQRT(CX1/100)

ここで，μの部分が0になっていることに十分注意してください。これで，

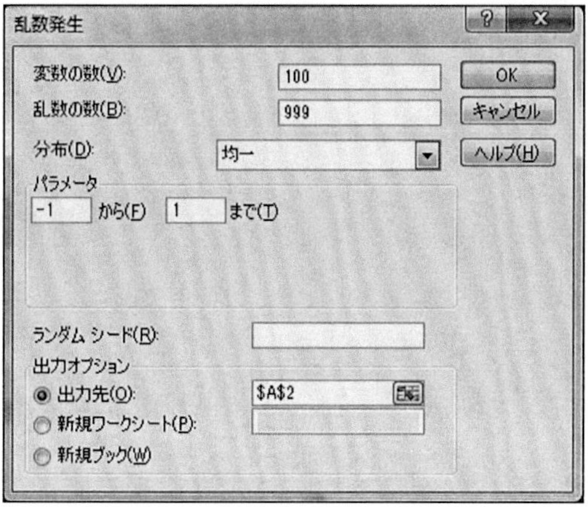

目的の確率変数の1個の実現値を得ることができました。後は，このような実現値を1,000個ほど作って，ヒストグラムを作成し，それが，標準正規確率変数の確率分布にほぼ等しいことを確認すれば良いわけです。

手順を示しましょう。A列2行目からCV列1000行までに，変種の赤鉛筆を100×999回転がした結果を入力します。右の設定で良いですね。

CW列，CX列1行にはそれぞれ，標本平均と標本分散が式としてすでに入っています。また，CY列1行には，確率変数

$$\frac{(\hat{\mu}-0)}{\sqrt{\frac{\hat{\sigma}^2}{n}}}$$

の実現値を計算する式が入っています。したがって，CW列1行からCY列1行をコピーして，その下の2行目から1000行目までに貼り付ければOKです。これで，CY列に，$\frac{(\hat{\mu}-0)}{\sqrt{\frac{\hat{\sigma}^2}{n}}}$の実現値が1,000個，現れたはずです。最後に，このCY列の1,000個のデータからヒストグラムを描いてみましょう。データ区間は，－3から3までを0.2きざみにして，CZ列1行から31行までに入力しておきます。次頁の設定で，ヒストグラムが描かれます。

さて，筆者のヒストグラムは以下のようになりました。

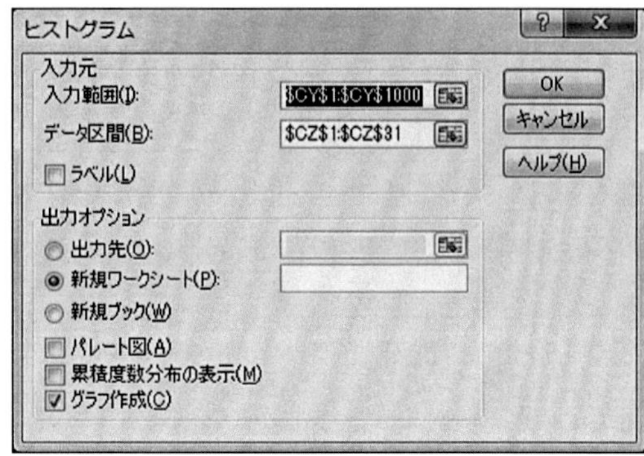

図 16－2　$\frac{(\hat{\mu}-0)}{\sqrt{\frac{\sigma^2}{100}}}$ の 1,000 個のデータのヒストグラム（変種の赤鉛筆）

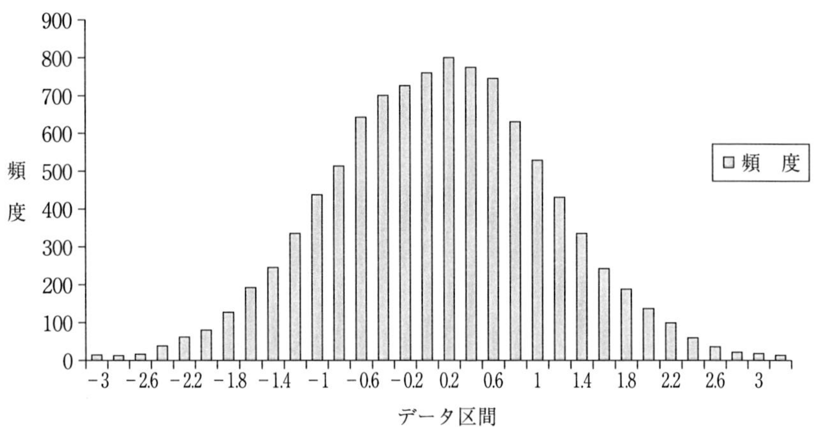

標準正規確率変数の確率分布に極めて近いことが一見してわかります。

本章のまとめ

○　範囲 0 ～ 1 の一様確率変数の平均 μ は 1/2 であり，分散 σ^2 は 1/12 である。

○　一様確率変数の平均μは標本平均で点推定できる。

○　一様確率変数の平均μは次の95%信頼区間で区間推定できる。

$$\left(\hat{\mu}-1.96\sqrt{\frac{\hat{\sigma}^2}{n}},\ \hat{\mu}+1.96\sqrt{\frac{\hat{\sigma}^2}{n}}\right)$$

○　一般に，平均μ，分散σ^2を持つ連続型確率変数がn個，独立に実現したとする。この時，nが十分に大きければ，μの95%信頼区間は次のようになる。

$$\left(\hat{\mu}-1.96\sqrt{\frac{\hat{\sigma}^2}{n}},\ \hat{\mu}+1.96\sqrt{\frac{\hat{\sigma}^2}{n}}\right)$$

問　題

問 1　(0,10) 区間の一様確率変数の，確率変数としての平均μの推定について考える。以下の設問に答えなさい。

1）円周が10である赤鉛筆を転がしたとき，頂点から0線までの距離をRとする。Rはどのような分布に従うか，言葉で書きなさい。

2）円周が10である赤鉛筆を50回，転がして，頂点から0線までの距離Rを50個得なさい。

3）2）のデータを用いて，(0,10) 区間の一様確率変数の確率変数としての平均μの95%信頼区間を求めなさい。

4）3）の95%信頼区間の求め方は，どのような確率変数が標準正規確率変数に従っているということを根拠にしているか，答えなさい。

シミュレーション用プログラム

```
#----------------------------------------------------------------
# 第16章
# 大標本法によるμの区間推定のシミュレーション
#    元の確率変数が①一様分布の場合と，②平均0.5，分散1/12の正規分布の場合で行う
#
#    daihyouhon_heikin_kukansuitei(2,' 一様分布 ') # データ数が小さいとボロボロ
#----------------------------------------------------------------
import pandas as pd
```

```
import numpy as np
from numpy.random import *
import matplotlib as mpl
import matplotlib.pyplot as plt

def daihyouhon_heikin_kukansuitei(n, bunpu):

    # (0,1) 区間の一様確率変数の平均と分散
    myu=1/2
    sigma2=1/12
    noexp=100000 # 平均，標本分散，χ 2 乗を何個作るか
    if bunpu==' 一様分布 ':
      itiyou=pd.DataFrame(np.random.rand(n*noexp).reshape(noexp,n) )
    elif bunpu==' 正規分布 ':
      itiyou=pd.DataFrame(normal(myu,np.sqrt(sigma2),n*noexp).reshape(noexp,n))
    else:
      print(' 分布間違ってますよ ')
      stop
    heikin=pd.DataFrame(itiyou.mean(1),columns=[' 標本平均 ']) # 標本平均を noexp だけ作成する
    bunsan=pd.DataFrame(itiyou.var(1),columns=[' 標本分散 ']) # 標本分散を noexp だけ作成する
    std_error=np.sqrt(bunsan/n) # 標本平均の標準誤差を計算する
    std_error=std_error.rename(columns={' 標本分散 ':' 標本平均の標準誤差 '})
    hidari=heikin[' 標本平均 ']-1.96*std_error[' 標本平均の標準誤差 ']
    migi=heikin[' 標本平均 ']+1.96*std_error[' 標本平均の標準誤差 ']
    c_interval=pd.DataFrame({' 下側信頼限界 ':hidari,' 上側信頼限界 ':migi})
    all=pd.concat([heikin,bunsan,std_error,c_interval],axis=1)
    all[' 元の確率変数 ']=itiyou.loc[:,0]
    all[' 標本平均の標準化 ']=(all[' 標本平均 ']-myu)/all[' 標本平均の標準誤差 ']

    # 信頼区間が myu を含むか否か
    hantei=(lambda x: ' 成功：myu を含んでいる ' if (myu>=x[' 下側信頼限界 ']) &
              (myu<=x[' 上側信頼限界 ']) else ' 失敗：myu を含んでいない ')
    all[ ' 信頼区間が myu を含むか否か ']=all.apply(hantei,axis=1)
    result=pd.crosstab(all[' 信頼区間が myu を含むか否か '],columns=' 実数 ')
    # 信頼区間が myu を含むか否かのクロス表

    figure=plt.figure(figsize=(8,5),tight_layout=True)
    axes_1 = plt.subplot2grid((2,2),(0,0))
    axes_2 = plt.subplot2grid((2,2),(1,0))
```

```
    axes_4 = plt.subplot2grid((2,2),(0,1),rowspan=2)

    # 元の確率変数のヒストグラム
    axes_1.hist(all['元の確率変数'].values, bins=100, alpha=0.3, histtype='stepfilled', color='r',label='X')
    axes_1.set_title('元の確率変数',loc='center',fontsize=24)
    axes_1.legend()

    # 標本平均の標準化されたもののヒストグラム
    kaikyu=[-4+(8/100)*i for i in range(100)]
    axes_2.hist(all['標本平均の標準化'].values, bins=kaikyu, alpha=0.3, histtype='stepfilled',
    color='b',label='男性')
    axes_2.set_title('標本平均の標準化されたもの¥n(n=%i)' %n,loc='center',fo ntsize=24)
    # 図タイトルの位置とサイズ
    str1='失敗：μを含んでいない：'+str(result.iloc[0,0])+'回'
    str2='成功：μを含んでいる　：'+str(result.iloc[1,0])+'回'
    axes_4.text(0.1, 0.8,str1 , size = 20, color = "red")
    axes_4.text(0.1, 0.6,str2 , size = 20, color = "blue")
     (axes_4.set_title('大標本法による信頼区間が¥n μを含んでいるか否か¥n(%d回の区間
     推定,n=%d)' %(noexp,n),loc='center',fontsize=15))
    axes_4.grid(False)
    axes_4.set_facecolor('w')
    axes_4.set_axis_off()
    plt.show()

daihyouhon_heikin_kukansuitei(2,'一様分布') # データ数が小さいとボロボロ
daihyouhon_heikin_kukansuitei(2,'正規分布') # データ数が小さいとボロボロ

daihyouhon_heikin_kukansuitei(30,'一様分布') # データ数が30になるともうほぼ理論どおり
daihyouhon_heikin_kukansuitei(30,'正規分布') # データ数が30になるともうほぼ理論どおり

daihyouhon_heikin_kukansuitei(100,'一様分布') # 完璧
daihyouhon_heikin_kukansuitei(100,'正規分布') # 完璧
```

17 連続型確率変数の平均μの検定（大標本法）

前章では連続型確率変数の平均μについての区間推定を考えました。本章では，連続型確率変数の平均μについての検定を考えてみます。ただし，連続型確率変数全般を考えると，無駄に難しくなるだけですので，連続型確率変数の代表選手として一様確率変数を題材として選ぶことにします。

これまで，一様確率変数は0から1までの任意の値を，同じ確からしさでとる確率変数であるとしてきました。しかしながら，一般には0から1という制限を設ける必要はなく，区間$[a, b]$の任意の値を，同じ確からしさでとる確率変数を一様確率変数と呼びます。このような確率変数の平均μはいくらになっているでしょうか？　恐らく，直感的に

$$\mu = (a + b)/2$$

となっていることがおわかりではないかと思います。そこで，またまた，友人にお願いして，区間$[0.1, 0.8]$の一様確率変数の実現値，すなわち一様乱数を100個作ってもらい，A列1行からCV列1行に100個保存してもらいましょう。ここで，重要なポイントは例によって，友人が使った$a = 0.1$，$b = 0.8$を知

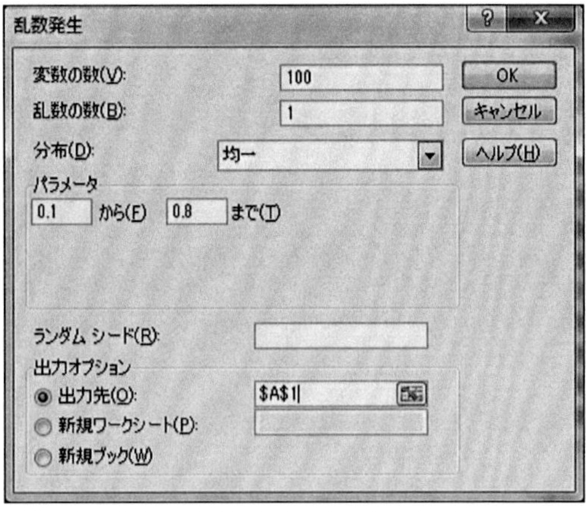

らされていないという点です。言うまでもないことですが，この乱数の作り方は前頁のように設定すればよろしい。

さて，読者は一様乱数といえば，[0, 1] 区間のそれをイメージするはずです。これまで，さんざん，円周が 1 の赤鉛筆を転がす実験をやってきましたからね。ところで，友人が作ってくれた乱数は [0, 1] 区間の一様確率変数の乱数でしょうか。それとも，それとは異なる区間の一様確率変数の乱数でしょうか。これに答えるためには，どのようにするべきでしょう？　もちろん，データの範囲を直接観察する方がわかる場合もあるでしょうが，ここでは平均μに着目した方法を考えてみます。もし，友人のデータが [0, 1] 区間の一様確率変数の実現値であれば，一様確率変数の確率変数としての平均μは 1/2 です。それに対して，もし，友人のデータが [0, 1] 区間とは異なる区間の一様確率変数である場合には，その平均μは 1/2 ではないはずです[1)]。したがって，次のような仮説検定を行えば良いことがわかります。

帰無仮説：$\mu = 1/2$
対立仮説：$\mu \neq 1/2$

あとは，友人の作ってくれたデータからの検定統計量をもとに，帰無仮説が正しいか，対立仮説が正しいかを判断することになります。では，この場合どのような検定統計量を使えば良いのでしょうか。

結論から言えば，利用する検定統計量は，μ_0を帰無仮説における，μの値として，以下のようになります。

$$\frac{\bar{x}-\mu_0}{\sqrt{\dfrac{\hat{\sigma}^2}{n}}} = \frac{\bar{x}-\dfrac{1}{2}}{\sqrt{\dfrac{\hat{\sigma}^2}{100}}}$$

また，この検定統計量は平均 0，分散 1 の標準正規分布に従うことを前章で，

1）ただし，友人の一様確率変数の平均は，$\mu = (a+b)/2 \neq 1/2$ であることを仮定しています。

すでに学習ずみです（ただし，サンプル数が30前後以上必要です。今の場合サンプル数は100ですから，この条件は満たしています）。このように，サンプル数が大きくて，検定統計量が正規分布に従っている事実を用いる検定を大標本法といいます。この事実を使えば，検定は次のような5つのステップから構成することができます。

<ステップ1　μに関する帰無仮説と対立仮説の設定>

帰無仮説：$\mu = 1/2$

対立仮説：$\mu \neq 1/2$

<ステップ2　μに関する帰無仮説が正しいときの検定統計量の分布の確認>

次の確率変数は

$$\frac{\bar{x}-\dfrac{1}{2}}{\sqrt{\dfrac{\hat{\sigma}^2}{100}}}$$

平均0，分散1の標準正規分布に従う。

<ステップ3　棄却域（検定統計量がこの領域に入ると帰無仮説を棄却する領域）の設定>

棄却域は以下のとおりになります。

$$\frac{\bar{x}-\dfrac{1}{2}}{\sqrt{\dfrac{\hat{\sigma}^2}{100}}}<-1.96 \quad \text{および} \quad \frac{\bar{x}-\dfrac{1}{2}}{\sqrt{\dfrac{\hat{\sigma}^2}{100}}}>1.96$$

同じことですが，前章でやったように棄却域は次のようにも表現されます。

$$\bar{x} < \frac{1}{2} - 1.96\sqrt{\frac{\hat{\sigma}^2}{100}} \quad および \quad \bar{x} > \frac{1}{2} + 1.96\sqrt{\frac{\hat{\sigma}^2}{100}}$$

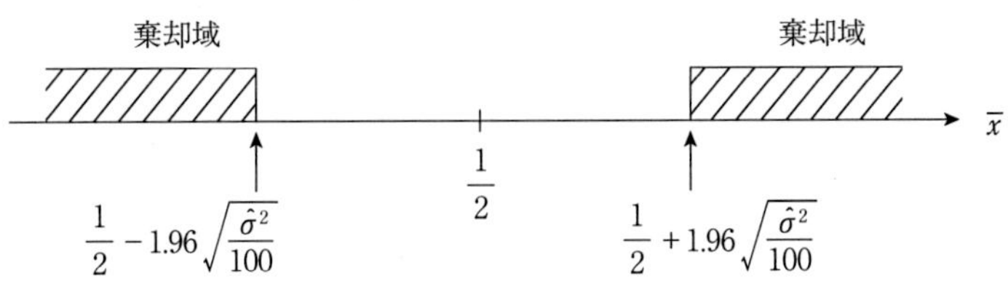

友人からもらったデータの標本平均が1/2から離れており，後者の表現の棄却域に含まれれば，$\mu = 1/2$という帰無仮説を捨てて，$\mu \neq 1/2$という対立仮説を採択するという自然な手続きになっていることが理解できるでしょう。

＜ステップ4　データから検定統計量の値を計算します（検定統計量の実現値の計算）＞

すなわち，$\dfrac{\bar{x} - \frac{1}{2}}{\sqrt{\frac{\hat{\sigma}^2}{100}}}$ ないし標本平均$\bar{x}$をデータから計算します。

＜ステップ5　検定統計量の実現値が棄却域に入っていれば帰無仮説棄却。そうでなければ帰無仮説受容＞

さて，冒頭で友人に100個のデータを作ってもらっていました。筆者の例では，この100個のデータの標本平均は0.4398，標本分散は0.046857でした。したがって，検定統計量は

$$\frac{\bar{x} - \frac{1}{2}}{\sqrt{\frac{\hat{\sigma}^2}{100}}} = \frac{0.4398 - \frac{1}{2}}{\sqrt{\frac{0.046857}{100}}} = -2.7801$$

となります。$-2.7801 < -1.96$ですから，これは，棄却域に入っていますね。したがって，帰無仮説$\mu = 1/2$は棄却され，μは1/2ではないという結論にな

ります。友人の使った一様乱数は，実は区間 0.1 から 0.8 のそれでしたから，友人の一様確率変数の確率変数としての平均は $(0.1 + 0.8)/2 = 0.45$ です。よって，我々は正しい結論に到達していることがわかります。

同じことですが，標本平均を検定統計量として，検定してみましょう。標本平均は 0.4398 でしたから，

$$0.4398 < \frac{1}{2} - 1.96\sqrt{\frac{\hat{\sigma}^2}{100}} = 0.4575$$

となります。よって，帰無仮説 $\mu = 1/2$ は棄却されます。当然ですが，先ほどと同じ検定結果になっていますね。

ここで，より現実的な問題を考えることにしましょう。2012 年度の北九州市立大学経済学部 2 年生 300 人が TOEIC を受験しました。その TOEIC スコアは標本平均が 495，標本分散が 2500 でした。経済学部では，2 年次生の TOEIC スコアの目標点を 500 に設定しています。一見すると，標本平均が 495 で，目標点が 500 ですから，目標を達成できていないという結論になりそうです。しかし，この結果は，単なる偶然かもしれません。つまり，経済学部 2 年次生の<u>真の TOEIC スコア μ</u> は 500 であるにもかかわらず，この試験ではたまたま 500 を下回っただけかもしれないのです。そこで，以下のような帰無仮説と対立仮説の検定が必要になるわけです。

帰無仮説：$\mu = 500$
対立仮説：$\mu \neq 500$ [2)]

TOEIC スコアは連続型確率変数の実現値とみなせるとしましょう。また，サンプル数は 300 ですから，本章の検定をそのまま使うことができます。検定統計量の実現値は

2）本問題では，対立仮説が $\mu > 500$ という形をとるのが自然です。これを片側検定といいます。しかしながら，片側検定は初心者にわかりづらいので，あえて，$\mu \neq 500$ としました。

$$\frac{\bar{x}-500}{\sqrt{\frac{2500}{300}}}=\frac{495-500}{\sqrt{\frac{2500}{300}}}=-1.7320$$

ですから，－1.7320＞－1.96となり，帰無仮説は棄却できません。すなわち，2012年度経済学部2年次生の真のTOEICスコアμは500に達していたとみなすことができるわけです。

なお，本章の検定は，平均値の検定として知られているもので，n個のデータのもととなっている確率変数の分布は連続的であれば，何でも良いのです。というのは，ここで使われる検定統計量は

$$\frac{\bar{x}-\mu}{\sqrt{\frac{\hat{\sigma}^2}{n}}}$$

であって，これが標準正規確率変数であることを使っているからです。そして，この検定統計量が標準正規確率変数であることはサンプル数nが30程度以上あれば保証されることが知られています。このことから，この平均値の検定は「大標本法による平均値の検定」とも呼ばれます。

エクセルで実験

繰り返しになりますが，本章の検定の核心は，連続型確率変数がn個，独立に実現したときに，次の量が

$$\frac{\bar{x}-\mu}{\sqrt{\frac{\hat{\sigma}^2}{n}}}$$

平均0，分散1の標準正規分布に従うことにあります。そして，この事実は前章でもエクセルを使って確認したところですね。そこで，本節では趣向を変えて，本章の検定方法が有意水準5％の検定になっていることを確かめることにしましょう。

有意水準5％の検定とは，帰無仮説が正しいにもかかわらず，誤って対立仮

説が正しいと判断する誤りを５％の確率で起こしてしまうというものでした（第１種の過誤の確率が５％）。そこで，[0,1] 区間の一様確率変数を用いて，その平均 μ についての検定を 1,000 回行い，そのうちの 50 回ほどを間違えるということを確かめることにしましょう。言うまでもないことですが，

帰無仮説：$\mu = 1/2$
対立仮説：$\mu \neq 1/2$

であり，データは帰無仮説が正しい時のそれでなければなりませんから，[0,1] 区間の一様乱数を使うことになります。以下，詳しい手順を示しましょう。

まず，0，1 区間の一様乱数を A 列 1 行から CV 列 1 行に 100 個発生させましょう。設定は，次のとおりですね。

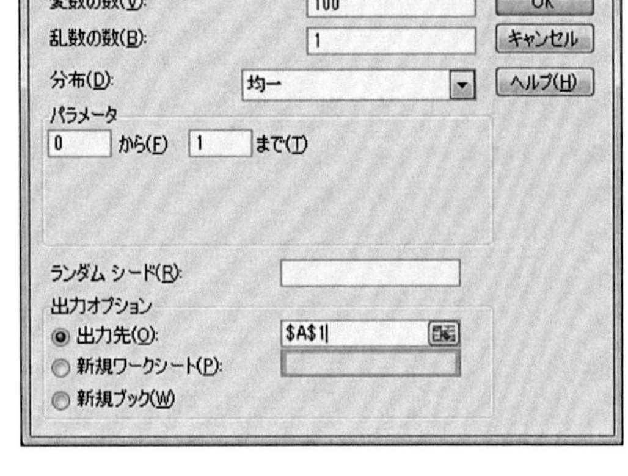

この 100 個のデータをもとにして，帰無仮説 $\mu = 1/2$ が正しいか否かを判定するわけです。検定統計量を計算するための準備として，標本平均を CW 列 1 行に，標本標準偏差を CX 列 1 行にあらかじめ計算しておきます。それぞれ，以下のような式を入力するのでした。

=AVERAGE(A1:CV1)
=STDEV.S(A1:CV1)

いよいよ，検定統計量

$$\frac{\bar{x} - \frac{1}{2}}{\sqrt{\frac{\hat{\sigma}^2}{100}}}$$

をCY列1行に計算しましょう。同セルに次のような式を入力します。

=(CW1-1/2)/SQRT(CX1^2/100)

この検定統計量の値が－1.96より小さいか，1.96よりも大きい場合，帰無仮説が棄却され，対立仮説が受容されます。それ以外の場合は帰無仮説が受容されることになります。そこで，このような結果がCZ列1行に得られるように式を書いてみましょう。今度は若干，式が複雑になって，次のようになります。

=IF(OR(CY1<-1.96,CY1>1.96),"対立仮説","帰無仮説")

ここで，「OR(CY1<-1.96,CY1>1.96)」は「セルCY1の値が－1.96よりも小さいか，1.96よりも大きい」ということを表します。これが正しい場合（検定統計量は棄却域に入っている）には，同セルに「"対立仮説"」が自動的に現れ，誤っている場合（検定統計量は棄却域に入っていない）には「"帰無仮説"」が現れます。さて，読者のCZ列1行の値はどうなったでしょうか。帰無仮説となったでしょうか。対立仮説となったでしょうか。

ところで，読者は1行にある100個のデータが平均$\mu = 1/2$の確率変数の実現値だと知っています。仮に，読者の検定結果が「対立仮説」になっているとしたら，その結論は誤りであることになります。このように，この検定では，帰無仮説が正しいにもかかわらず，誤って対立仮説が正しいと判断することが当然あるのです。ポイントはこの確率が5%とあらかじめ明示されていることが重要なのです。そして，このような検定を「有意水準5%の検定」というのでした。実際に，有意水準が5%であることを確認してみましょう。そのためには，今行った検定を1,000回ほど繰り返してそのうちの5%，約50回ほどが誤った判定になることを確かめれば良いわけです。

そこで，まず，0，1区間の一様乱数を横に100個得るという操作を1,000回行うことにしましょう。次頁のように設定します。

CW列，CX列，CY列1行にはそれぞれ，標本平均，標本標準偏差，検定統計量の値が式として入っており，CZ列1行には1行のデータを使った検定

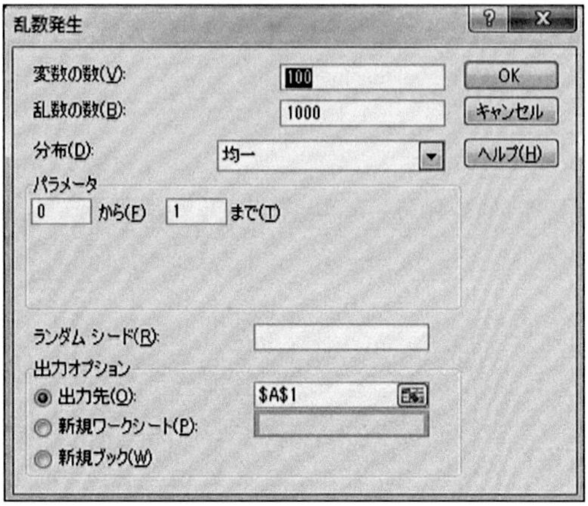

結果が入るような式がすでに入力されています。したがって，これらの4つのセルの式をコピーして，その下の999行に貼り付ければ良いことになります。実際にそれをやってみてください。

さて，これで，CZ列には1,000回の検定の結果が得られているはずです。この中に50回ほど誤って対立仮説と判定したものがあれば，有意水準5％の検定であることの証拠となるでしょう。そこで，最後にCZ列に「対立仮説」と表示されているセルの数を数えて，DA列1行にその結果が得られるようにしましょう。同セルに次のように入力します。

=COUNTIF(CZ1:CZ1000,"対立仮説")

筆者の結果は，54回となり，ほぼ50回の誤りがあったことが確認されました。めでたしめでたしです。

本章のまとめ

μ に関する仮説検定（大標本法）は次の5つのステップからなる。ただし，サンプル数 n は大きいものとし，データは，平均 μ，分散 σ^2 の確率変数（正規確率変数に限らない！）が独立に n 個実現したものとする。

1　μ に関する帰無仮説と対立仮説の設定。

　帰無仮説：$\mu = \mu_0$，対立仮説：$\mu \neq \mu_0$

2 μに関する帰無仮説が正しいときの検定統計量の分布の確認。

$$\frac{\bar{x}-\mu_0}{\sqrt{\dfrac{\hat{\sigma}^2}{n}}} \sim \mathrm{N}(0,1)$$ [3)]

ただし，$\bar{x}$，$\hat{\sigma}^2$はそれぞれ，標本平均と標本分散である。

3 棄却域（検定統計量がこの領域に入ると帰無仮説を棄却する領域）の設定。

$$\frac{(\bar{x}-\mu_0)}{\sqrt{\dfrac{\hat{\sigma}^2}{n}}}<-1.96 \text{ もしくは } \frac{(\bar{x}-\mu_0)}{\sqrt{\dfrac{\hat{\sigma}^2}{n}}}>1.96$$

4 データから検定統計量の値を計算する（検定統計量の実現値の計算）。

データを使って，$\dfrac{(\bar{x}-\mu_0)}{\sqrt{\dfrac{\hat{\sigma}^2}{n}}}$ を計算する。

5 検定統計量の実現値が棄却域に入っていれば帰無仮説棄却。そうでなければ帰無仮説受容。

問　題

問1 ウォーキングメジャーはA地点からB地点までの道路の距離を測るのに用いられる道具である。新品のウォーキングメジャーの車輪の円周は1メートルであるとする。ただし，実際に新品のウォーキングメジャーで車輪を1回転させたときの距離は，確率的に変動して，その分散は0.01メートルである。今，数年間使用したウォーキングメジャーを用いて，42.195kmであるマラソンコースを測定したところ，車輪が42,100回転した。このウォーキングメジャーの円周は現在でも1mであると言えるか，検定しなさい。（ヒント：n=42,100，標本分散は0.01を用いる。）

問2 一様確率変数の平均の検定において，第2種の過誤の確率を求めるために以下の設問に答えなさい。

3）～N(0，1）は確率変数が平均0，分散1の正規確率分布に従うという意味です。この場合の「N」はNormal distribution＝正規分布を表わします。

1）sheet1 の 1 行目に (0,1.2) 区間の一様乱数を 100 個発生させなさい。
2）1）のデータを用いて，一様乱数の平均 μ =0.5 という帰無仮説を検定しなさい。ただし，検定統計量の値を CW1 セルに計算し，CX1 セルに，帰無仮説棄却なら 0，帰無仮説受容なら 1 となる式を入れなさい。
3）1）と 2）を 1,000 回，繰り返すことによって，第 2 種の過誤が何回起こったか数えなさい。

シミュレーション用プログラム

```
#-------------------------------------------------------------------------------
# 第 17 章
# 大標本法による μ の検定のシミュレーション
#   元の確率変数が①一様分布の場合と，②平均 0.5，分散 1/12 の正規分布の場合で行う
#
#   検定回数 :10 万回
#
#   検定統計量は以下のとおり。
#
#       z=( 標本平均 -myu)/( 標本平均の標準誤差 )

#  棄却域は，-1.96 より小さいか 1.96 より大きい。
#
#  daihyouhon_heikin_kentei(2,' 一様分布 ') # データ数が小さいとボロボロ
#-------------------------------------------------------------------------------
import pandas as pd
import numpy as np
from numpy.random import *

import matplotlib as mpl
import matplotlib.pyplot as plt

def daihyouhon_heikin_kentei(n,bunpu):

    # 検定を何回行うか
    noexp=100000
    # (0,1) 区間の一様確率変数の平均と分散
    myu=1/2
    sigma2=1/12
    if bunpu==' 一様分布 ':
        # 一様確率変数を (n*noexp) 回，ころがして，noexp 行，n 列の行列に記録する
        itiyou=pd.DataFrame(np.random.rand(n*noexp).reshape(noexp,n) )
    elif bunpu==' 正規分布 ':
        # 平均 myu，分散 1/12 の正規乱数を n*noexp だけ作る
        itiyou=pd.DataFrame(normal(myu,np.sqrt(sigma2),n*noexp).reshape(noexp,n))
    else:
```

```
        print('分布間違ってますよ')
        stop
    # 帰無仮説における μ の値 ( 以下の設定では，帰無仮説が真の世界と一致している )
    myu0=myu
    heikin=pd.DataFrame(itiyou.mean(1),columns=['標本平均'])
    bunsan=pd.DataFrame(itiyou.var(1),columns=['標本分散'])
    std_error=np.sqrt(bunsan.rename(columns={'標本分散':'標本平均の標準誤差'})/n)
    hidari=-1.96
    migi=1.96
    all=pd.concat([heikin,bunsan,std_error],axis=1)
    all['元の確率変数']=itiyou.loc[:,0]
    z_henkan = lambda x: (x['標本平均']-myu0)/x['標本平均の標準誤差']
    all['z']=all.apply(z_henkan,axis=1)
    kentei=lambda x: '帰無仮説棄却' if (x['z'] < hidari or x['z'] > migi) else '帰無仮説受容'
    all['検定結果']=all.apply(kentei,axis=1)

    # 検定結果のクロス表
    result=pd.crosstab(all['検定結果'],columns='実数')

    figure=plt.figure(figsize=(8,5),tight_layout=True)
    axes_1 = figure.add_subplot(2,2,1)
    axes_2 = figure.add_subplot(2,2,2)
    axes_3 = figure.add_subplot(2,2,3)
    axes_4 = figure.add_subplot(2,2,4)
    axes_1.hist(all['元の確率変数'].values, bins=100, alpha=0.3, histtype='stepfilled', color='r',label='X')
    axes_1.set_title('元の確率変数',loc='center',fontsize=24)
    axes_1.legend()
    axes_2.hist(all['標本平均'].values, bins=100, alpha=0.3, histtype='stepfilled',
    color='b',label='X_bar')
    axes_2.set_title('標本平均¥n(n=%i)' %n,loc='center',fontsize=24) # 図タイトルの位置とサイズ
    axes_2.legend()
    kaikyu=[-4+(8/100)*i for i in range(100)]
    axes_3.hist(all['z'].values, bins=kaikyu, alpha=0.3, histtype='stepfilled', color='g',label='z')
    axes_3.set_title('z ¥n(n=%i)' %n,loc='center',fontsize=24) # 図タイトルの位置とサイズ
    axes_3.legend()
    str1='帰無仮説受容：  '+str(result.iloc[0,0])+'回'
    str2='帰無仮説棄却：   '+str(result.iloc[1,0])+'回'
    axes_4.text(0.1, 0.8,str1 , size = 20, color = "red")
    axes_4.text(0.1, 0.6,str2 , size = 20, color = "blue")
    axes_4.set_title('検定結果（大標本法）¥n(%d 回検定を行った ,n=%d)' %(noexp,n),
    loc='center',fontsize=24)
    #axes_4.set_xlabel('XXX')
    axes_4.grid(False)
    axes_4.set_facecolor('w')
    axes_4.set_axis_off()
    plt.show()
daihyouhon_heikin_kentei(2,'一様分布') # データ数が小さいとボロボロ
```

```
daihyouhon_heikin_kentei(2,'正規分布') # データ数が小さいとボロボロ
daihyouhon_heikin_kentei(30,'一様分布') # データ数が30になるともうほぼ理論どおり
daihyouhon_heikin_kentei(30,'正規分布') # データ数が30になるともうほぼ理論どおり
daihyouhon_heikin_kentei(100,'一様分布') # 完璧
daihyouhon_heikin_kentei(100,'正規分布') # 完璧
```

18 正規確率変数の平均μの区間推定（小標本法）

前の2つの章では，[0, 1] 区間の一様乱数を 100 個作ってもらい，μ に関する区間推定と検定を考えました。そこで学んだ手法はサンプル数 n が大きいという条件が決定的に効いていることにお気づきだと思います。すなわち，以下の量が

$$\frac{(\hat{\mu}-\mu)}{\sqrt{\frac{\hat{\sigma}^2}{n}}}$$

標準正規確率変数になっていることが，μ の区間推定と検定の基礎になっているのでした。そして，この性質が成り立つためには，n がある程度大きいという条件だけが必要で，n 個のデータがどのような確率分布に従っていても良いのです[1)]。

ところで，実際の場面では，n が小さいということはざらにあります。したがって，そのような場面では，上記のような方法，大標本法は使うことができません。ところが，世の中はうまくできたもので，n が小さい場面において，データが正規確率変数の実現値であるとみなされる場合は多いのです。データが正規確率変数の実現値であるとみなされるのであれば（同じことですが，データが正規確率分布に従っているのであれば），n が小さくとも，これから述べる方法で，μ の区間推定ができるようになります。本章では，その手法について学習しましょう。

まず，2つの確率変数，X_1，X_2 が独立に，平均 0，分散 1 の正規分布に従っ

1）ただし，もとの確率変数は確率変数としての平均と分散を持っていなければなりません。

ていると仮定しましょう。そして，この2つの確率変数が実現して，2個のデータになったとします。この2個のデータから次の量を計算します。

$$\frac{(\hat{\mu}-\mu)}{\sqrt{\frac{\hat{\sigma}^2}{n}}}$$

この時，この量はどのような確率分布に従っているのでしょうか。言うまでもないことですが$\hat{\mu}$，$\hat{\sigma}^2$はそれぞれ標本平均と標本分散で，この場合，以下のように定義されています。

$$\hat{\mu}=\frac{X_1+X_2}{2}$$

$$\hat{\sigma}^2=\frac{(X_1-\hat{\mu})^2+(X_2-\hat{\mu})^2}{2-1}$$

早速，確かめてみましょう。

とりあえず，A列1行とB列1行に平均0，分散1の正規乱数を作ります。さらに，C列1行に，標本平均，D列1行に標本標準偏差を計算しましょう。それぞれ次のような式を書けばよろしい。

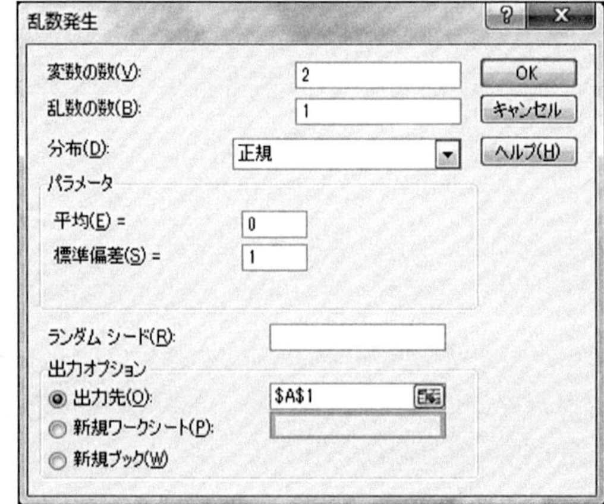

=AVERAGE(A1:B1)
=STDEV.S(A1:B1)

そして，$\frac{(\hat{\mu}-\mu)}{\sqrt{\frac{\hat{\sigma}^2}{n}}}$の実現値を1個，E列1行に求めます。同セルに次のような式を入力します。μは0であることに注意してください。

=(C1-0)/SQRT(D1^2/2)

あとは，このような実現値を1,000個作ってヒストグラムを描けば，$\dfrac{(\hat{\mu}-\mu)}{\sqrt{\dfrac{\hat{\sigma}^2}{n}}}$の確率分布がわかるのでした。具体的には，右のように設定して，標本数2個のデータを1,000回分，取得します。C列，D列，E列各1行にはそれぞれ，標本平均，標本標準偏差，$\dfrac{(\hat{\mu}-\mu)}{\sqrt{\dfrac{\hat{\sigma}^2}{n}}}$の実現値が式として入っていますから，これらをコピーして，後に続く999行に貼り付ければよろしい。これで，E列に$\dfrac{(\hat{\mu}-\mu)}{\sqrt{\dfrac{\hat{\sigma}^2}{n}}}$の実現値が1,000個手に入ったことになります。さて，この1,000個のデータからヒストグラムを描いてみます。ひょっとすると，標準正規分布になっているかもしれないので，データ区間として，G列1行から下に向かって，－3から0.5きざみで3まであらかじめ用意しておきましょう。そして，このデータ区間を用いて次のように設定してヒストグラムを描きます。

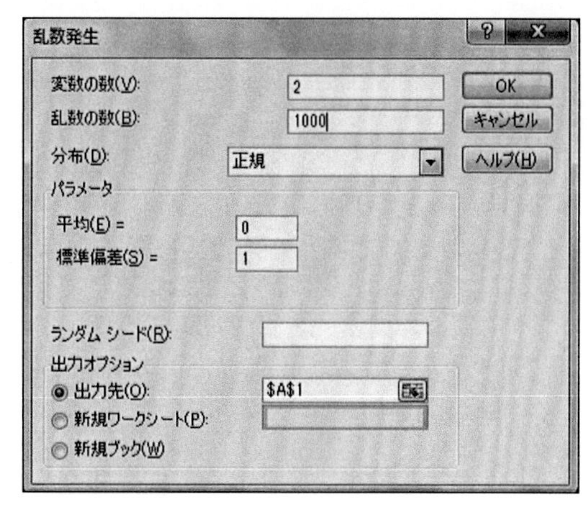

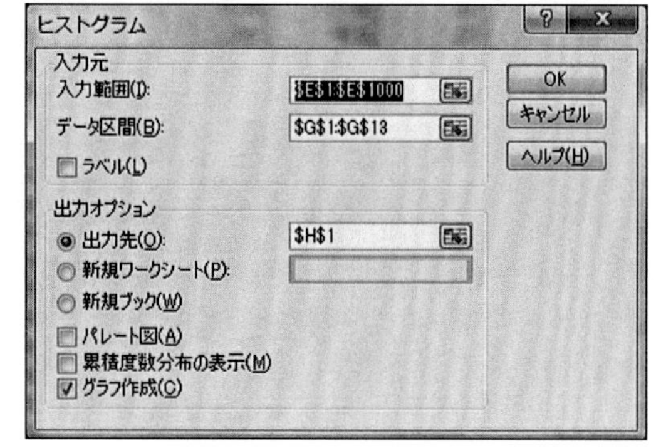

すると，次頁のようなヒストグラムが描かれました。

これは，一見，標準正規分布と同じものと思えますね。しかし，よく見る

図 18－1 $\dfrac{(\hat{\mu}-\mu)}{\sqrt{\dfrac{\hat{\sigma}^2}{n}}}$ のヒストグラム

（独立な２個の標準正規確率変数の場合）

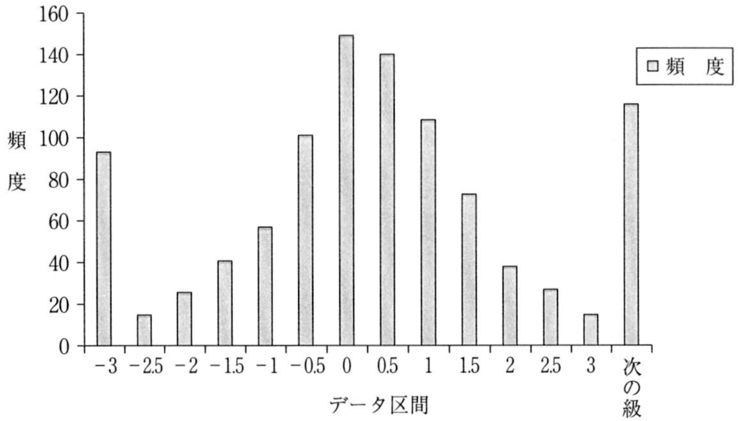

と－３以下になる頻度と３以上になる頻度が多いために，ヒストグラムの棒が両脇で高くそびえ立っています。このような性質は標準正規分布では見られないことでした。結論から言えば，この分布は標準正規分布ではありません。この分布は，これまで学習してこなかった自由度１のｔ分布と言われるものになっているのです。ちなみに，この自由度というものはデータ数 n から１を引いたものになっていることが知られています。今の例では，$n=2$ ですから自由度は２－１＝１ですね。ｔ分布は０を中心とした左右対称の分布であることが知られています。

さて，自由度１のｔ分布の性質を調べてみましょう。Ｅ列にある 1,000 個の $\dfrac{(\hat{\mu}-\mu)}{\sqrt{\dfrac{\hat{\sigma}^2}{n}}}$ の実現値の中で，12.706 より大きい場合の数を数えて，Ｆ列１行に入力しましょう。同セルに次式を入れます。

```
=COUNTIF(E1:E1000,">12.706")
```

同様にして，E列の1,000個のデータの中で，－12.706より小さくなっている場合の数をF列2行に入れましょう。同セルに以下のように式を入れます。

```
=COUNTIF(E1:E1000,"<-12.706")
```

筆者の場合，前者が18回，後者が24回となりました。併せて，42回です。全体が1,000回ですから，約5％が12.706より大きいか，ないしは－12.706より小さくなっていることがおわかりかと思います。実際，自由度が1のt分布は12.706より大きいか，あるいは－12.706より小さくなる確率が5％であることが証明されているのです。つまり，±12.706は自由度が1のt分布において，左右2.5％を切り取る点であることになります。

ところで，t分布において，左右2.5％を切り取る点は自由度が異なると，違った値になります。このことに注意してください。データ数nが大きくなると$\dfrac{(\hat{\mu}-\mu)}{\sqrt{\dfrac{\hat{\sigma}^2}{n}}}$は標準正規分布に従うことは，すでに学習済みですから，t分布において，左右2.5％を切り取る点は，直感的には，1.96に近づいていくことがおわかりだと思います。

また，エクセルを用いると，自由度が与えられれば，t分布の左右2.5％を切り取る点も簡単に求めることができます。それには，関数

```
=TINV(0.05,1)
```

を使います。引数の0.05は左右あわせて5％を切り取る点を探すことを示し，引数の1は自由度を示しています。適当なセルにこの関数を入れて確認してください。

今，もとのデータは$\mu=0$の正規確率分布にしたがっていることがわかっているわけですが，あえて，ここで，μの95％信頼区間の作り方を考えてみましょう。これまでにわかっていることは

$$\frac{(\hat{\mu}-\mu)}{\sqrt{\dfrac{\hat{\sigma}^2}{n}}}$$

が 12.706 より大きいか－ 12.706 より小さくなる確率が 5 ％であることです。換言すれば，この量が 12.706 以下かつ－ 12.706 以上になる確率が 95％であるということになります。式で書くと

$$\Pr\left\{-12.706 < \frac{(\hat{\mu}-\mu)}{\sqrt{\frac{\hat{\sigma}^2}{n}}} < 12.706\right\} = 0.95$$

ですね。ここで，Pr は「確率」の意味です。括弧の中を変形すると

$$\Pr\left\{\hat{\mu}-12.706\sqrt{\frac{\hat{\sigma}^2}{n}} < \mu < \hat{\mu}+12.706\sqrt{\frac{\hat{\sigma}^2}{n}}\right\} = 0.95$$

となります。これは 95％の確率で μ が区間 $\left(\hat{\mu}-12.706\sqrt{\frac{\hat{\sigma}^2}{n}},\ \hat{\mu}+12.706\sqrt{\frac{\hat{\sigma}^2}{n}}\right)$ の中に実現することを意味しています。これは，とりもなおさず，この区間が μ の 95％信頼区間になっていることを意味しています。

最後に，この公式を使って，μ に関する 95％信頼区間を作ってみましょう。まず，友人に平均 μ，分散 σ^2 の正規乱数を 10 個 A 列 1 行から J 列 1 行に作ってもらいましょう。この時点で，友人の μ を教えてもらわないことがみそです。この 10 個のデータから友人の μ の 95％信頼区間を作りましょう。K 列 1 行に標本平均を，L 列 1 行に標本標準偏差を計算します（=AVERAGE(A1:J1), =STDEV.S(A1:J1)）。そして，M 列 1 行に 95％信頼区間の左端を計算します。式は次のようになります。

```
=K1-TINV(0.05,9)*SQRT(L1^2/10)
```

同様にして，N 行 1 列に 95％信頼区間の右端を計算します。式は以下のとおり。

```
=K1+TINV(0.05,9)*SQRT(L1^2/10)
```

読者の作った 95％信頼区間は友人の μ を含んでいるでしょうか。各自，確認してみてください。

エクセルで実験

平均10，分散1の互いに独立な正規確率変数 X_1，X_2，X_3 の実現値からなる3個のデータがあるとします。この3個のデータから，次のような量を計算します。

$$\frac{(\hat{\mu}-\mu)}{\sqrt{\frac{\hat{\sigma}^2}{n}}}$$

ただし，

$$\hat{\mu}=\frac{X_1+X_2+X_3}{3}$$

$$\hat{\sigma}^2=\frac{(X_1-\hat{\mu})^2+(X_2-\hat{\mu})^2+(X_3-\hat{\mu})^2}{3-1}$$

です。本章で述べたように，この量は自由度が $2=3-1$ の t 分布に従っているはずです。このことを確かめてみましょう。

まず，A列1行，B列1行，C列1行に平均10，分散1の正規乱数を作ります。設定は次のとおりですね。

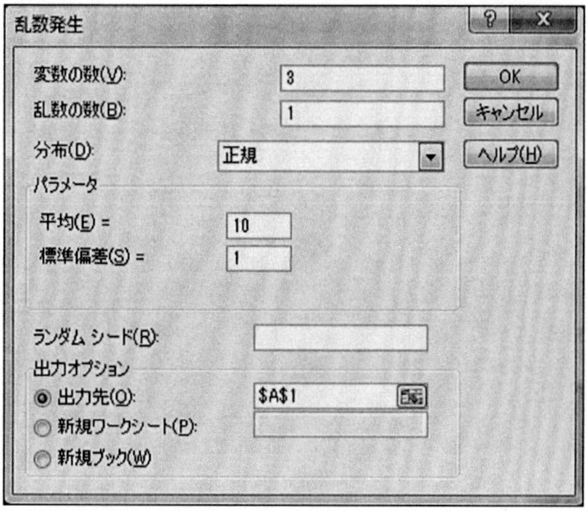

さらに，D列1行に，標本平均，E列1行に標本標準偏差を計算しましょう。それぞれ次のような式になります。

=AVERAGE(A1:C1)
=STDEV.S(A1:C1)

最後に，$\frac{(\hat{\mu}-\mu)}{\sqrt{\frac{\hat{\sigma}^2}{n}}}$ の実現値を1個，F列1行に求めます。

同セルに次のような式を入力します。ここでは，μ は 10 であることに注意してください。

=(D1-10)/SQRT(E1^2/3)

このような値を 1,000 個作ってヒストグラムを描けば，$\dfrac{(\hat{\mu}-\mu)}{\sqrt{\dfrac{\hat{\sigma}^2}{n}}}$ の確率分布がおよそ推定できるのでしたね。作業を続けてみましょう。まず，残りの 999 回分のデータを作ります。設定は以下のとおりです。

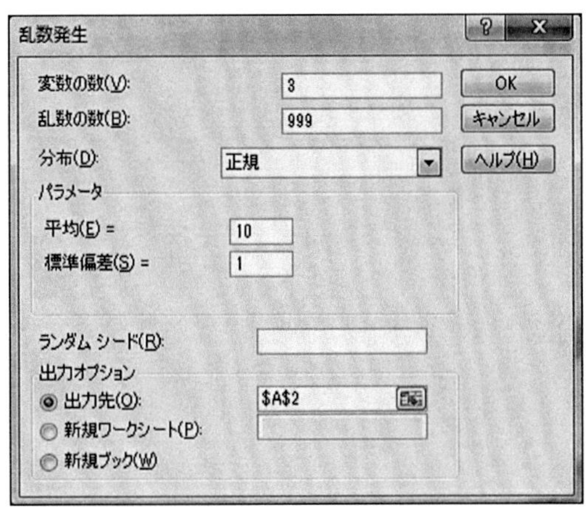

また，D 列，E 列，F 列各 1 行にはそれぞれ，標本平均，標本標準偏差，$\dfrac{(\hat{\mu}-\mu)}{\sqrt{\dfrac{\hat{\sigma}^2}{n}}}$ の実現値が式として入っていますから，これらをコピーして，後に続く 999 行に貼り付ければよろしい。これで，F 列に $\dfrac{(\hat{\mu}-\mu)}{\sqrt{\dfrac{\hat{\sigma}^2}{n}}}$ の実現値が 1,000 個手に入ったことになります。

さて，この 1,000 個のデータからヒストグラムを描いてみます。このヒストグラムは自由度 2 の t 分布に近い形をしているはずですね。そこで，自由度 2 の t 分布で，左右 2.5% を切り取る点を求めてみましょう。以下の式を，H 列 1 行に入れます。

=-TINV(0.05,2)

いかがですか？　－ 4.302 になっていますか？

データ区間としては，この － 4.302 を基点として 0.8604 きざみで，4.302 までとしましょう。これを H 列 1 行から 11 行までに入れておきます。最後に，

F列のデータをもとにしてヒストグラムを描いてみます。設定は，以下のようになります。

筆者の例では，以下のようなヒストグラムが描かれました。裾の広いt分布の特徴が良く出ていることがわかると思います。

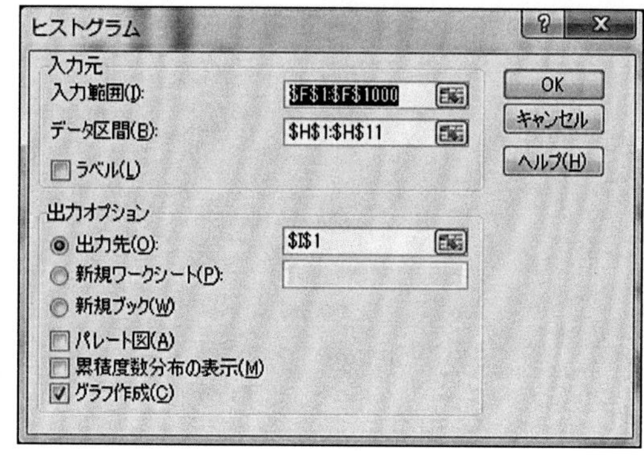

図18－2　$\dfrac{(\hat{\mu}-\mu)}{\sqrt{\dfrac{\hat{\sigma}^2}{n}}}$ のヒストグラム

（独立な3個の正規確率変数の場合）

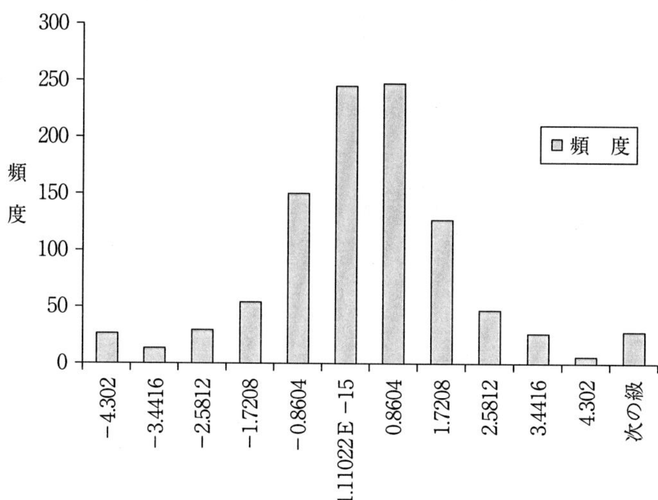

本章のまとめ

○ 平均μ，分散σ^2の正規確率変数がn個独立に実現したとする。このn個のデータから次の量を作ると，それは，自由度$n-1$のt分布に従う確率変数となる。ただし，$\hat{\mu}$は標本平均，$\hat{\sigma}^2$は標本分散である。

$$\frac{(\hat{\mu}-\mu)}{\sqrt{\frac{\hat{\sigma}^2}{n}}}$$

○ 自由度$n-1$のt分布は0を中心とした左右対称の分布で，両裾あわせて5％を切り取る点はエクセル関数を使って，tinv(0.05, $n-1$)で計算することができる。

○ したがって，μに関する95％信頼区間は次のようになる。

$$\left(\hat{\mu}-\mathrm{tinv}(0.05, n-1)\sqrt{\frac{\hat{\sigma}^2}{n}}, \hat{\mu}+\mathrm{tinv}(0.05, n-1)\sqrt{\frac{\hat{\sigma}^2}{n}}\right)$$

問　題

問 1　小標本法は，小標本でも推定，検定ができるようにするために，元の確率変数が正規確率変数であるという強い仮定を導入している。そこで，元の確率変数が正規確率変数ではない場合に，どのようになるのかを以下の手順で探ってみよう。

1）(-1,1) 区間の一様分布に従う確率変数の独立な2個の標本から以下のような量を作った。この量の確率分布を，ヒストグラムを用いて近似しなさい。ただし，$\hat{\mu}$は標本平均, $\hat{\sigma}^2$は標本分散である。

$$\frac{\hat{\mu}-0}{\sqrt{\frac{\hat{\sigma}^2}{2}}}$$

2）平均10，分散1の正規確率変数の独立な2個の標本から，以下のような量を作った。この量の確率分布を，ヒストグラムを用いて近似しなさい。ただし，$\hat{\mu}$は標本平均, $\hat{\sigma}^2$は標本分散である。

$$\frac{\hat{\mu}-10}{\sqrt{\frac{\hat{\sigma}^2}{2}}}$$

3）1）と2）のヒストグラムを比較し，その相違点について述べなさい。

シミュレーション用プログラム

```
#------------------------------------------------------------------------------
# 第 18 章
# 小標本法による μ の区間推定のシミュレーション
#    元の確率変数は②平均 0.5，分散 1/12 の正規分布の場合で行う
#
#    daihyouhon_heikin_kukansuitei(2,' 正規分布 ') # サンプルサイズが小さくともいける
#
#    daihyouhon_heikin_kukansuitei(3,' 正規分布 ') # サンプルサイズが小さくともいける
#
#    daihyouhon_heikin_kukansuitei(100,' 正規分布 ') # サンプルサイズが大きくなると t 分布
                                                  # による検定と
#                                                 # 大標本法による検定はほぼ同じ
#------------------------------------------------------------------------------
import pandas as pd
import numpy as np
from numpy.random import *
import matplotlib as mpl
import matplotlib.pyplot as plt

def daihyouhon_heikin_kukansuitei(n, bunpu):
    myu=1/2
    sigma2=1/12
    noexp=100000
    if bunpu==' 一様分布 ':
        # 一様確率変数を (n*noexp) 回，ころがして，noexp 行，n 列の行列に記録する
        itiyou=pd.DataFrame(np.random.rand(n*noexp).reshape(noexp,n) )
    elif bunpu==' 正規分布 ':
        # 平均 myu，分散 1/12 の正規乱数を n*noexp だけ作る
        itiyou=pd.DataFrame(normal(myu,np.sqrt(sigma2),n*noexp).reshape(noexp,n))
    else:
        print(' 分布間違ってますよ ')
        stop
    heikin=pd.DataFrame(itiyou.mean(1),columns=[' 標本平均 '])
    bunsan=pd.DataFrame(itiyou.var(1),columns=[' 標本分散 '])
    std_error=np.sqrt(bunsan/n)
    std_error=std_error.rename(columns={' 標本分散 ':' 標本平均の標準誤差 '})
    t0=stats.t.ppf(q=0.975, df=n-1)
    hidari=heikin[' 標本平均 ']-t0*std_error[' 標本平均の標準誤差 ']
    migi=heikin[' 標本平均 ']+t0*std_error[' 標本平均の標準誤差 ']
    c_interval=pd.DataFrame({' 下側信頼限界 ':hidari,' 上側信頼限界 ':migi})
    all=pd.concat([heikin,bunsan,std_error,c_interval],axis=1)
    all[' 元の確率変数 ']=itiyou.loc[:,0]
    all[' 標本平均の標準化 ']=(all[' 標本平均 ']-myu)/all[' 標本平均の標準誤差 ']
    estimate=(lambda x: ' 成功：myu を含んでいる ' if (myu>=x[' 下側信頼限界 '])&
    (myu<=x[' 上側信頼限界 '])
```

```
                                    else ' 失敗：myu を含んでいない ')
all=all.assign( y=all.apply(estimate,axis=1)).rename
(columns={'y':' 信頼区間が myu を含むか否か '})
result=pd.crosstab(all[' 信頼区間が myu を含むか否か '],columns=' 実数 ')

# グラフ全体のフォント指定
fsz=20                 # 図全体のフォントサイズ
fti=np.floor(fsz*1.2)  # 図タイトルのフォントサイズ
flg=np.floor(fsz*0.5)  # 凡例のフォントサイズ
flgti=flg              # 凡例のタイトルのフォントサイズ

plt.rcParams["font.size"] = fsz # 図全体のフォントサイズ指定
plt.rcParams['font.family'] ='IPAexGothic' # 図全体のフォント

# グラフの配置設定
figure = plt.figure()
gs_master = GridSpec(nrows=2, ncols=2, height_ratios=[1, 1],hspace=0.5)
#hspace でスペース作成

gs_1 = GridSpecFromSubplotSpec(nrows=1, ncols=1,subplot_spec=gs_master[0:1, 0])
#gs_master で描画位置設定
axes_1 = figure.add_subplot(gs_1[:, :])

gs_2 = GridSpecFromSubplotSpec(nrows=1, ncols=1, subplot_spec=gs_master[1:2, 0])
axes_2 = figure.add_subplot(gs_2[:, :])

gs_4 = GridSpecFromSubplotSpec(nrows=3, ncols=1, subplot_spec=gs_master[0:2, 1])
axes_4 = figure.add_subplot(gs_4[:, :])

axes_1.hist(all[' 元の確率変数 '].values, bins=100, alpha=0.3, histtype='stepfilled', color='r',label='X')
axes_1.set_title(' 元の確率変数 ',loc='center',fontsize=fti)
axes_1.legend()
kaikyu=[-4+(8/100)*i for i in range(100)]
axes_2.hist(all[' 標本平均の標準化 '].values, bins=kaikyu, alpha=0.3, histtype='stepfilled',
color='b',label=' 男性 ')
axes_2.set_title(' 標本平均の標準化されたもの¥n( 実は自由度 (n-1) の t 分布と判明　n=%i)'
%n,loc='center',fontsize=20)
str1=' 失敗：μを含んでいない：'+str(result.iloc[0,0])+' 回 '
str2=' 成功：μを含んでいる　：'+str(result.iloc[1,0])+' 回 '
axes_4.text(0.1, 0.8,str1 , size = 20, color = "red")
axes_4.text(0.1, 0.6,str2 , size = 20, color = "blue")
(axes_4.set_title(' 小標本法による信頼区間が¥n μを含んでいるか否か¥n(%d 回の区間推
定 ,n=%d)' %(noexp,n),loc='center',fontsize=15))
axes_4.grid(False)
axes_4.set_facecolor('w')
axes_4.set_axis_off()
plt.show()
```

```
daihyouhon_heikin_kukansuitei(2,'正規分布')
daihyouhon_heikin_kukansuitei(3,'正規分布')
daihyouhon_heikin_kukansuitei(100,'正規分布')
```

19 正規確率変数の平均μの検定（小標本法）

前章では正規確率変数の平均μについての区間推定を考えました。本章では平均μについての検定を考えてみます。平均μの検定では，大標本であれば，標本平均が正規分布に従うことを使って，検定を行うことができました。しかしながら，小標本の場合にはこの手法は使えません。具体的に考えてみましょう。友人から以下のような挑戦を受けました。

友人曰く
・平均$\mu = 1$か$\mu \neq 1$かのどちらかを使って，正規乱数を10個作る。
・分散の値は教えてあげない。
・$\mu = 1$という仮説が正しいか否か，この10個のデータを使って判断せよ。

だそうです。なんだか，ややこしい友人ですが，挑戦を受けて立ちましょう。μに関する判断ですから，$\mu = 1$という帰無仮説をデータを用いて検定すれば良さそうです。それに，標本平均が使えそうだとおおよそ察しがつきます。そういえば，前章で以下のことがわかっていました。

定理 19 − 1（18章まとめの再掲）
平均μ，分散σ^2の正規確率変数がn個独立に実現したとする。このn個のデータから次の量を作ると，それは，自由度$n-1$のt分布に従う確率変数となる。

$$\frac{(\hat{\mu}-\mu)}{\sqrt{\frac{\hat{\sigma}^2}{n}}}$$

ただし，$\hat{\mu}$，$\hat{\sigma}^2$はそれぞれ，標本平均と標本分散である。

この定理を使えば，なんとかなりそうです。早速，5つのステップを踏んで検定を構築してみましょう。

まず，第1ステップでは帰無仮説と対立仮説を設定するのでした。したがって，友人の挑戦に従って，次のように設定します。

第1ステップ：帰無仮説：$\mu = 1$,
対立仮説：$\mu \neq 1$

第2ステップでは，帰無仮説が正しい場合の検定統計量の分布を考えれば良いのでしたね。これは，先ほどの定理を使えば，次のようになります。すなわち，

第2ステップ：もし，帰無仮説が正しければ，

$$\frac{(\hat{\mu}-1)}{\sqrt{\frac{\hat{\sigma}^2}{10}}}$$

は，自由度が $10-1=9$ の t 分布に従う。

さて，第3ステップでは，棄却域，すなわち，検定統計量がその領域に入ると帰無仮説を捨てる領域を設定するのでした。検定統計量の分子，（$\hat{\mu}-1$）に着目すると，帰無仮説（$\mu=1$）が正しければ，検定統計量は0かその周辺の値になりそうですね。また，帰無仮説が正しくなければ，検定統計量は0よりも左右に遠い値になりそうです。したがって，棄却域は次のようになります。

第３ステップ：棄却域を次のように設定する。

$$\frac{(\hat{\mu}-1)}{\sqrt{\frac{\hat{\sigma}^2}{10}}} < -\mathrm{tinv}(0.05,\ 10-1) \quad \text{もしくは} \quad \frac{(\hat{\mu}-1)}{\sqrt{\frac{\hat{\sigma}^2}{10}}} > \mathrm{tinv}(0.05,\ 10-1)$$

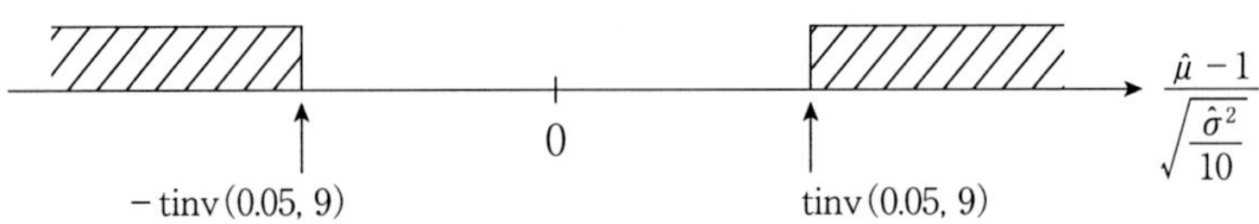

ここで，tinv(0.05, 10 − 1) は自由度９のｔ分布の両裾５％を切り取る点である。

このように，棄却域を設定すると，帰無仮説が正しい時に，誤って帰無仮説を棄却する確率＝有意水準は５％になるのでしたね。

第４ステップと第５ステップについては，もう何度も繰り返し出ていますが，念のため，きちんと書いておきます。

第４ステップ：検定統計量 $\frac{(\hat{\mu}-1)}{\sqrt{\frac{\hat{\sigma}^2}{10}}}$ の実現値をデータから計算する。

第５ステップ：検定統計量の実現値が棄却域に入っていれば，帰無仮説を棄却して，対立仮説を受容。入っていなければ，帰無仮説受容。

早速，この検定を使って，友人のデータに対して検討を加えてみましょう。以下が友人が与えてくれたデータ10個です。

2.0　4.5　1.6　10.1　24.8　1.4　18.9　6.8　2.7　9.3

これから，標本平均 $\hat{\mu}$ と標本標準偏差 $\hat{\sigma}$ を計算すると，

$$\hat{\mu}=8.21$$

$$\hat{\sigma}=7.95$$

となり，検定統計量の実現値は

$$\frac{(\hat{\mu}-1)}{\sqrt{\dfrac{\hat{\sigma}^2}{10}}}=\frac{8.21-1}{\sqrt{\dfrac{7.95^2}{10}}}=2.87$$

となります。他方，tinv(0.05, 9) = 2.26 ですから，結局，

$$\frac{(\hat{\mu}-1)}{\sqrt{\dfrac{\hat{\sigma}^2}{10}}}=2.87>2.26$$

となり，検定統計量は棄却域に入っていることがわかります。よって，この友人は$\mu = 1$を使って乱数を作ったのではないと結論することができます。実際，この友人が使った確率変数は平均$\mu = 2$，標準偏差$\sigma = 10$の正規確率変数でした。

ところで，$\mu = 1$という帰無仮説以外の場合（$\mu = \mu_0$）はどうなるのでしょうか？　ご心配ありません。上記検定の各ステップを見ればわかると思いますが，わずかな変更で対処できます。データ数をnとおいて，順に書いていきましょう。

第１ステップ：帰無仮説：$\mu = \mu_0$，対立仮説：$\mu \neq \mu_0$

第２ステップ：もし，帰無仮説が正しければ，

$$\frac{(\hat{\mu}-\mu_0)}{\sqrt{\dfrac{\hat{\sigma}^2}{n}}}$$

は，自由度が$n-1$のｔ分布に従う。

第３ステップ：棄却域を次のように設定する。

$$\frac{(\hat{\mu}-\mu_0)}{\sqrt{\frac{\hat{\sigma}^2}{n}}} < -\mathrm{tinv}(0.05,\ n-1) \quad \text{もしくは} \quad \frac{(\hat{\mu}-\mu_0)}{\sqrt{\frac{\hat{\sigma}^2}{n}}} > \mathrm{tinv}(0.05,\ n-1)$$

第4ステップ：検定統計量 $\frac{(\hat{\mu}-\mu_0)}{\sqrt{\frac{\hat{\sigma}^2}{n}}}$ の実現値をデータから計算する。

第5ステップはまったく同じなので省略します。

最後に，実際的な問題について考えてみましょう。ある鉄工所では，重さ1,000グラムの鉄棒を生産しています。ところが，生産工程に異常が発生すると，鉄棒の重さが変動してしまい，売り物になりません。そこで，定期的に鉄棒を取り出して，重さを測定し，生産工程に異常がないかを判断することにしています。今，検査のために取り出した5本の鉄棒の重さは以下のようでした。

999.583888　　999.8520104　　1000.81365　　998.8011791　　999.9114141

この測定結果から，生産工程は正常に稼働していると判断して良いでしょうか？

統計的手法を実際の問題に適応する際の難しさ，特に初心者に対する難しさは，教科書で学んだ色々な事柄が具体的な問題のどこに対応するのかわからないことにあります。そこで，詳しく，本問題を考えてみましょう。

まず，正常な生産工程から作られる鉄棒の真の重さを $\mu=1000$（グラム）とします。これに対して，もし，生産工程に異常が発生すれば，その異常は μ に反映され，$\mu \neq 1000$ になると言って良いでしょう。そして，我々の前には，生産工程が正常に保たれているか否かを判定するための5つの重さのデータ，$X_1, X_2, \cdots, X_5$ が与えられているわけです。したがって，我々はこの5つのデータをみて，

帰無仮説：$\mu = 1000$（生産工程は正常）

対立仮説：$\mu \neq 1000$（生産工程は異常）

のどちらの仮説が正しいのか判断を迫られる状況にあると考えられるのです。

次に，サンプルとして取り出した5つの重さのデータ$X_1, X_2, \cdots, X_5$が正常な生産工程から得られていると仮定しましょう。すると，

X_1は平均$\mu = 1000$，分散σ^2の正規確率変数である

と考えても良いのです。

「考えても良い」という意味には2つの事柄が含まれています。まず1つ目は，X_1が確率変数であるということです。仮に，正常な生産工程から，別途5つのデータを取り出したとして，2回目のX_1の値と1回目のX_1の値がまったく同じになるとは思いませんね。その意味でX_1は明らかに（確率）変数です。2つ目は，このX_1が平均$\mu = 1000$，分散σ^2の正規確率変数になっているということです。平均μが1000になっているのは，生産工程が正常であるということを前提していますから，当然ですね。問題はX_1が正規確率変数になっているというところです。これは，第4章で正規確率変数を紹介したときに示したように，世の中には正規確率変数の実現値としか考えられないような現象が多く存在するということに根拠をおいているわけです。もちろん，この鉄工所にお金がありあまっていて，正常な生産工程から無数の鉄棒を取り出して，重さを量り，そのヒストグラムを描いてみて，確かに正規確率変数の実現値のヒストグラムになっているということを確認している場合もありうるでしょう。しかし，そういうことは実際にはまれです。

さて，こうして，X_1が正規確率変数であることを受け入れることができたとしましょう。すると，他の，$X_2, \cdots, X_5$も平均$\mu = 1000$，分散σ^2の正規確率変数であると想定しても良いことになります。ここまで来ると，後は一直線です。次の量は自由度$n-1$のt分布に従っていることが，定理19－1から直ちに，導かれます。

$$\frac{(\hat{\mu}-1000)}{\sqrt{\frac{\hat{\sigma}^2}{5}}}$$

よって，この検定統計量が棄却域に入っていれば，すなわち，標本平均 $\hat{\mu}$ が 1000 から遠ければ，帰無仮説を棄却し，対立仮説を受容します。つまり，生産工程に異常が生じていると判断します。逆に，棄却域に入っていなければ，帰無仮説を受容して，生産工程は正常であると判断するわけです。早速，この検定統計量の値をデータから計算してみましょう。

まず，標本平均と標本標準偏差はそれぞれ，

$$\hat{\mu} = 999.7924283$$
$$\hat{\sigma} = 0.722264695$$

となっています。したがって，検定統計量の実現値は

$$\frac{(\hat{\mu}-1000)}{\sqrt{\frac{\hat{\sigma}^2}{5}}} = \frac{(999.7924283-1000)}{\sqrt{\frac{0.722264695^2}{5}}} = -0.642623735$$

となります。tinv(0.05, 4) ＝ 2.776445105 ですから，明らかに棄却域には入っていません。よって，帰無仮説が受容されて，生産工程は正常に稼働していると判断されます。

エクセルで実験

定理 19 － 1 については，前章ですでにエクセルによる確認をしていますから，本節では，本章の検定の性質をいくつか確認してみましょう。題材としては，冒頭の，「やっかいな友人」の例をとりあげます。確認すべき点として，①本当に有意水準 5 %になっているのか，②友人が使った μ が $\mu \neq 1$ の時，たとえば $\mu = 0$ の時に，誤って帰無仮説（$\mu = 1$）を採択する確率（第 2 種の過誤の確率）はいかほどか，をとりあげてみます。まず，①の確認を行いましょう。そのために，友人に A 列 1 行から J 列 1 行に平均 1，標準偏差 9 の正規乱数

を 10 個作ってもらいましょう。次のように設定するのでした。

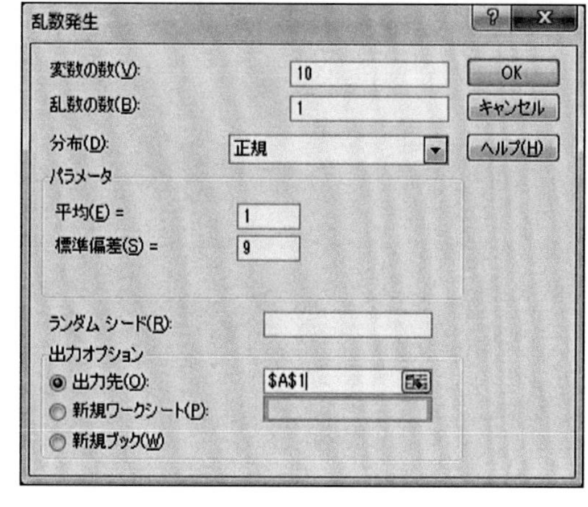

次に，K 列 1 行にその標本平均，L 列 1 行に標本標準偏差を計算します。それぞれ，次の式を入れればよろしい。

```
=AVERAGE(A1:J1)
=STDEV.S(A1:J1)
```

最後に，M 列 1 行に検定統計量の値を入力しましょう。同セルに次式を入力します。

```
=(K1-1)/SQRT(L1^2/10)
```

筆者の例ではこの値が 0.113 になりました。この値を参照して，検定結果が自動的に出てくるような式を N 列 1 行に入力することにしましょう。少々長いですが，次のようになります。

```
=IF(OR(M1<-tinv(0.05,10-1),M1>tinv(0.05,10-1)),"対立仮説","帰無仮説")
```

筆者の場合，これで N 列 1 行に「帰無仮説」が出てきました。今，扱っているデータは$\mu = 1$で生成されたデータですから，この判断は正しかったことになります。

ところで，有意水準 5 %ということは，このように，$\mu = 1$という設定でデータを作って，検定を行った場合，5 %の確率で誤って対立仮説を採択してしまうことを意味しています。これを確認するために，1,000 回，同じ検定を行ってみます。まず，データを作りましょう。そのためには，次頁のように設定します。

これで，10 個のデータを，残り 999 回分作ったことになります。K，L，M，N 列 1 行には，すでに式の形で，検定に必要なものが入力されていますから，この式をコピーして，以下に続く 999 行に貼り付ければよろしい。

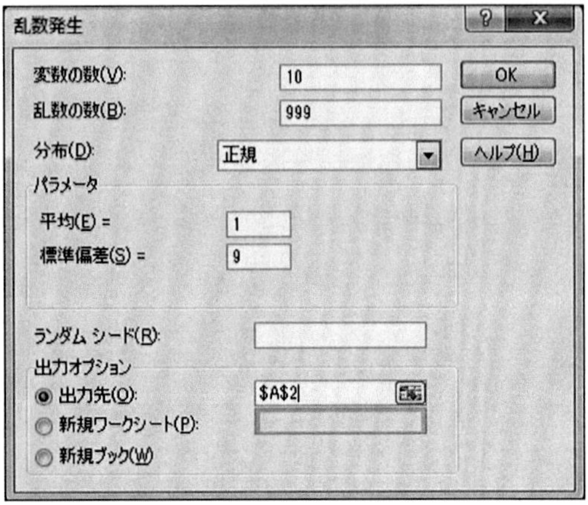

最後に，検定結果の中で誤っているものの数を数えてみましょう。O 列 1 行に次の式を入れます。

乱数発生
変数の数(V): 10
乱数の数(B): 999
分布(D): 正規
パラメータ
平均(E) = 1
標準偏差(S) = 9
ランダム シード(R):
出力オプション
出力先(O): $A$2
新規ワークシート(P):
新規ブック(W)
OK
キャンセル
ヘルプ(H)

=COUNTIF(N1:N1000," 対立仮説 ")

これで，誤って，対立仮説と判定したものの数を数えることができます。筆者の例ではこれは 60 回となりました。理論的には 50 回ですから，おおよそ期待とおりの誤り方になっていることがおわかりだと思います。

次に，②たとえば，$\mu = 0$ の時に，誤って帰無仮説（$\mu = 1$）を採択する確率（第 2 種の過誤の確率）はいかほどかという問題を考えてみます。一見，難しそうに思えますが，簡単に実行できます。まず，先ほど作ったシートをコピーしましょう。それには，シート名のところにカーソルを持って行き，右クリック，移動またはコピー，コピーを作成するにチェックを入れて，OK ボタンを押します。すると，コピーされた新しいシートが作成されます。このコピーしたシートに操作を加えましょう。

まず，データは $\mu = 0$ の正規乱数でなければなりませんから，次頁のように設定して乱数を新たに作成して，上書きします。この時，ハングアップしたかと思うほど時間がかかったりしますが，気長に待ってください。

今のデータは$\mu = 0$ですから，対立仮説の方が正しいわけです。したがって，N列に帰無仮説と出ている場合，その検定は誤りであることがわかります。そこで，O列1行にこの誤りの回数をカウントしましょう。次式を入れます。

=COUNTIF(N1:N1000,"帰無仮説")

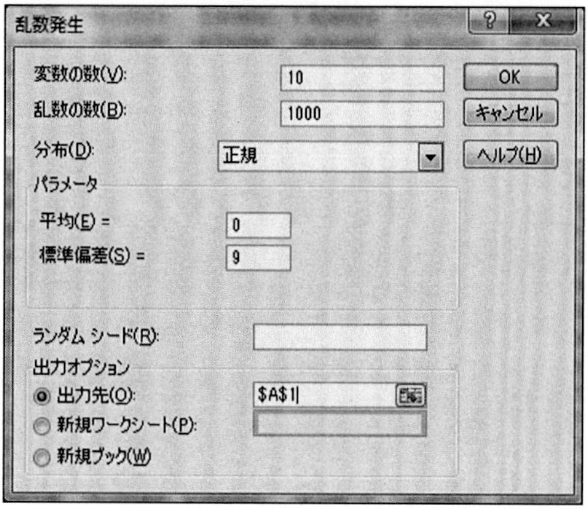

乱数発生
変数の数(V): 10
乱数の数(B): 1000
分布(D): 正規
パラメータ
平均(E) = 0
標準偏差(S) = 9
ランダム シード(R):
出力オプション
出力先(O): $A$1
新規ワークシート(P):
新規ブック(W)
OK
キャンセル
ヘルプ(H)

筆者の例では932回となりました。第2種の過誤の確率が相当なものになっていることがわかります。

本章のまとめ

μに関する仮説検定（小標本法）は次の5つのステップからなる。データは，平均μ，分散σ^2の正規確率変数が独立にn個実現したものとする。

1　μに関する帰無仮説と対立仮説の設定。

　　帰無仮説：$\mu = \mu_0$，対立仮説：$\mu \neq \mu_0$

2　μに関する帰無仮説が正しいときの検定統計量の分布の確認。

$$\frac{\hat{\mu}-\mu_0}{\sqrt{\frac{\hat{\sigma}^2}{n}}} \sim \mathrm{t}(n-1)^{1)}$$

1）この表記は $\frac{\hat{\mu}-\mu_0}{\sqrt{\frac{\hat{\sigma}^2}{n}}}$ が自由度（$n-1$）のt分布に従っていることを意味します。少し慣れが必要ですね。

ただし，$\hat{\mu}$，$\hat{\sigma}^2$ はそれぞれ標本平均と標本分散である。

3　棄却域（検定統計量がこの領域に入ると帰無仮説を棄却する領域）の設定。

$$\frac{(\hat{\mu}-\mu_0)}{\sqrt{\frac{\hat{\sigma}^2}{n}}} < -\mathrm{tinv}(0.05,\ n-1) \text{ もしくは } \frac{(\hat{\mu}-\mu_0)}{\sqrt{\frac{\hat{\sigma}^2}{n}}} > \mathrm{tinv}(0.05,\ n-1)$$

4　データから検定統計量の値を計算する（検定統計量の実現値の計算）。

データを使って，$\dfrac{(\hat{\mu}-\mu_0)}{\sqrt{\frac{\hat{\sigma}^2}{n}}}$ を計算する。

5　検定統計量の実現値が棄却域に入っていれば帰無仮説棄却。そうでなければ帰無仮説受容。

問　題

問 1　2020 年において 17 歳である 10 人の女子の無作為な身長データが以下のように与えられている。

151.8	149.3	150	159	164.5	163.3	159.4	155.5	158.4	155.7

他方，1968 年（昭和 23 年）における 17 歳女子の平均身長は 152.1 センチであった。2020 年の 17 歳女子の平均身長は 1968 年のそれと同じと言えるか統計的に検定しなさい。検定にあたっては，5 つのステップを踏んで，行うこと。

シミュレーション用プログラム

```
#-----------------------------------------------------------------------------
# 第 19 章
# 小標本法による μ の検定のシミュレーション
#   元の確率変数が，平均 0.5，分散 1/12 の正規分布の場合で行う
#   検定回数 :10 万回
#   検定統計量は以下のとおり。
#       z=( 標本平均 -myu)/( 標本平均の標準誤差 )
#   棄却域は，-t0 より小さいか t0 より大きい。
#
#   daihyouhon_heikin_kentei(2,' 正規分布 ')  # サンプルサイズが小さくてもいける
```

```
#-----------------------------------------------------------------------
import pandas as pd
import numpy as np
from numpy.random import *
import matplotlib as mpl
import matplotlib.pyplot as plt

def daihyouhon_heikin_kentei(n,bunpu):
    noexp=100000
    myu=1/2
    sigma2=1/12

    if bunpu==' 一様分布 ':
        # 一様確率変数を (n*noexp) 回，ころがして，noexp 行，n 列の行列に記録する
        itiyou=pd.DataFrame(np.random.rand(n*noexp).reshape(noexp,n) )
    elif bunpu==' 正規分布 ':
        # 平均 myu，分散 1/12 の正規乱数を n*noexp だけ作る
        itiyou=pd.DataFrame(normal(myu,np.sqrt(sigma2),n*noexp).reshape(noexp,n))
    else:
        print(' 分布間違ってますよ ')
        stop

    # 帰無仮説における μ の値 ( 以下の設定では，帰無仮説が真の世界と一致している )
    myu0=myu
    heikin=pd.DataFrame(itiyou.mean(1),columns=[' 標本平均 '])
    bunsan=pd.DataFrame(itiyou.var(1),columns=[' 標本分散 '])
    std_error=np.sqrt(bunsan.rename(columns={' 標本分散 ':' 標本平均の標準誤差 '})/n)
    hidari=-stats.t.ppf(q=0.975, df=n-1)
    migi=stats.t.ppf(q=0.975, df=n-1)
    all=pd.concat([heikin,bunsan,std_error],axis=1)
    all[' 元の確率変数 ']=itiyou.loc[:,0]
    z_henkan = lambda x: (x[' 標本平均 ']-myu0)/x[' 標本平均の標準誤差 ']
    all['z']=all.apply(z_henkan,axis=1)
    kentei=lambda x: ' 帰無仮説棄却 ' if (x['z'] < hidari or x['z'] > migi) else ' 帰無仮説受容 '
    #all=all.assign( test=all.apply(kentei,axis=1)).rename(columns={'test':' 検定結果 '})
    all[' 検定結果 ']=all.apply(kentei,axis=1)
    result=pd.crosstab(all[' 検定結果 '],columns=' 実数 ')

    # グラフ全体のフォント指定
```

```
fsz=20                  # 図全体のフォントサイズ
fti=np.floor(fsz*1.2)  # 図タイトルのフォントサイズ

figure=plt.figure(figsize=(8,5),tight_layout=True)
axes_1 = figure.add_subplot(2,2,1)
axes_2 = figure.add_subplot(2,2,2)
axes_3 = figure.add_subplot(2,2,3)
axes_4 = figure.add_subplot(2,2,4)
axes_1.hist(all['元の確率変数'].values, bins=100, alpha=0.3, histtype='stepfilled', color='r',label='X')
axes_1.set_title('元の確率変数',loc='center',fontsize=fti)
axes_1.legend()
axes_2.hist(all['標本平均'].values, bins=100, alpha=0.3, histtype='stepfilled',
color='b',label='X_bar')
axes_2.set_title('標本平均¥n(n=%i)' %n,loc='center',fontsize=fti) # 図タイトルの位置とサイズ
axes_2.legend()
kaikyu=[-4+(8/100)*i for i in range(100)]
axes_3.hist(all['z'].values, bins=kaikyu, alpha=0.3, histtype='stepfilled', color='g',label='z')
axes_3.set_title('z ¥n 実は自由度 (n-1) の t 分布と判明 (n=%i)' %n,loc='center',fontsize=15)
# 図タイトルの位置とサイズ
axes_3.legend()
str1='帰無仮説受容：  '+str(result.iloc[0,0])+'回'
str2='帰無仮説棄却：   '+str(result.iloc[1,0])+'回'
axes_4.text(0.1, 0.8,str1 , size = 20, color = "red")
axes_4.text(0.1, 0.6,str2 , size = 20, color = "blue")
axes_4.set_title('検定結果（小標本法）¥n(%d 回検定を行った,n=%d)' %(noexp,n),
loc='center',fontsize=20)
#axes_4.set_xlabel('XXX')
axes_4.grid(False)
axes_4.set_facecolor('w')
axes_4.set_axis_off()
plt.show()

daihyouhon_heikin_kentei(2,'正規分布')   # サンプルサイズが小さくてもいける
daihyouhon_heikin_kentei(3,'正規分布')   # サンプルサイズが小さくてもいける
daihyouhon_heikin_kentei(100,'正規分布') # 当然，これもいける
```

20　回帰分析―標本共分散と標本相関係数―

これまでのほとんどの章では，もっぱら1つの系列に，分析の焦点をあててきました。しかしながら，現実の世界では，2つの系列の関係を見たいということがよくあります。たとえば，身長と体重の関係はどのようになっているのか，収入が決まるとその支出はどのように行われることになるのか，株価の変動は株式の売買にどのような影響をもたらすのか等々，枚挙に暇がありません。そこで，本章以降，終章まで，2つの系列の関係を分析する代表的な手法である回帰分析を学んでいくことにしましょう。本章はその導入を目的に展開されます。

2つの系列の関係をとらえる代表的な指標として，標本共分散というものがあります。題材として，以下のような身長と体重のデータを考えてみましょう。

表20－1 (a)　身長と体重の関係（右上がり）

データ番号	x：身長（センチメートル）	y：体重（キログラム）
1	150	40
2	160	50
3	170	60
平均→	160	50

図 20 － 1（a） 身長と体重の関係（右上がり）

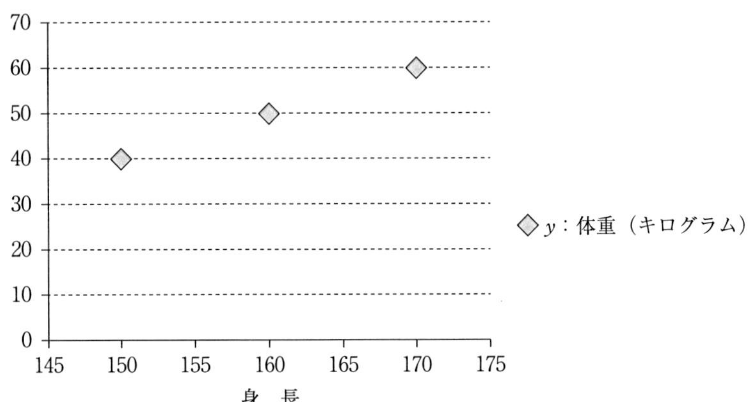

この例では，身長が高い人は体重も重いという関係が見てとれます。そこで，このような関係を表現できる尺度を考えてみましょう。表 20 － 1（a）のままでは，とりつく島がないので，身長，体重双方とも，それぞれの平均からの差（**偏差**）を計算した上で，身長の偏差×体重の偏差という項も作ってみましょう（表 20 － 1（b）参照）。

表 20 － 1（b） 身長と体重の関係（右上がり：偏差で表現）

データ番号	$x-x$ の標本平均 $=x$ の偏差	$y-y$ の標本平均 $=y$ の偏差	x の偏差× y の偏差
1	－ 10	－ 10	100
2	0	0	0
3	10	10	100
列和→	0	0	200

図 20 － 1 (b)　身長と体重の関係（右上がり：偏差で表現）

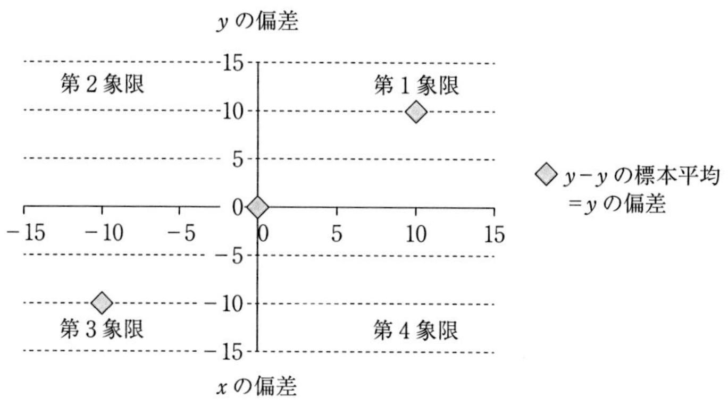

図 20 － 1 (b) を見るとわかるように，もし，身長が高くなれば体重も増えるという関係が強ければ，データは右上の第 1 象限と左下の第 3 象限に多く存在するようになります。また，表 20 － 1 (b) の最後の列を見ると，この 2 つの象限では，x の偏差× y の偏差の符号は必ずプラスになることがわかります。よって，身長が高くなれば体重も増えるという関係が存在すれば，x の偏差× y の偏差の和は正の大きな値になることが期待される訳です。そこで，次のような**標本共分散**[1)]という量を定義することにします。

$$\text{標本共分散} = \sum_{i=1}^{3} \frac{(x_i - \bar{x})(y_i - \bar{y})}{3-1} = \frac{100+0+100}{3-1} = 100$$

ここで，x_i，y_i，$\bar{x}$，$\bar{y}$ はそれぞれ，i 番目の身長，体重，身長の標本平均，体重の標本平均です。今，標本共分散は 100 ですから，確かに，正の大きな値になって，身長が高くなれば体重も増えるという右上がりの関係を捉えていることがわかります。

標本共分散の性能を確かめるために，表 20 － 2 (a) のような身長と体重の

1）定義からわかるように，y を x に変えると x の標本分散，x を y に変えると y の標本分散になります。これが名前に「分散」という語を含む理由です。

データを考えてみましょう。図からもわかるように，この例では，身長が高くなると，逆に体重が減少する右下がりの関係になっています。図 20 − 2 (b) からわかるように，このような場合にはデータが第 2 象限と第 4 象限に多く存在しますから，x の偏差× y の偏差は負の値になり，したがって，標本共分散の値はマイナスで，かつ，その絶対値が大きい値になることが予想されます。そこで早速，先ほど定義した標本共分散を計算してみましょう。

表 20 − 2 (a)　身長と体重の関係（右下がり）

データ番号	x：身長（センチメートル）	y：体重（キログラム）
1	150	60
2	160	50
3	170	40
平均→	160	50

図 20 − 2 (a)　身長と体重の関係（右下がり）

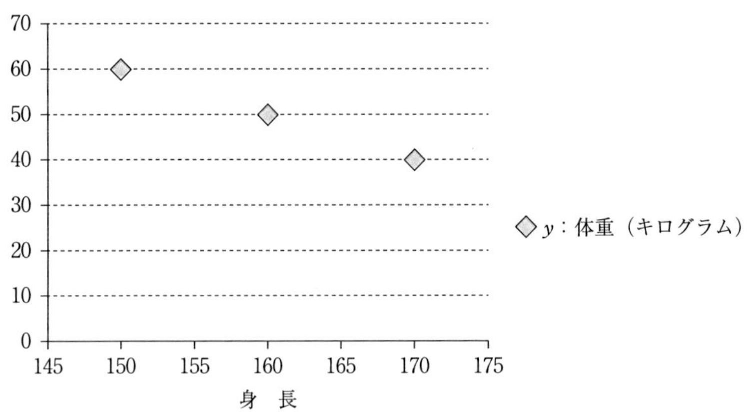

表 20 － 2（b）　身長と体重の関係（右下がり：偏差で表現）

データ番号	$x-x$ の標本平均 = x の偏差	$y-y$ の標本平均 = y の偏差	x の偏差 × y の偏差
1	− 10	10	− 100
2	0	0	0
3	10	− 10	− 100
列和→	0	0	− 200

図 20 － 2（b）　身長と体重の関係（右下がり：偏差で表現）

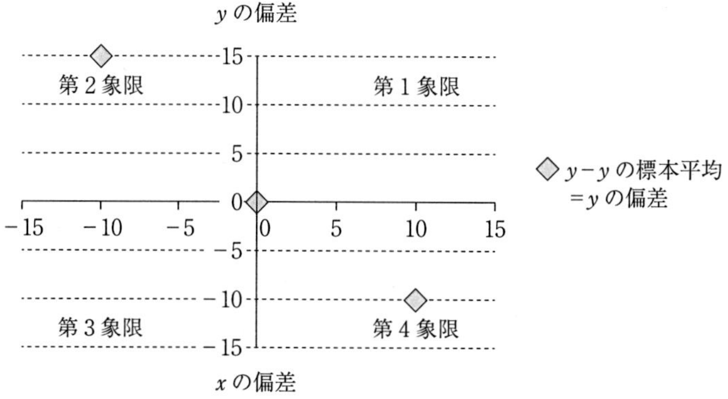

$$\text{標本共分散} = \sum_{i=1}^{3} \frac{(x_i - \bar{x})(y_i - \bar{y})}{3-1} = \frac{-100+0-100}{3-1} = -100$$

ですね。確かに，右下がりの関係では，標本共分散は負の値になり，かつ，その絶対値は 100 と大きな値になっていることがわかりました。

それでは，表 20 － 3 のように，身長と体重の関係が明確でないようなデータの場合はどうでしょうか。

表 20 − 3　身長と体重の関係（無関係）

データ番号	x：身長（センチメートル）	y：体重（キログラム）
1	150	40
2	150	60
3	170	40
4	170	60
平均→	160	50

図 20 − 3　身長と体重の関係（無関係）

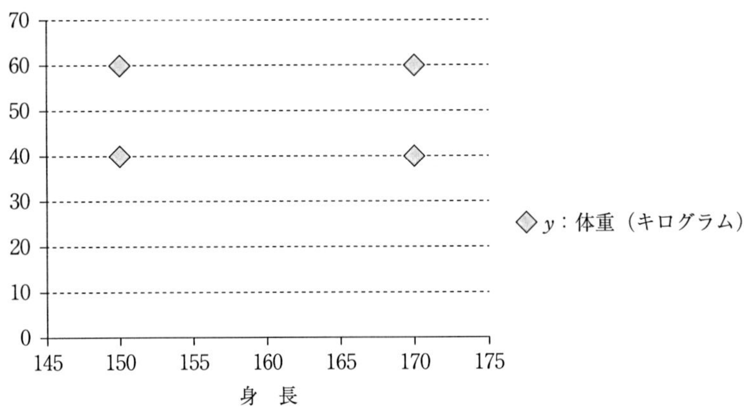

標本共分散を計算すると，

$$標本共分散 = \sum_{i=1}^{4} \frac{(x_i - \bar{x})(y_i - \bar{y})}{4-1} = \frac{100-100-100+100}{4-1} = 0$$

となります。これは，なかなか都合の良い結果ですね。というのは，標本共分散が正の値だと右上がり，負の値だと右下がりの関係があることがわかっているわけですが，表 20 − 3 のように身長と体重に明確な関係がない場合には 0 という値になっているからです。

さて，これで，標本共分散さえ計算できれば，2つの変数の関係を捉えることができそうだということがわかったわけですが，標本共分散には少し弱点があります。表20－1（a）にあるデータの身長の単位をセンチメートルからメートルに変えてみましょう。

（再掲）　表20－1（a）

データ番号	x：身長（メートル）	y：体重（キログラム）
1	1.5	40
2	1.6	50
3	1.7	60
平均→	1.6	50

すると，標本共分散は次のようになります。

$$標本共分散=\sum_{i=1}^{3}\frac{(x_i-\overline{x})(y_i-\overline{y})}{3-1}=\frac{1+0+1}{3-1}=1$$

つまり，データはまったく変化していないのに，単位を変えただけで，100から1に小さくなってしまっているのです。これは，不都合ですね。そこで，一歩進めて，単位を変えても，データが変わらなければ，変化しないような尺度を作る必要があるわけです。そのような尺度として，**標本相関係数**というものを次のように定義します。

$$標本相関係数=\frac{\sum_{i=1}^{3}\frac{(x_i-\overline{x})(y_i-\overline{y})}{3-1}}{\sqrt{\sum_{i=1}^{3}\frac{(x_i-\overline{x})^2}{3-1}}\sqrt{\sum_{i=1}^{3}\frac{(y_i-\overline{y})^2}{3-1}}}$$

$$=\frac{標本共分散}{x\text{の標本標準偏差}\times y\text{の標本標準偏差}}$$

このように定義すれば，xの単位を変化させても，分母と分子で相殺されて，値が変化しないことは明らかですね。この標本相関係数を表 20 − 1 (a)：右上がりのデータに適応するとプラス 1 となり，表 20 − 2 (a)：右下がりのデータに適応するとマイナス 1 に，さらに表 20 − 3：無関係のデータに適応すると 0 になることが簡単に確認できます。

一般に，標本相関係数は＋ 1 から－ 1 までの値をとること，＋ 1 に近いほど右上がりの関係が強いこと，－ 1 に近いほど右下がりの関係が強いこと，0 周辺の値では，x と y との間に明確な直線的な関係がないことを示すことが知られています。いずれにしてもこのような 2 つの系列の関係を示す代表的な指標として，標本共分散，標本相関係数があることをよく理解しておいてください。

エクセルで実験

まず，本章で作成するシートの全体像を以下に示します。

	A	B	C	D	E	F	G	H
1	データ番号	x:身長（センチメートル）	y:体重（キログラム）	x−xの平均	y−yの平均	(x−xの平均)の二乗	(y−yの平均)の二乗	(x−xの平均)×(y−yの平均)
2	1	150	40	−10	−10	100	100	100
3	2	160	50	0	0	0	0	0
4	3	170	60	10	10	100	100	100
5	平均→	160	50					
6								
7		xの標本分散=	100		100			
8		yの標本分散=	100		100			
9								
10		xとyの標本共分散=	100		100			
11		xとyの標本相関係数=	1		1			

身長と体重の 3 対のデータを B 列と C 列の 2 行から 4 行に入力すれば，自動的に標本共分散と標本相関係数とを計算できるようにするのが目標です。

B 列と C 列にデータを入力した上で，B 列 5 行と C 列 5 行に身長と体重の平均を計算します。それぞれの式は

=SUM(B2:B4)/3

=SUM(C2:C4)/3

となります。D 列に身長の偏差を計算します。D 列 2 行に

=B2-$B$5

とします。B 列 5 行には身長の平均が入っているので，絶対記号をつけることをお忘れ無く。その上で，このセルをコピーして，下の 2 行に貼り付けます。これで，身長の偏差についてはおしまいです。同様にして，E 列に体重の偏差の計算をしましょう。E 列 2 行に，

=C2-$C$5

として，このセルをコピーし，E 列 3，4 行に貼り付けます。これで，体重の偏差の計算も完了です。

F 列，G 列，H 列には，それぞれ，身長の分散，体重の分散，身長と体重の共分散を計算するための項を作りましょう。まず，F 列，G 列，H 列 2 行に，それぞれ，以下の式を入力します。

=D2*D2
=E2*E2
=D2*E2

これらは，順番に $(x_i - \bar{x})^2$，$(y_i - \bar{y})^2$，$(x_i - \bar{x})(y_i - \bar{y})$ に対応していることはおわかりですね。F 列，G 列，H 列 2 行目のこれらの式をコピーし，それぞれの 3，4 行目に貼り付けます。これで，準備完了です。

いよいよ，標本分散，標本共分散，標本相関係数を計算していきましょう。C 列 7 行に

=SUM(F2:F4)/(3-1)

C 列 8 行に

=SUM(G2:G4)/(3-1)

とします。これで，身長の標本分散と体重の標本分散とが得られました。標本共分散は，C 列 10 行に

=SUM(H2:H4)/(3-1)

とします。これが

$$\sum_{i=1}^{3}\frac{(x_i-\bar{x})(y_i-\bar{y})}{3-1}$$

に対応していることを理解できるでしょうか。標本分散 2 つと標本共分散が得られたので，標本相関係数が計算できます。C 列 11 行に

=C10/(SQRT(C7)*SQRT(C8))

とします。標本相関係数 1 が得られたはずです。

最後に，エクセルの組み込み関数を使って，簡単に標本分散，標本共分散，標本相関係数を計算してみましょう。x の標本分散は E 列 7 行に

=VAR.S(B2:B4)

で，計算できます。標本共分散については，エクセルの定義では，

$$\sum_{i=1}^{3}\frac{(x_i-\bar{x})(y_i-\bar{y})}{3}$$

となっているので，本書にあわせるためには，E 列 10 行に

=COVAR(B2:B4,C2:C4)*3/(3-1)

とせねばなりません。これは，要注意です。標本相関係数については，E 列 11 行に

=CORREL(B2:B4,C2:C4)

で，計算できます。簡単でしょう？　けれども，計算の仕方（定義）を理解しておくことは，とても重要ですから，油断しないようにしてください。

本章のまとめ

○　身長と体重のような組み合わせからなるデータ（x, y）が n 個与えられたとする。この時，x と y の関係を示す尺度として，標本共分散が以下のように定義される。標本共分散は x と y に右上がりの関係があれば正の値，右下がりの関係があれば負の値，直線的関係がなければ，0 周辺の値をとる。

$$\sum_{i=1}^{n}\frac{(x_i-\bar{x})(y_i-\bar{y})}{n-1}$$

○　標本共分散は単位に依存するので，単位に依存しない標本相関係数を以下のように定義する。標本相関係数は単位に依存しない。

$$\text{標本相関係数}=\frac{\sum_{i=1}^{n}\frac{(x_i-\bar{x})(y_i-\bar{y})}{n-1}}{\sqrt{\sum_{i=1}^{n}\frac{(x_i-\bar{x})^2}{n-1}}\sqrt{\sum_{i=1}^{n}\frac{(y_i-\bar{y})^2}{n-1}}}$$

$$=\frac{\text{標本共分散}}{x\text{の標本標準偏差}\times y\text{の標本標準偏差}}$$

○　標本相関係数は以下のような性質を持つ。

①　－1から＋1までの任意の値をとる。

②　x と y が右上がりの関係の時＋1に近い値を，右下がりの関係の時－1に近い値を，直線的な関係が無いとき0に近い値をとる。

問　題

問 1　以下のような収益率（割合）の表がある。

t	x: 日経平均の収益率	y：パナソニックの収益率
1	0.2	0.1
2	0	0
3	-0.2	-0.1

この表の単位を％に変えたときの，標本相関係数，標本共分散を計算するシートを作りなさい。

問 2　問 1 の x，y の値を適当に変えて，標本相関係数が－1 になるようにしなさい。

問 3　データ数が 4，標本相関係数が 0 であるような例を作りなさい。

問 4　読者が興味を持つテーマについて，web 上の本物のデータ x，y をダウンロードし，その標本共分散と標本相関係数を計算しなさい。

シミュレーション用プログラム

```
#-------------------------------------------------------------------------------------------
# 第 20 章
# 身長が 155，160，165，170，175 センチメートルの人の仮想データ (5 個 ) を作成し，
# 標本相関係数と標本分散を計算する。
#
# 仮想データの作り方
#   -80+0.83 身長＋誤差項（誤差項は平均 0，標準偏差 6.83 の正規確率変数）
#-------------------------------------------------------------------------------------------
from scipy import stats
import pandas as pd
import numpy as np
from numpy.random import *

import matplotlib as mpl
import matplotlib.pyplot as plt

# 身長が 155，160，165，170，175 センチメートルの人の仮想データを作成する。
height_weight=pd.DataFrame( {' 身長 ':[155, 160, 165, 170, 175],
                            ' 体重 ':[-80+0.83*i+6.83*normal(0,1) for i in [155, 160, 165, 170,  175] ],
                            ' 体重・サイコロ振らず ':[-80+0.83*i  for i in [155, 160, 165, 170, 175] ]})
# 100 個データを作る場合
#height_weight=pd.DataFrame( {' 身長 ':np.linspace(155,175,100),
#                            ' 体重 ':[-80+0.83*i+6.83*normal(0,1) for i in np.linspace(155,175,100)],
#                            ' 体重・サイコロ振らず ':[-80+0.83*i  for i in np.linspace(155,175,100)]})
```

```
#------------------------------------------------------------------------
# 標本分散と標本相関係数
#------------------------------------------------------------------------
# 身長と体重の標本相関係数
print(height_weight.corr())

# 身長と体重の標本共分散
print(height_weight.cov())

#-----------------------------------------------------------------------------
# 以下，グラフの描画設定
#-----------------------------------------------------------------------------
# グラフ全体のフォント指定
fsz=20                  # 図全体のフォントサイズ
fti=np.floor(fsz*1.2)  # 図タイトルのフォントサイズ
flg=np.floor(fsz*0.5)  # 凡例のフォントサイズ
flgti=flg               # 凡例のタイトルのフォントサイズ

plt.rcParams["font.size"] = fsz # 図全体のフォントサイズ指定
plt.rcParams['font.family'] ='IPAexGothic' # 図全体のフォント

#------------------------------------------------------------------------
# 描画
#------------------------------------------------------------------------
fig=plt.figure()

ax1=fig.add_subplot(1,2,1)

ax2=fig.add_subplot(1,2,2)

#------------------------------------------------------------------------
# ax1 に描画
#------------------------------------------------------------------------
ax1.set_xlabel(' 身長 ',fontsize=20)
ax1.set_ylabel(' 体重 ',fontsize=20)

ax1.set_ylim(0,120)

(ax1.set_title(' 神様がサイコロを振って作ったデータの描画¥n 体重 =-80+0.83 × 身長 + サイ
コロ ',fontsize=20))

ax1.scatter(x=height_weight[' 身長 '].values, y=height_weight[' 体重 '].values,s=500)

# サイコロ振らず
(ax1.plot(height_weight[' 身長 '].values, height_weight[' 体重・サイコロ振らず '].values,
    c='red',linestyle='solid',label='y=-80+0.83x'))
```

```
# legend を実際に実行させる
ax1.legend(loc='upper right',fontsize=10, title_fontsize=10)

#------------------------------------------------------------------------------
# ax2 に数値結果を描画
#------------------------------------------------------------------------------
ax2.axis('off') # 図を囲む実線を消去
ax2.set_title(' 回帰分析の結果 ',fontsize=30)

# ax2 にテキストを追加
ax2.text(0.2, 0.8, ' 標本相関係数 =  {0:.2f}'.format(height_weight.corr().loc[' 身長 ',' 体重 ']),
size = 20, color = "blue")
ax2.text(0.2, 0.7, ' 標本共分散 =  {0:.1f}'.format(height_weight.cov().loc[' 身長 ',' 体重 ']),
size = 20, color = "green")
plt.show()
```

21 回帰分析―最小二乗法―

4人の体重と身長のデータが次の図表のように与えられているとしましょう。

図21－1を見ると，多少の変動はあるにしても，身長が高くなると体重も増えていく傾向を見ることができます。したがって，ある人の体重を予測したいと思えば，その人の身長を聞き出すと良いことがわかります。では，身長が165センチの人の体重は，だいたい，いくらくらいになるのでしょうか。残念ながら，図を見ても$x = 165$の時にどれくらいの体重が相場なのかよくわかりませんね。では，どうやったら，見当がつくようになるでしょうか。

表21－1　4人の体重と身長のデータ

データ番号	身　長（xセンチ）	体　重（yキロ）
1	150	45
2	160	50
3	170	55
4	180	70
平均→	165	55

図21－1　4人の体重と身長のデータ

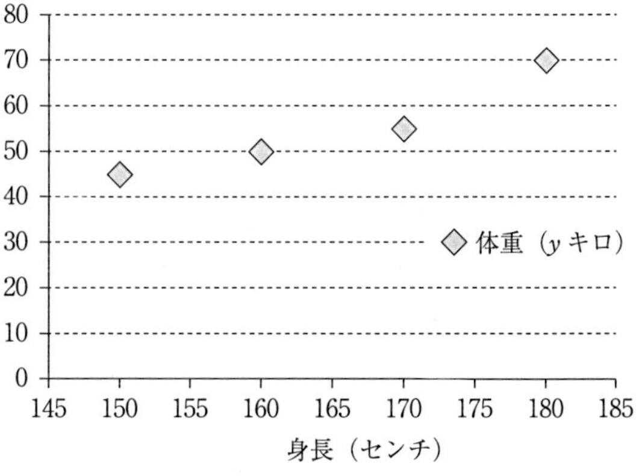

図21 − 2を見てください。

今，4人の身長・体重のデータがあるわけですから，もし，なんらかの合理的な手法で，上図のように4人のデータに対して直線をあてはめることができれば，その直線上の点で，身長 $x = 165$ の人の体重を予測できそうですね。

図21 − 2　身長・体重のデータに直線をあてはめた

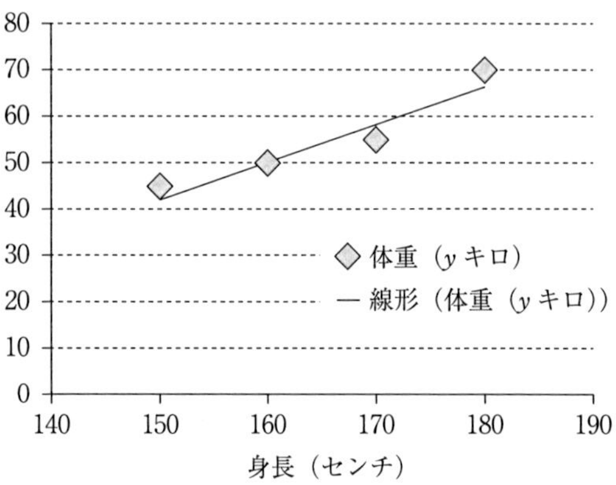

したがって，データに対して直線を当てはめる合理的な手法とは何なのかということが最も重要な課題であると理解できます。本章ではこの合理的な手法である最小二乗法を学んでいくことにしましょう。

合理的な手法で直線を求めようとしているわけですが，なにはともあれ，直線ですから，それは，

$$y = a + bx$$

の形で表現されるはずですね。

x に150，160，170，180を　あてはめると，次のような図表を得ることになります。

表21 − 2　身長・体重のデータと予測値

データ番号	身　長（x センチ）	体　重（y キロ）	予測値
1	150	45	$a + 150b$
2	160	50	$a + 160b$
3	170	55	$a + 170b$
4	180	70	$a + 180b$
平均→	165	55	$a + 165b$

図21－3を見ると，観測された4つのデータに対して直線が引かれており，その直線上の点として，予測値がもりこまれていることがわかります。本題に戻ります。どのようにすればこの直線は合理的に引けるか？　でしたね。

図21－3　身長・体重のデータと予測値

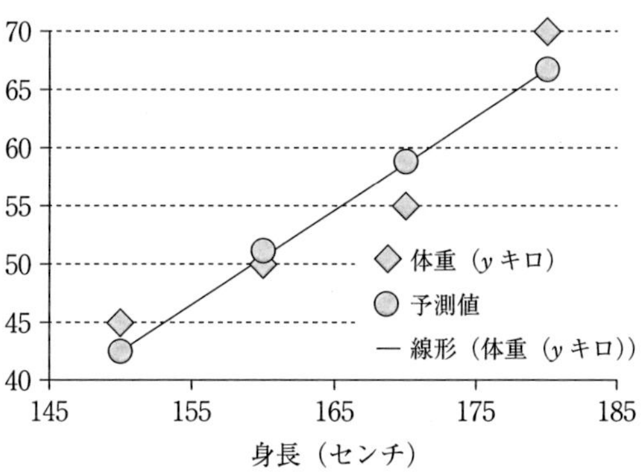

ここで，「データと直線との距離」という概念を考えてみましょう。データと直線との距離とは，データと予測値との距離と考えるのは自然でしょう。そこで，データと直線との距離を以下のように取り決めることにします。

$$\text{データと直線の距離} = (45 - a - 150b)^2 + (50 - a - 160b)^2 + (55 - a - 170b)^2 + (70 - a - 180b)^2$$

この式の意味は次のようです。たとえば，一番目の人の身長と体重に着目した場合，その測定された体重は45です。また，その身長は150でしたから，予測値は $a + 150b$ となります。観測された体重と予測値との差は

$$45 - (a + 150b) = 45 - a - 150b$$

ですね。この値はマイナスにもなればプラスにもなりえます。今はデータと直線との距離を定義しようとしているので，マイナスだと，ちょっと困ります。そこでこれを二乗することにします。

$$(45 - a - 150b)^2$$

これが，先に定義した，データと直線との距離の第1項にあたるわけです。第2項から第4項までは，2番目のデータから4番目のデータに対して同じことをしたことになります。

こうして，めでたく，データと直線との距離を定義することができました。合理的な手法で直線を引くためには，この4つの距離の総和を最小にするように，直線を決めればよいということにほとんどの人は納得するのではないでしょうか。詳細は省きますが，データと直線との距離を最小にするように直線を決めると，a，bは以下のように定まります。

$$b = \frac{(150-165)(45-55)+(160-165)(50-55)+(170-165)(55-55)+(180-165)(70-55)}{(150-165)^2+(160-165)^2+(170-165)^2+(180-165)^2} = 0.8$$

$$a = 55 - 0.8 \times 165 = -77$$

このようにデータと直線との距離を最小にするように直線を決める方法を**最小二乗法**と呼びます。また，このようにして決められた直線を**回帰直線**，回帰直線を与える式を**回帰式**，xが与えられた時の回帰直線上のyの値を**予測値**といいます。冒頭で，身長が165の人の体重はどれくらいだろうかと問いかけましたが，その答えは

$$-77 + 0.8 \times 165 = 55$$

より，55キロとなるわけです。

さて，回帰直線の傾きbと定数項aは最小二乗法によって求めることができることがわかりました。少し難しいかもしれませんが，一般的なデータに拡張して，その求め方の公式を示しておきましょう。表21－3のようにn個の(x, y)の組のデータが観測されているとします。

表21－3　n個の(x, y)のデータ

データ番号	x	y
1	x_1	y_1
2	x_2	y_2
…	…	…
n	x_n	y_n
平均	$\bar{x}$	$\bar{y}$

この時，回帰直線の傾き b と，定数項 a は以下の公式で得られます。

$$b=\frac{\sum_{i=1}^{n}(x_i-\bar{x})(y_i-\bar{y})}{\sum_{i=1}^{n}(x_i-\bar{x})^2} \qquad (21-1)$$

$$a=\bar{y}-b\bar{x} \qquad (21-2)$$

ここで，$\bar{x}$, $\bar{y}$ はそれぞれ，x の n 個のデータの標本平均，および y の n 個のデータの標本平均です。また，x_i, y_i はそれぞれ，i 番目の x および y のデータを表します。この公式の使い方は，次の「エクセルで実験」のところで詳しくお教えしましょう。なお，式 21 − 1 において，分母分子を（n − 1）でわると，

$$b=\frac{\sum_{i=1}^{n}(x_i-\bar{x})(y_i-\bar{y})/(n-1)}{\sum_{i=1}^{n}(x_i-\bar{x})^2/(n-1)}=\frac{x \text{ と } y \text{ 標本共分散}}{x \text{ の標本分散}}$$

なる公式が得られることにも注意しておきます。

エクセルで実験

以下では，先の本文でとりあげた 4 人の身長・体重のデータを用いて，回帰直線を求めるシートを完成させましょう。その過程で，公式 21 − 1 および 21 − 2 の使い方をマスターしてください。まず，これから作るシートの全体像を以下に示しておきます。B 列，C 列にデータを入力すると，自動的に，傾き b および定数項 a を計算し，さらに，予測値も計算するというものです。

表 21 − 4　最小二乗法のためのシートあらまし

	A	B	C	D	E	F	G	H	I	J
1	データ番号	身長(xセンチ)	体重(yキロ)	$(x-\bar{x})$	$(y-\bar{y})$	$(x-\bar{x})^2$	$(x-\bar{x})(y-\bar{y})$	a↓	b↓	体重の予測値 $\hat{y}$
2	1	150	45	−15	−10	225	150	−77	0.8	43
3	2	160	50	−5	−5	25	25			51
4	3	170	55	5	0	25	0	xとyの共分散→	133.3333333	59
5	4	180	70	15	15	225	225	xの分散→	166.6666667	67
6	平均	165	55							55
7	列和			0	0	500	400			

まず，A～J列1行目に，表21－4のように，各セルのタイトルを入力します。$\bar{x}$などの記号は入力が難しいので，適宜，自分でわかる表現に変えてもらって結構です。

A列2から5行目に1～4までを，B列2から5行目には，身長のデータを，また，C列2から5行目には，体重のデータを記入します。その上で，B列，C列6行に，それぞれ，身長の標本平均，体重の標本平均の計算式を入れます。それぞれ，

```
=AVERAGE(B2:B5)
=AVERAGE(C2:C5)
```

ですね。D列2行には，1番目のデータの身長の値150から，身長の標本平均165を引いた値を計算します（これを**標本平均からの偏差**といいます）。式は，

```
=B2-B$6
```

となります。標本平均が入っているB列6行を参照する時に，行番号の前に絶対記号$を入れるのをお忘れ無く（列番号の前には入れません）。同様にして，D列3行から5行には，各身長データの標本平均からの偏差を計算します。具体的には先ほどのD列2行をコピーして，D列3行から5行に貼り付けるだけで結構です。さらに，D列7行には身長の偏差の総和を計算します。式は，

```
=SUM(D2:D5)
```

ですね。身長データに対してもまったく同じことを行います。げんなりするかもしれませんが，簡単です。D列2行から7行までをコピーして，E列2行から7行に貼り付けるだけです。D列に体重に関する偏差が計算されているか，式を確認してください。

F列には，身長の偏差の2乗を計算していきます。まず，F列2行に

```
=D2*D2
```

と入力します。これで，D 列 2 行にある，1 番目のデータに対する偏差の 2 乗を計算できました。この値は，式 21 − 1 の分母において，$i = 1$ とおいた次の式と同等です。

$$(x_1 - \bar{x})^2$$

あとは，F 列 2 行をコピーして，F 列 3 行から 5 行に貼り付けるだけです。さらに，F 列 7 行に，身長の偏差の 2 乗の総和を計算するために，次式を入れます。

=SUM(F2:F5)

これが，式 21 − 1 の分母 $\sum_{i=1}^{n}(x_i - \bar{x})^2$ に相当することは，もうおわかりですね。

さあ，あともう一息です。式 21 − 1 の分子を計算するために，G 列 2 行に，1 番目のデータの身長の偏差×体重の偏差を計算しましょう。式は

=D2*E2

となります。これは，式 21 − 1 の分子で，$i = 1$ とおいた次式と同じものになります。

$$(x_1 - \bar{x})(y_1 - \bar{y})$$

2 から 4 番目のデータについても同じことを行います。G 列 2 行をコピーして，G 列 3 行から 5 行に貼り付けます。さらに，G 列 7 行に G 列の総和を入れましょう。式は

=SUM(G2:G5)

となります。この式は，式 21 − 1 の分子 $\sum_{i=1}^{n}(x_i - \bar{x})(y_i - \bar{y})$ と同等になっています。

これで，傾き b を計算する準備はすべて整いました。I 列 2 行に，b を計算します。式は以下のとおり。

=G7/F7

また，定数項 a の計算も簡単で，式は

=C6-I2*B6

となります。H 列 2 行に入力しましょう。これが，式 21 − 2 に相当することを確認してください。

最後の最後に，こうやって求められた回帰式を使って，4 人の身長に対応した予測値を J 列に計算しましょう。J 列 2 行に次式を入れます。

=$H$2+$I$2*B2

$H$2 が定数項，$I$2 が傾き，B2 が 1 番目のデータの身長ですね。さらに，J 列 2 行を J 列 3 行から 5 行に貼り付ければ完成です。なお，このシートは次の章の「エクセルで実験」にも使用するので，保存しておいてください。

いかがでしたか？　少し難しかったかもしれませんが，公式 21 − 1 および 21 − 2 の計算の仕方をぜひ理解しておいてください。

ちなみに，回帰方程式は次のようなエクセルの組み込みツールで簡単に求めることができます。データ → データ分析 → 回帰分析としたうえで，次のように設定します。

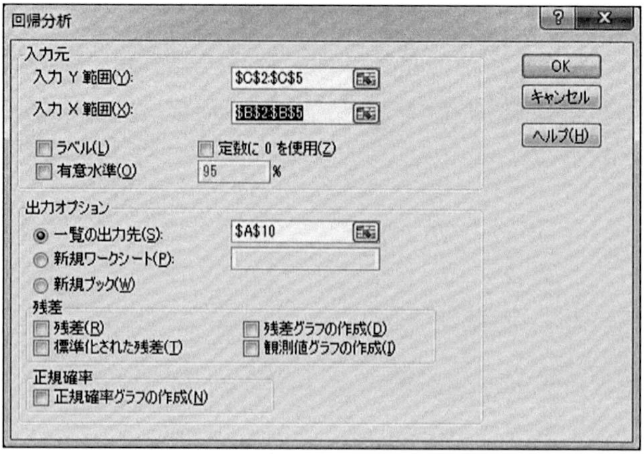

回帰分析
入力元
入力 Y 範囲(Y): $C$2:$C$5
入力 X 範囲(X): $B$2:$B$5
ラベル(L)　定数に 0 を使用(Z)
有意水準(O) 95 %
OK
キャンセル
ヘルプ(H)
出力オプション
一覧の出力先(S): $A$10
新規ワークシート(P):
新規ブック(W)
残差
残差(R)　残差グラフの作成(D)
標準化された残差(T)　観測値グラフの作成(I)
正規確率
正規確率グラフの作成(N)

すると，以下のような結果が得られます。

概　要

回帰統計	
重相関 R	0.956182887
重決定 R2	0.914285714
補正 R2	0.871428571
標準誤差	3.872983346
観測数	4

分散分析表

	自由度	変動	分散	観測された分散比	有意 F
回帰	1	320	320	21.33	0.044
残差	2	30	15		
合計	3	350			

	係数	標準誤差	t	P − 値	下限 95%	上限 95%	下限 95.0%	上限 95.0%
切片	− 77	28.6443712	− 3	0.115	− 200	46.24678183	− 200.2467818	46.24678183
X 値 1	0.8	0.17320508	4.6	0.044	0.055	1.545241314	0.054758686	1.545241314

ここで，係数列の，− 77 が定数項，0.8 が傾きを表しています。

本章のまとめ

○　身長と体重のような組み合わせからなるデータ (x, y) が n 個与えられたとする。この時，n 個のデータに対して，最小二乗法によって直線をあてはめることができる。あてはめられた直線を回帰直線，その方程式を回帰方程式，回帰方程式に $x = x_0$ を入れて計算した値を予測値という。

○　回帰方程式は以下のようになる。

$$y = a + bx$$

ただし，

$$b=\frac{\sum_{i=1}^{n}(x_i-\overline{x})(y_i-\overline{y})}{\sum_{i=1}^{n}(x_i-\overline{x})^2}$$

$$a=\overline{y}-b\overline{x}$$

である。

問　題

問 1　以下のような 3 個の（x,y）データがある。

x	y
1	1
2	3
3	2

このデータと直線 y=a+bx との距離 D を計算し，D が a=1, b=0.5 の時，最小になっていることを確かめなさい。ただし，距離を計算する a, b は以下の場合を考える。

	E	F	G	H	I	J	K	L
1			aの値					
2			0.5	0.6	0.7	0.8	0.9	1
3		0						
4		0.1						
5		0.2						
6		0.3		各セルの条件で，直線と				
7	b	0.4		3点との距離Dを計算する				
8	の	0.5						
9	値	0.6						
10		0.7						
11		0.8						
12		0.9						
13		1						

ヒント）a=0.5，b=0 のセルに入る計算式は以下のようになる。

=(1-F$2-$E3*1)^2+(3-F$2-$E3*2)^2+(2-F$2-$E3*3)^2

問 2　直近 1 月の日次のパナソニックと日経平均の収益率のデータを用いて，回帰方程式を推定しなさい（データは Yahoo! のファイナンスから取得できる）。ただし，収益率は t を時間変数として次のように定義される。

$$\frac{x_t-x_{t\text{-}1}}{x_{t\text{-}1}}\times 100$$

シミュレーション用プログラム

```
#-----------------------------------------------------------------------------------------
# 第 21 章
# 身長が 155, 160, 165, 170, 175 センチメートルの人の仮想データ (5 個 ) を作成し,
# 標本相関係数と標本分散を計算する。そして, 回帰方程式を求め表示・図示する。
#
# 仮想データの作り方
#   -80+0.83 身長 + 誤差項（誤差項は平均 0, 標準偏差 6.83 の正規確率変数）
#-----------------------------------------------------------------------------------------
from scipy import stats
import pandas as pd
import numpy as np
from numpy.random import *
import statsmodels.api as sm
import matplotlib as mpl
import matplotlib.pyplot as plt

# 身長が 155, 160, 165, 170, 175 センチメートルの人の仮想データを作成する。
height_weight=pd.DataFrame( {' 身長 ':[155, 160, 165, 170, 175],
                            ' 体重 ':[-80+0.83*i+6.83*normal(0,1) for i in [155, 160, 165, 170, 175] ],
                            ' 体重・サイコロ振らず ':[-80+0.83*i  for i in [155, 160, 165, 170, 175] ]})
#-------------------------------------------------------------------------
# 標本分散と標本相関係数
#-------------------------------------------------------------------------
# 身長と体重の標本相関係数
print(height_weight.corr())
# 身長と体重の標本共分散
print(height_weight.cov())
#-------------------------------------------------------------------------
# 最小 2 乗法
#-------------------------------------------------------------------------
# 回帰パラメータ (a,b)
b=height_weight.cov().loc[' 身長 ',' 体重 ']/(height_weight.var().loc[' 身長 '])
# 身長・体重の共分散 / 身長の分散
a=height_weight.mean().loc[' 体重 ']-b*height_weight.mean().loc[' 身長 ']
# 体重の平均 - b・身長の平均
#-------------------------------------------------------------------------
# statsmodel による回帰分析
#-------------------------------------------------------------------------
# statsmodel による回帰分析
height_weight[' 定数項 '] = 1 # sm.add_constant(height_weight) でも可。"const" ができる。
x=height_weight[[' 定数項 ',' 身長 ']]
y=height_weight[[' 体重 ']]
model = sm.OLS(y, x)
results = model.fit() # dir(results) で属性が分かる
# 結果の概要を表示
```

```
print( results.summary() )
#---------------------------------------------------------------------------------
# 以下，グラフの描画設定
#---------------------------------------------------------------------------------
# グラフ全体のフォント指定
fsz=20                 # 図全体のフォントサイズ
fti=np.floor(fsz*1.2)  # 図タイトルのフォントサイズ
flg=np.floor(fsz*0.5)  # 凡例のフォントサイズ
flgti=flg              # 凡例のタイトルのフォントサイズ

plt.rcParams["font.size"] = fsz # 図全体のフォントサイズ指定
plt.rcParams['font.family'] ='IPAexGothic' # 図全体のフォント

#----------------------------------------------------------------------------
# ax に描画
#----------------------------------------------------------------------------
fig=plt.figure()
ax1=fig.add_subplot(1,2,1)
ax2=fig.add_subplot(1,2,2)
#----------------------------------------------------------------------------
# ax1 に描画
#----------------------------------------------------------------------------
ax1.set_xlabel(' 身長 ',fontsize=20)
ax1.set_ylabel(' 体重 ',fontsize=20)
ax1.set_ylim(0,120)
(ax1.set_title(' 神様がサイコロを振って作ったデータの描画¥n 体重 =-80+0.83 × 身長 + サイ
コロ ',fontsize=20))
ax1.scatter(x=height_weight[' 身長 '].values, y=height_weight[' 体重 '].values,s=500)

# 回帰直線描画
ax1.plot(height_weight[' 身長 '].values, results.fittedvalues,c='blue',linestyle='solid',
     label=' 回帰方程式：y = {0:.1f} + {1:.2f}x'.format(a,b))
# サイコロ振らず
ax1.plot(height_weight[' 身長 '].values, height_weight[' 体重・サイコロ振らず '].values,
     c='red',linestyle='solid',label='y=-80+0.83x')
ax1.legend(loc='upper right',fontsize=10, title_fontsize=10)
#----------------------------------------------------------------------------
# ax2 に数値結果を描画
#----------------------------------------------------------------------------
ax2.axis('off') # 図を囲む実線を消去
ax2.set_title(' 回帰分析の結果 ',fontsize=30)
# ax2 にテキストを追加
ax2.text(0.2, 0.8, ' 標本相関係数 = {0:.2f}'.format(height_weight.corr().loc[' 身長 ',' 体重 ']), size = 20)
ax2.text(0.2, 0.7, ' 標本共分散 = {0:.1f}'.format(height_weight.cov().loc[' 身長 ',' 体重 ']), size = 20)
ax2.text(0.1, 0.6, ' 回帰方程式：y = {0:.1f} + {1:.2f}x'.format(a,b), size = 20, color = "blue")
plt.show()
```

22 回帰分析―決定係数―

前章では，4人の身長と体重のデータを用いて，回帰方程式を求めました。そして，その回帰方程式を使って，身長$x = 165$の時の体重がおよそいくらくらいになるかを計算できたのでした。ところで，別の4人のデータが次の表のようであったとします。

表22－1　別の4人の体重と身長のデータ

データ番号	身　長 (xセンチ)	体　重 (yキロ)
1	150	43
2	160	51
3	170	59
4	180	67
平均→	165	55

比較のために，本表と元のデータである表21－1とをグラフで描いてみましょう。

図22－1　表22－1のデータの回帰直線

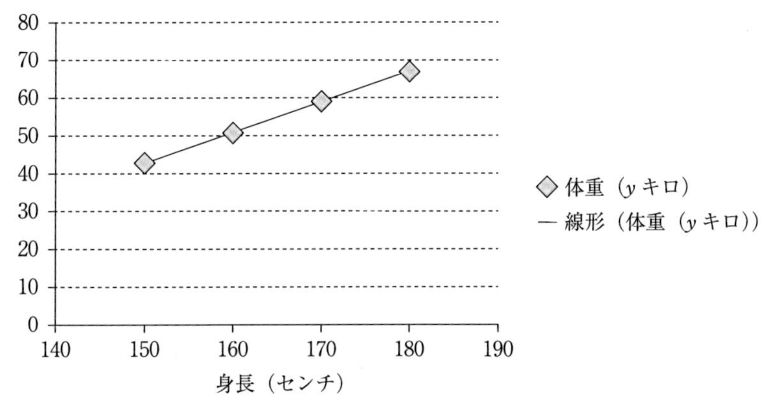

ちなみに，このデータにあてはめた回帰直線の方程式は

$$y = -77 + 0.8x$$

です。

図 22 － 2　表 21 － 1 のデータの回帰直線

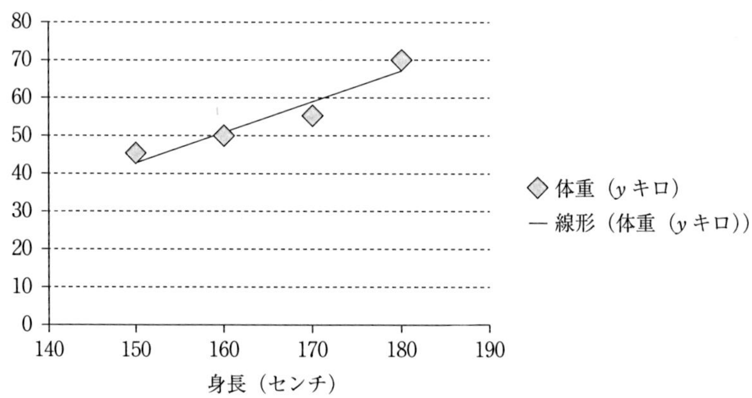

このデータに対する回帰式は前章で求めたように，

$$y = -77 + 0.8x$$

でしたね。図 22 － 1 および図 22 － 2 の回帰直線はまったく同じものになっているので，身長 $x = 165$ の時の体重の予測値は完全に一致します。しかし，この 2 つの図で示されている回帰直線は，データへのあてはまりの程度が明らかに異なっています。図 22 － 1 は回帰直線上にデータが完全にのっているので，回帰直線の信頼度がより高いと判断してよさそうです。これに対して，図 22 － 2 ではデータが回帰直線上にはありません。その意味で図 22 － 2 の回帰直線は信頼度が低いと考えられます。

以上のことから，データに対して最小二乗法を用いて回帰直線を求めたときに，その回帰直線がどの程度，信頼がおけるものかに留意する必要があります。本章では，このような回帰直線の信頼度を測る尺度を作ってみたいと思い

ます。題材としては，表21－1のデータを再度とりあげます。

（再掲）表21－1　4人の体重と身長のデータ

データ番号	身　長 （xセンチ）	体　重 （yキロ）
1	150	45
2	160	50
3	170	55
4	180	70
平均→	165	55

ここで，身長のデータをxにあてはめたときのyの値は予測値と呼ばれたわけですが，この予測値を改めて$\hat{y}$という記号で表すことにしましょう。また，データと予測値との差を**残差**と呼び，記号eで示すことにします。表21－1のデータに対して，予測値と残差を加えたものを表22－2に掲げます。

表22－2　表21－1のデータに対する予測値と残差

データ番号	身長（xセンチ）	体重（yキロ）	予測値$\hat{y}$	残差e
1	150	45	43	2
2	160	50	51	－1
3	170	55	59	－4
4	180	70	67	3
平均→	165	55	55	0

観測された体重と予測値，残差の関係は，明らかに次のようになっていますね。ただし，添え字のiはデータ番号です。

$$y_i=\hat{y}_i+e_i$$

ここで，両辺から体重の標本平均$\overline{y}$を引き算すると，

$$y_i-\overline{y}=\hat{y}_i-\overline{y}+e_i$$

となっています。さらに両辺を２乗すると，

$$(y_i-\overline{y})^2=(\hat{y}_i-\overline{y})^2+e_i^2+2(\hat{y}_i-\overline{y})e_i \qquad (22-1)$$

表 22 － 3　式 22 － 1 の計算

データ番号	$(y_i - \bar{y})^2$	$(\hat{y}_i - \bar{y})^2$	$e_i^2 = (y_i - \hat{y}_i)^2$	$(\hat{y}_i - \bar{y})e_i$
1	100	144	4	－ 24
2	25	16	1	4
3	0	16	16	－ 16
4	225	144	9	36
平均→	350	320	30	0

となります。ここで，各項の和を計算したものが表 22 － 3 です。

表 22 － 3 の最後の列の列和に注目してください。その値が 0 になっていますね。これは，すなわち，$(\hat{y}_i - \bar{y})e_i$ をデータごとに計算して和をとると 0 になっていることを示しています。この性質はとても重要で，一般的に成立することが知られています。この事実と式 22 － 1 から，表 22 － 3 の第 1 列の和と，第 2 列，第 3 列の和とは必然的に等号が成り立つことがわかります。すなわち，

$$\sum_{i=1}^{4}(y_i - \bar{y})^2 = 350$$

と

$$\sum_{i=1}^{4}(\hat{y}_i - \bar{y})^2 + \sum_{i=1}^{4} e_i^2 = 320 + 30 = 350$$

とが等しくなるのです。こうして，次のような重要な分解を得ることができました。

$$\sum_{i=1}^{4}(y_i - \bar{y})^2 = \sum_{i=1}^{4}(\hat{y}_i - \bar{y})^2 + \sum_{i=1}^{4} e_i^2 \qquad (22 - 2)$$

この分解式の各項には名前がついています。それは

$\sum_{i=1}^{4}(y_i-\bar{y})^2=$総変動（または，全変動）

$$\sum_{i=1}^{4}(\hat{y}_i-\bar{y})^2=\text{回帰変動}$$

$$\sum_{i=1}^{4}e_i^2=\text{残差変動}$$

です。このネーミングを使うと，式 22 − 2 は次のようになりますね。

総変動 = 回帰変動 + 残差変動

この式の両辺を総変動で割ると，次の式が得られます。

$$1=\frac{\text{回帰変動}}{\text{総変動}}+\frac{\text{残差変動}}{\text{総変動}} \tag{22 − 3}$$

式 22 − 3 から，次のことがわかります。すなわち，残差変動が 0 の時（すなわち，回帰直線上にデータがすべてのっているとき），回帰変動 / 総変動は 1 になること。また，残差変動が大きくなると（すなわち，回帰直線がデータから離れてしまうと），回帰変動 / 総変動の値は 0 に近い正の値になること，以上です。この性質を利用すれば，回帰直線がデータに対してどの程度あてはまっているかということを知る尺度を作れそうですね。そこで，改めて，回帰変動 / 総変動を**決定係数**と呼んで定義することにします。これは，普通，記号 R^2 で示されます。

$$\text{決定系数 } R^2\equiv\frac{\text{回帰変動}}{\text{総変動}}$$

詳細は省きますが，決定係数は以下のような性質を持つことが証明されています。

1　決定係数は 0 以上 1 以下の値をとる。

2　決定係数が 1 に近いほど，回帰直線のデータへのあてはまりは良いと言える。

以上で，本章の目的であった，回帰直線の信頼度を測る尺度を決定係数という形で作ることができたわけです。次節では，エクセルを用いて，実際に決定係数を求めてみましょう。

エクセルで実験

まず，本節で作成するシートの全体像を以下に示します。

	A	B	C	D	E	F	G	H	I	J	K	L	M	N	O	P
1	データ番号	身長(xセンチ)	体重(yキロ)	x_i-$\bar{x}$	y_i-$\bar{y}$	$(x_i-\bar{x})^2$	$(x_i-\bar{x})(y_i-\bar{y})$	a↓	b↓	予測値 $\hat{y}_i$	$\hat{y}_i$-$\bar{y}$	残差 $e_i = y_i$-$\hat{y}_i$	$(y_i-\bar{y})^2$	$(\hat{y}_i$-$\bar{y})^2$	$e_i{}^2$=$(y_i$-$\hat{y}_i)^2$	決定係数↓
2	1	150	45	−15	−10	225	150	−77	0.8	43	−12	2	100	144	4	0.9142857
3	2	160	50	−5	−5	25	25			51	−4	−1	25	16	1	
4	3	170	55	5	0	25	0	xとyの共分散→	133.3333333	59	4	−4	0	16	16	
5	4	180	70	15	15	225	225	xの分散→	166.6666667	67	12	3	225	144	9	
6	平均	165	55							55			全変動↓	回帰変動↓	残差変動↓	
7	列和			0	0	500	400				0	0	350	320	30	

全体像からもわかるとおり，本節のシートは前章の身長と体重のデータを使って，決定係数の求め方を確かなものにすることが目的です。前章で回帰方程式と予測値はすでに計算済みです。そこで，予測値J列からP列までを拡大して，以下に再掲しましょう。

J	K	L	M	N	O	P
予測値 $\hat{y}_i$	$\hat{y}_i$-$\bar{y}$	残差 $e_i = y_i$-$\hat{y}_i$	$(y_i-\bar{y})^2$	$(\hat{y}_i$-$\bar{y})^2$	$e_i{}^2$=$(y_i$-$\hat{y}_i)^2$	決定係数↓
43	−12	2	100	144	4	0.9142857
51	−4	−1	25	16	1	
59	4	−4	0	16	16	
67	12	3	225	144	9	
55			全変動↓	回帰変動↓	残差変動↓	
	0	0	350	320	30	

K列1行からP列1行に，それぞれの列の意味を書いていきます。記号は難しいので，以下のようにしましょう。

K列1行：$\hat{y}_i - \bar{y}$　→　予測値の偏差

L列1行：$e_i = y_i - \hat{y}_i$　→　残差

M列1行：$(y_i - \bar{y})^2$　→　体重の偏差の２乗

N列1行：$(\hat{y}_i - \bar{y})^2$　→　予測値の偏差の２乗

O 列 1 行 ：e_i^2　　　　→　残差の 2 乗

さて，以下では式を入れていきます。まず，K 列 2 行には，予測値の偏差を計算しますから，

=J2-$C$6

を入力します。$C$6 には体重の標本平均が入っていましたね。その上で，K 列 2 行をコピーして，3 から 5 行に貼り付けると予測値の偏差の計算がすべてできます。L 列には残差を計算します。L 列 2 行の式は，C 列に体重のデータ，J 列に予測値が入っていますから，

=C2-J2

となりますね。L 列 3 行から 5 行も同じようにコピー & ペーストします。

次に，総変動，回帰変動，残差変動の各第 1 項を計算しましょう。総変動を構成する第 1 項の式を M 列 2 行に，回帰変動の第 1 項を N 列第 2 行に，残差変動のそれを O 列第 2 行にそれぞれ入力します。おのおのは次のような式になります。

=E2*E2
=K2*K2
=L2*L2

これで，総変動，回帰変動，残差変動の第 1 項を計算できました。第 2 項から第 4 項までは，まったく同じ形をしていますから，この 3 つのセルをコピーして下の 3 行に貼り付ければ良いのです。

これで，準備完了です。まず，総変動を M 列 7 行に計算しましょう。同セルに次の式を入力します。

=SUM(M2:M5)

ちゃんと，350 という値になったでしょうか。回帰変動と残差変動については，

このＭ列７行をコピーして，Ｎ列７行とＯ列７行に貼り付けるだけで求めることができます。それぞれ，320 と 30 になっていることが確認できると思います。

最後に，Ｐ列２行に，最終目標の決定係数を計算しましょう。そこには，

=N7/M7

とすれば，良いですね。本データの場合，決定係数は 0.9142857 となっているはずです。また，このシートを引き続き次の章で使用するので保存しておいてください。

ちなみに，分析ツールの回帰分析を使えば，決定係数の計算そのものは簡単にできます。

まず，データ → データ分析 → 回帰分析として以下のように設定します。

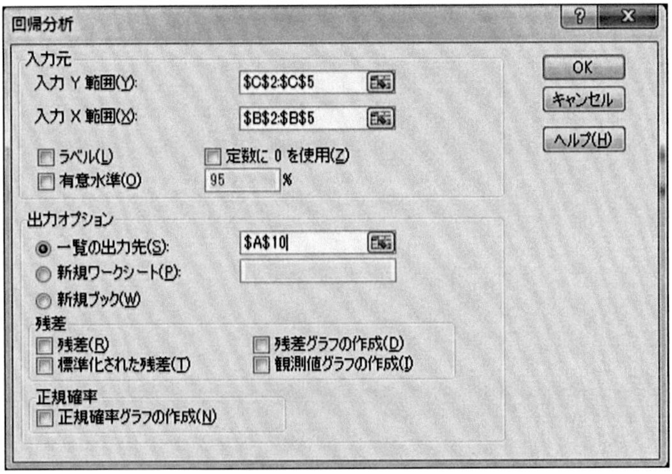

回帰分析
入力元
入力 Y 範囲(Y): $C$2:$C$5
入力 X 範囲(X): $B$2:$B$5
ラベル(L)　定数に 0 を使用(Z)
有意水準(O) 95 %
出力オプション
一覧の出力先(S): $A$10
新規ワークシート(P):
新規ブック(W)
残差
残差(R)　残差グラフの作成(D)
標準化された残差(T)　観測値グラフの作成(I)
正規確率
正規確率グラフの作成(N)
OK
キャンセル
ヘルプ(H)

すると，以下のような出力を得ます。

概　要

回帰統計	
重相関 R	0.956182887
重決定 R2	0.914285714
補正 R2	0.871428571
標準誤差	3.872983346
観測数	4

分散分析表

	自由度	変　動	分　散	観測された分散比	有意 F
回　帰	1	320	320	21.33	0.0438171
残　差	2	30	15		
合　計	3	350			

	係　数	標準誤差	t	P－値	下限 95%	上限 95%	下限 95.0%	上限 95.0%
切　片	－77	28.6443712	－2.69	0.115	－200.2468	46.24678183	－200.2467818	46.24678183
X 値 1	0.8	0.17320508	4.619	0.044	0.0547587	1.545241314	0.054758686	1.545241314

「重決定 R2」の値が決定係数にあたります。また，「変動」列の 320 が回帰変動，30 が残差変動，350 が総変動にあたることは，すぐにおわかりだと思います。

本章のまとめ

○　n 個のデータ (x_1, y_1)，(x_2, y_2)，… ，(x_n, y_n) が与えられた時，このデータに対して，回帰直線をあてはめることができる。この時，データに対する回帰直線のあてはまり具合を測る尺度として，決定係数 R^2 が次のように定義されている。

$$\text{決定係数 } R^2 \equiv \frac{\text{回帰変動}}{\text{総変動}} = \frac{\sum_{i=1}^{n}(\hat{y}_i - \bar{y})^2}{\sum_{i=1}^{n}(y_i - \bar{y})^2}$$

○　決定係数は 0 以上 1 以下の値をとる。また，その値が大きいほど，回帰直線のデータへのあてはまりは良いと言える。

問　題

問 1　一様乱数を 10 個発生させて，これを x とする。さらに，標準正規乱数を 10 個発生させて，これを ε とする。以下のような式を用いて，y を作成しなさい。

$$y = 10 + 5x + \varepsilon$$

問 2　問 1 で得られた，10 個のデータ（x, y）を用いて，y を x に回帰させたときの決定係数を計算しなさい。その際，総変動和＝回帰変動＋誤差変動が成立していることを確認しなさい。なお，回帰直線作成にあたってはエクセルの回帰分析のツールを利用しなさい。

問 3　パナソニックと日経平均の直近 1 年間の週次収益率データを，Yahoo! ファイナンスにある株価データ用いて計算しなさい。さらに，パナソニックの収益率を日経平均の収益率に回帰させて，回帰方程式と決定係数を求めなさい。なお，その際，エクセルの回帰分析のツールを利用しなさい。

シミュレーション用プログラム

```
#------------------------------------------------------------------------------------------------
# 第 22 章
# 身長が 155, 160, 165, 170, 175 センチメートルの人の仮想データ (5 個 ) を作成し，
# 標本相関係数と標本分散を計算する。そして，回帰方程式を求め表示・図示する。
# さらに決定係数を計算し，表示する。
#
# 仮想データの作り方
#   -80+0.83 身長＋誤差項（誤差項は平均 0, 標準偏差 6.83 の正規確率変数）
#------------------------------------------------------------------------------------------------
from scipy import stats
import pandas as pd
import numpy as np
from numpy.random import *
import statsmodels.api as sm
import matplotlib as mpl
import matplotlib.pyplot as plt

# 身長が 155, 160, 165, 170, 175 センチメートルの人の仮想データを作成する。
height_weight=pd.DataFrame( {' 身長 ':[155, 160, 165, 170, 175],
                              ' 体重 ':[-80+0.83*i+6.83*normal(0,1) for i in [155, 160, 165, 170, 175] ],
                              ' 体重・サイコロ振らず ':[-80+0.83*i  for i in [155, 160, 165, 170, 175] ]})
#------------------------------------------------------------------------
```

```
# 標本分散と標本相関係数
#-----------------------------------------------------------------------
# 身長と体重の標本相関係数
print(height_weight.corr())
# 身長と体重の標本共分散
print(height_weight.cov())
#-----------------------------------------------------------------------
# 最小 2 乗法
#-----------------------------------------------------------------------
# 回帰パラメータ (a,b)
b=height_weight.cov().loc[' 身長 ',' 体重 ']/(height_weight.var().loc[' 身長 '])
# 身長・体重の共分散 / 身長の分散
a=height_weight.mean().loc[' 体重 ']-b*height_weight.mean().loc[' 身長 ']
# 体重の平均 - b・身長の平均
#-----------------------------------------------------------------------
# statsmodel による回帰分析
#-----------------------------------------------------------------------
height_weight[' 定数項 '] = 1 # sm.add_constant(height_weight) でも可。"const" ができる。
x=height_weight[[' 定数項 ',' 身長 ']]
y=height_weight[[' 体重 ']]
model = sm.OLS(y, x)
results = model.fit() # dir(results) で属性が分かる
print( results.summary() )
#-----------------------------------------------------------------------
# 決定係数
#-----------------------------------------------------------------------
# 予測値の計算
y_hat=results.fittedvalues
y_souhendo=y.var()*(len(y)-1)            # 総変動 (Series)
y_hat_hendo=y_hat.var()*(len(y_hat)-1)   # 回帰変動 (Series)
zansa_hendo=y_souhendo-y_hat_hendo       # 残差変動
kettei_keisu=y_hat_hendo/y_souhendo
print(kettei_keisu)
#-----------------------------------------------------------------------
# 以下，グラフの描画設定
#-----------------------------------------------------------------------
# グラフ全体のフォント指定
fsz=20                 # 図全体のフォントサイズ
fti=np.floor(fsz*1.2)  # 図タイトルのフォントサイズ
```

```
flg=np.floor(fsz*0.5)  # 凡例のフォントサイズ
flgti=flg               # 凡例のタイトルのフォントサイズ
plt.rcParams["font.size"] = fsz # 図全体のフォントサイズ指定
plt.rcParams['font.family'] ='IPAexGothic' # 図全体のフォント

fig=plt.figure()
ax1=fig.add_subplot(1,2,1)
ax2=fig.add_subplot(1,2,2)
ax1.set_xlabel(' 身長 ',fontsize=20)
ax1.set_ylabel(' 体重 ',fontsize=20)
ax1.set_ylim(0,120)
(ax1.set_title(' 神様がサイコロを振って作ったデータの描画¥n 体重 =-80+0.83 ×身長 + サイ
コロ ',fontsize=20))
ax1.scatter(x=height_weight[' 身長 '].values, y=height_weight[' 体重 '].values,s=500)
ax1.plot(height_weight[' 身長 '].values, results.fittedvalues,c='blue',linestyle='solid',
    label=' 回帰方程式：y = {0:.1f} + {1:.2f}x'.format(a,b))
(ax1.plot(height_weight[' 身長 '].values, height_weight[' 体重・サイコロ振らず '].values,c='red',
    linestyle='solid',label='y=-80+0.83x'))
ax1.legend(loc='upper right',fontsize=10, title_fontsize=10)
ax2.axis('off') # 図を囲む実線を消去
ax2.set_title(' 回帰分析の結果 ',fontsize=30)

# ax2 にテキストを追加
ax2.text(0.2, 0.8, ' 標本相関係数 =  {0:.2f}'.format(height_weight.corr().loc[' 身長 ',' 体重 ']),
size = 20)
ax2.text(0.2, 0.7, ' 標本共分散 =  {0:.1f}'.format(height_weight.cov().loc[' 身長 ',' 体重 ']),
size = 20)
ax2.text(0.1, 0.6, ' 回帰方程式：y = {0:.1f} + {1:.2f}x'.format(a,b), size = 20)
ax2.text(0.1, 0.5, ' 決定係数 ={0:.2f}'.format(kettei_keisu[0]), size = 20, color = "blue")
plt.show()
```

23 回帰分析—σ^2の推定，α，βに関する t 変量—

ここまで，回帰分析について学んできた読者は，本書の前半で学んだ統計的推定や検定がまったく登場しないことに疑念を感じている方も多いのではないでしょうか。回帰分析でも当然のことながら統計的推定，検定は重要な役割を果たしています。しかしそのためには，初心者にとって最も理解が困難な概念を理解しなければなりません。この山を乗り越えさえすれば回帰分析の全貌をつかむことができます。本章ではこの山の攻略にとりかかることにしましょう。

前章に引き続き，4 人の身長と体重の問題をとりあげます。ここで，本当に唐突で申し訳ないのですが，神様にご登場願います。この神様はいたずら好きで，我々の身長と体重のデータを次のような方法で作ってしまいました。

神様の作った第 1 番目のデータの体重 = − 80 + 0.8 × 150 + 1 番目のサイコロの目

神様の作った第 2 番目のデータの体重 = − 80 + 0.8 × 160 + 2 番目のサイコロの目

神様の作った第 3 番目のデータの体重 = − 80 + 0.8 × 170 + 3 番目のサイコロの目

神様の作った第 4 番目のデータの体重 = − 80 + 0.8 × 180 + 4 番目のサイコロの目

もし，各式の最後の項であるサイコロを振らなければ，体重 = − 80 + 0.8 × 身長となってしまい，データが一直線上に並び，我々あさはかな人間でもすぐに「なんかおかしい」データだなぁと感づいてしまいますね。そういう理由で，神様はサイコロを振るわけです。ただし，普通の1から6の目のあるサイコロを振ったとしても，本物のデータのようには見えませんから，神様は平均0，標準偏差8の正規確率変数であるサイコロを振りました。その結果が次表です。

表 23 － 1　神様の作ったデータ

データ番号	身　長 (xセンチ)	体　重 (yキロ)
1	150	37.59814273
2	160	47.77853465
3	170	57.95405846
4	180	74.21178832
平均→	165	51.88563104

我々人間には，神様がいたずらで作ったデータであっても，本物のデータとの区別がつきませんから，この4人の身長・体重のデータから身長と体重の関係を探るべく，回帰分析を実行したくなります。これまで学んだ知識をフル動員して以下のような分析結果を得ました。

回帰方程式：$y = -143.6 + 1.2x$
決定係数 R^2：0.98

図 23 － 1　神様が作ったデータ（表 23 － 1）の回帰直線

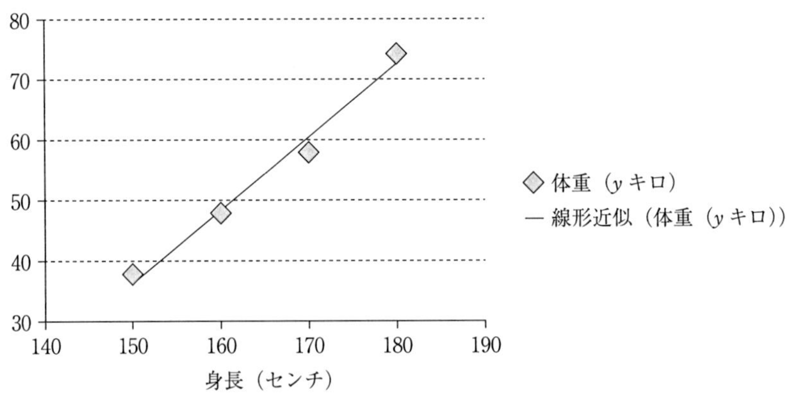

さて，ここで，じっくり考えてみましょう。今，我々は，回帰直線の定数項 − 143.6，傾き1.2という数値を得たわけですが，神様がお作りになるいたず

らデータとの比較をすると次のようになっているわけです。

神様のいたずら：神様の作った体重のデータ＝－80＋0.8×x＋サイコロの目
回帰式　　　　：y　　　　　　　　　　　＝－143.6＋1.2×x

この対比から，回帰方程式の定数項－143.6は神様の定数項－80を推定しており，回帰方程式の傾き1.2は神様の傾き0.8を推定していると考えるのは自然ではないでしょうか。詳細は，次章以降で展開しますが，実際，このように考えることは統計的な観点から大変都合の良いことが知られているのです。

ところで，我々は神様がサイコロを振って，データをお作りになったことを知っています。そこで，統計的な推定の観点からすれば，このサイコロ—平均0，標準偏差8の正規確率変数—の性質も推定したくなります。ポイントは標準偏差です。標準偏差を推定する方法はないのでしょうか。これも，詳細は後述しますが，次のような方法で推定できることがわかっています。

$$\text{神様の標準偏差の推定値} = \sqrt{\sum_{i=1}^{4} \frac{(y_i - \hat{y}_i)^2}{4-2}} = \sqrt{\sum_{i=1}^{4} \frac{e_i^2}{4-2}} = 2.35$$

さて，以上で神様が戯れにお作りになったデータに関しては，統計的推定の考え方で，神様の定数項，傾き，標準偏差を推定できることがわかりました。では，我々が日々直面している本物のデータに対してはどのように考えたら良いのでしょうか。図23－1の神様の作ったデータをご覧ください。4つのデータしかないので，直感的によく理解できないかもしれませんが，この4つのデータが「神様の戯れのデータ」であると瞬時に認識できる読者はいるでしょうか？　おそらく，いないと思います。そして，もし，いないのであれば，本物のデータであっても，神様が戯れに作ったデータと区別がつきません。つかないのであれば，本物のデータであっても神様が戯れに作ったデータであるとみなしても，なんら不都合はないことになります。

そこで，表21－1の本物のデータを神様が作っていると考えることにしましょう。どのように作っているかというと，次のように考えるのです。

神様の作った第１番目のデータの体重＝α ＋ β × 150＋平均０，標準偏差 σ の正規確率変数[1)]

神様の作った第２番目のデータの体重＝α ＋ β × 160＋平均０，標準偏差 σ の正規確率変数

神様の作った第３番目のデータの体重＝α ＋ β × 170＋平均０，標準偏差 σ の正規確率変数

神様の作った第４番目のデータの体重＝α ＋ β × 180＋平均０，標準偏差 σ の正規確率変数

実際のデータでは α，β，σ の真の値はわかりません。わかりませんが，我々はこれを推定することができます。α，β については，すでに最小二乗法で推定できており，それぞれ，－77，0.8でしたね。σ の推定については，公式にあてはめて，

$$\sigma\text{の推定値}=\sqrt{\sum_{i=1}^{4}\frac{(y_i-\hat{y}_i)^2}{4-2}}=\sqrt{\frac{(45-43)^2+(50-51)^2+(55-59)^2+(70-67)^2}{4-2}}=3.87$$

とすることができます。なお，平均０，標準偏差 σ の正規確率変数は通常，**誤差項**と呼ばれます。

このように，実際の回帰分析にあたって，背後に神様のデータ創造プロセス

$y = \alpha + \beta x +$ 誤差項

誤差項は平均０，標準偏差 σ の正規確率変数に従う。

があって，これで作られたデータについて回帰分析していると考えられますから，回帰直線の定数項 a は α を推定し，傾き b は β を推定していることになります。そこで，今後は a を $\hat{\alpha}$，b を $\hat{\beta}$ で表記することにしましょう[2)]。こうすれば，$\hat{\alpha}$ は α を，$\hat{\beta}$ は β を推定していることが，より明瞭になります。同様に，誤差項の標準偏差 σ の推定値として，記号 $\hat{\sigma}$ を使うことにします。なお，

1）α は「アルファ」，β は「ベータ」，σ は「シグマ」と読みます。

2）$\hat{\alpha}$，$\hat{\beta}$ はそれぞれ，「アルファハット」，「ベータハット」と読みます。

$\hat{\sigma}$ は**回帰方程式の標準誤差**と呼ばれています。

最後に，表 23 － 1 の神様が作ったデータに戻りましょう。表 23 － 1 のデータ創造プロセスにおいては，$\alpha = -80$，$\beta = 0.8$ ということがわかっていました。だから，次のようなややこしい量を「計算できる」ということが確認できます。

$$\frac{\hat{\alpha}-\alpha}{\sqrt{\hat{\sigma}^2\left(\frac{1}{n}+\frac{\overline{x}^2}{\sum(x_i-\overline{x})^2}\right)}}$$

$$\frac{\hat{\beta}-\beta}{\sqrt{\frac{\hat{\sigma}^2}{\sum(x_i-\overline{x})^2}}}$$

すなわち，

$$\frac{\hat{\alpha}-\alpha}{\sqrt{\hat{\sigma}^2\left(\frac{1}{n}+\frac{\overline{x}^2}{\sum_{i=1}^{4}(x_i-\overline{x})^2}\right)}}=\frac{-143.6-(-80)}{\sqrt{2.35^2\left(\frac{1}{4}+\frac{165^2}{500}\right)}}=-3.65$$

$$\frac{\hat{\beta}-\beta}{\sqrt{\frac{\hat{\sigma}^2}{\sum_{i=1}^{4}(x_i-\overline{x})^2}}}=\frac{1.2-0.8}{\sqrt{\frac{2.35^2}{500}}}=3.8$$

ですね。また，$\frac{\hat{\alpha}-\alpha}{\sqrt{\hat{\sigma}^2\left(\frac{1}{n}+\frac{\overline{x}^2}{\sum_{i=1}^{4}(x_i-\overline{x})^2}\right)}}$ を **α に関する t 変量**，$\frac{\hat{\beta}-\beta}{\sqrt{\frac{\hat{\sigma}^2}{\sum_{i=1}^{4}(x_i-\overline{x})^2}}}$ を **β に関する t 変量**と呼ぶことにします。このややこしい式の意味は，本章では問いません。ここでは，2つの t 変量が計算可能であるということを押さえておいてください。

エクセルで実験

本章の神様のお戯れを，神様になったつもりでやってみましょう。まず，全体図を示します。基本的に前章で作ったシートを拡張しています[3)]。

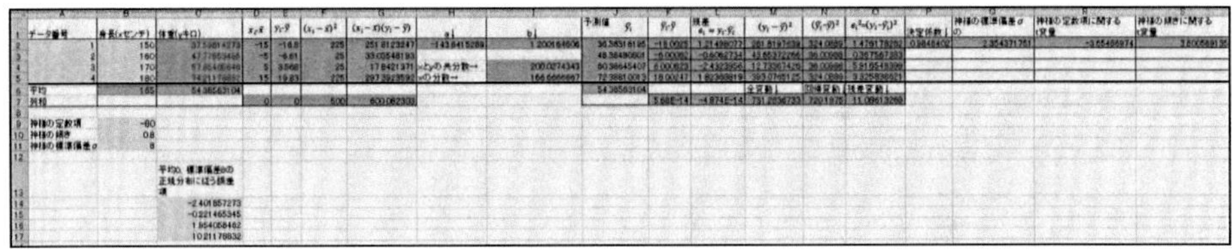

A	B	C	D	E	F	G	H	I	J	K	L	M	N	O	P	Q	R	S
データ番号	身長(xセンチ)	体重(yキロ)	$x_i-\bar{x}$	$y_i-\bar{y}$	$(x_i-\bar{x})^2$	$(x_i-\bar{x})(y_i-\bar{y})$	a↓	b↓	予測値 $\hat{y}_i$	$\hat{y}_i-\bar{y}$	残差 $e_i=y_i-\hat{y}_i$	$(y_i-\bar{y})^2$	$(\hat{y}_i-\bar{y})^2$	$e_i^2=(y_i-\hat{y}_i)^2$	決定係数↓	神様の標準偏差σの	神様の定数項に関するt定量	神様の傾きに関するt定量
1	150	37.59814273	-15	-16.8	225	251.8123247	-143.8415289	1.200164606	36.38318195	-18.0025	1.21496077	281.8197439	324.0889	1.479178252	0.9848402	2.354371751	-3.65486974	3.8005891[illegible]
2	160	47.77653465	-5	-6.61	25	33.03548193			48.38480601	-6.00082	-0.6062734	43.65372266	36.00988	0.367567383				
3	170	57.85406646	5	3.568	25	17.8421371	xとyの共分散→	200.0274343	60.38645407	6.000623	-2.4323956	12.73367426	36.00986	5.916548399				
4	180	74.21178882	15	19.83	225	297.3923592	xの分散→	166.6666667	72.38810013	18.00247	1.82369819	393.0765125	324.0889	3.325836621				
平均	165	54.38563104							54.38563104			全変動↓	回帰変動↓	残差変動↓				
列和			0	0	500	600.082303				5.68E-14	-4.874E-14	731.2836733	720.1876	11.09613269				
神様の定数項	-80																	
神様の傾き	0.8																	
神様の標準偏差σ	8																	
		平均0, 標準偏差8の正規分布に従う誤差項																
		-2.401857273																
		-0.221465345																
		1.954058462																
		10.21178832																

まず，最初のポイントは，神様にならってサイコロを振り，C列で与えられていた体重のデータを，「創り出す」ことです。そこで，B列9行に神様の定数項－80，同10行に神様の傾き0.8，同11行に神様の標準偏差8を入力しましょう。その上で，実際に平均0，標準偏差8の正規確率変数というサイコロを4回振って，その値をC列14行から17行に記録します。具体的には，次のように設定して乱数を作れば良いですね。

これで，C列14行から17行に誤差項の実現値を得ることができました。いよいよ，神様のようにデータを作れます。C列2行に第1番目の人の体重データを作ります。同

乱数発生
変数の数(V): 1
乱数の数(B): 4
分布(D): 正規
パラメータ
平均(E) = 0
標準偏差(S) = 8
ランダム シード(R):
出力オプション
出力先(O): $C$14
新規ワークシート(P):
新規ブック(W)
OK
キャンセル
ヘルプ(H)

3）シートをコピーするには，シート名のところで右クリックして，「移動またはコピー」から実行します。

セルに次の式を入れます。

=$B$9+$B$10*B2+C14

これで，データが作られたはずです。残りのデータはこのセルをコピーして下の 3，4，5 行に貼り付けるだけです。これで，神様のお戯れを読者も実行できたことになります。

読者は今作られたデータを使って，早速，回帰分析を行うわけですが，前章のシートのコピーを使っていれば，回帰式から決定係数まで自動的に計算が終了しているはずです。確認してみてください。ちなみに，誤差項の値は筆者とは異なっていてもかまいません。お互いサイコロを振っている訳ですから，当然ですね。

さて，本章で初めて出てきた$\hat{\sigma}$，回帰方程式の標準誤差を Q 列 2 行に計算しましょう。式は以下のとおりで，筆者の例では，2.35 になります。

=SQRT(O7/(4-2))

最後に，αに関する t 変量とβに関する t 変量とを R 列，S 列の 2 行に計算します。それぞれの式は以下のようになります。

=(H2-B9)/SQRT(Q2*Q2*(1/4+B6*B6/F7))
=(I2-B10)/SQRT(Q2*Q2/F7)

元の式である，$\dfrac{\hat{\alpha}-\alpha}{\sqrt{\hat{\sigma}^2\left(\dfrac{1}{n}+\dfrac{\bar{x}^2}{\sum_{i=1}^{4}(x_i-\bar{x})^2}\right)}}$ と $\dfrac{\hat{\beta}-\beta}{\sqrt{\dfrac{\hat{\sigma}^2}{\sum_{i=1}^{4}(x_i-\bar{x})^2}}}$ とに対応していることを確かめてください。

念のため，エクセルのツールを用いた回帰分析の結果を示しておきます。データ → データ分析 → 回帰分析とし，以下のように設定すると，

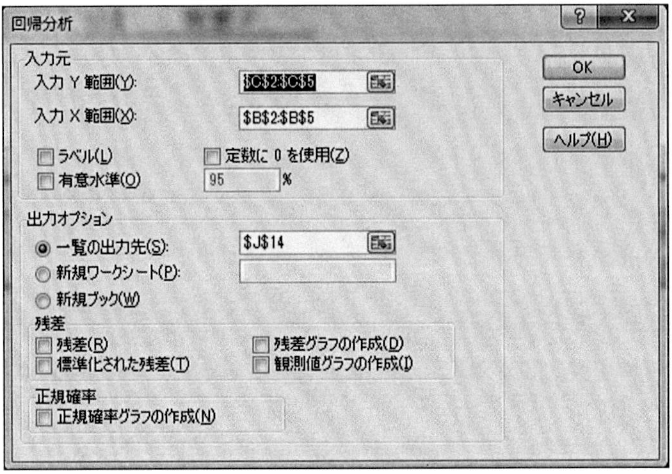

回帰分析

入力元
入力 Y 範囲(Y): $C$2:$C$5
入力 X 範囲(X): $B$2:$B$5
ラベル(L)　定数に 0 を使用(Z)
有意水準(O) 95 %

出力オプション
一覧の出力先(S): $J$14
新規ワークシート(P):
新規ブック(W)
残差
残差(R)　残差グラフの作成(D)
標準化された残差(T)　観測値グラフの作成(I)
正規確率
正規確率グラフの作成(N)

OK
キャンセル
ヘルプ(H)

次のような結果が得られます。

概　要

回帰統計	
重相関 R	0.992391
重決定 R2	0.98484
補正 R2	0.97726
標準誤差	2.354372
観測数	4

分散分析表

	自由度	変　動	分　散	観測された分散比	有意 F
回　帰	1	720.197541	720.1975406	129.9276	0.00760886
残　差	2	11.0861327	5.543066343		
合　計	3	731.283673			

	係　数	標準誤差	t	P－値	下限 95%	上限 95%	下限 95.0%	上限 95.0%
切　片	－143.642	17.4128036	－8.24919021	0.014379	－218.562776	－68.72028	－218.5627758	－68.72028203
X 値 1	1.200165	0.10529071	11.39858071	0.007609	0.747135264	1.6531939	0.747135264	1.653193948

エクセル結果の「標準誤差」が回帰方程式の標準誤差にあたるものです。また，t 列にある 2 つの値，－8.24 と 11.39 に注目してください。この値は，そ

$$\frac{\hat{\alpha}}{\sqrt{\widehat{\sigma^2}\left(\frac{1}{n}+\frac{\overline{x}^2}{\sum_{i=1}^{4}(x_i-\overline{x})^2}\right)}}$$

$$\frac{\hat{\beta}}{\sqrt{\frac{\widehat{\sigma^2}}{\sum_{i=1}^{4}(x_i-\overline{x})^2}}}$$

れぞれ，を計算したものです。すなわち，αに関するt変量において$\alpha=0$，βに関するt変量において$\beta=0$とおいたものになっています。これらの意味，使い方は後続の2つの章で詳しく勉強します。

本章のまとめ

○　n個のデータ(x_1, y_1)，(x_2, y_2)，$\cdots$，(x_n, y_n)が次のようなプロセスから生成されたとする（ただし，iはデータ番号）。

$y_i = \alpha + \beta x_i + \varepsilon_i$

誤差項ε_iは互いに独立な，平均0，標準偏差σの正規確率変数

この時，α，β，σの推定量，$\hat{\alpha}$，$\hat{\beta}$，$\hat{\sigma}$（回帰方程式の標準誤差）は以下の公式で与えられる。

$$\hat{\beta}=\frac{\sum_{i=1}^{n}(x_i-\overline{x})(y_i-\overline{y})}{\sum_{i=1}^{n}(x_i-\overline{x})^2}$$

$$\hat{\alpha}=\overline{y}-\hat{\beta}\overline{x}$$

$$\hat{\sigma}=\sqrt{\sum_{i=1}^{n}\frac{(y_i-\hat{y}_i)^2}{n-2}}$$

○　上記のようなn個のデータが与えられると，

$$\frac{\hat{a}-a}{\sqrt{\widehat{\sigma^2}\left(\frac{1}{n}+\frac{\overline{x}^2}{\sum_{i=1}^{n}(x_i-\overline{x})^2}\right)}}$$ （aに関するｔ変量）

$$\frac{\hat{\beta}-\beta}{\sqrt{\frac{\widehat{\sigma^2}}{\sum_{i=1}^{n}(x_i-\overline{x})^2}}}$$ （βに関するｔ変量）

を，ただ１つ計算することができる。

問　題

問１　日経平均収益率が以下のように与えられている。このとき，α =1，β =1.5とし，さらに誤差項が平均0，分散100の正規分布に従うとして，架空の「林田交通」の収益率データを作成しなさい。

日経平均収益率
-5.4
0.2
1.0
3.5
-13.9
-5.0
1.2
9.7
-7.0
4.7

問２　問１で作成された架空の林田交通の収益率を日経平均収益率に回帰させて，回帰分析を行いなさい。その際，エクセルの回帰分析ツールを使いなさい。

問３　σ =10の推定値を問２の結果から書き出しなさい。

問４　aに関するｔ変量，βに関するｔ変量を計算しなさい。

シミュレーションプログラム

```
#--------------------------------------------------------------------------------------------------------
# 第 23 章
# 身長が 155, 160, 165, 170, 175 センチメートルの人の仮想データ (5 個 ) を作成し,
# 標本相関係数と標本分散を計算する。そして，回帰方程式を求め表示・図示する。
# さらに決定係数を計算し，表示する。
# さらに，σの推定値，αにかんするｔ変量，βにかんするｔ変量を計算，表示する。
#
# 仮想データの作り方
#   -80+0.83 身長＋誤差項（誤差項は平均 0，標準偏差 6.83 の正規確率変数）
#--------------------------------------------------------------------------------------------------------
from scipy import stats
import pandas as pd
import numpy as np
from numpy.random import *
import statsmodels.api as sm
import matplotlib as mpl
import matplotlib.pyplot as plt
# 身長が 155, 160, 165, 170, 175 センチメートルの人の仮想データを作成する。
height_weight=pd.DataFrame( {' 身長 ':[155, 160, 165, 170, 175],
                          ' 体重 ':[-80+0.83*i+6.83*normal(0,1) for i in [155, 160, 165, 170, 175] ],
                          ' 体重・サイコロ振らず ':[-80+0.83*i  for i in [155, 160, 165, 170, 175] ]})
print(height_weight.corr())
print(height_weight.cov())
b=height_weight.cov().loc[' 身長 ',' 体重 ']/(height_weight.var().loc[' 身長 '])
# 身長・体重の共分散 / 身長の分散
a=height_weight.mean().loc[' 体重 ']-b*height_weight.mean().loc[' 身長 ']
# 体重の平均 - b・身長の平均
height_weight[' 定数項 '] = 1 # sm.add_constant(height_weight) でも可。"const" ができる。
x=height_weight[[' 定数項 ',' 身長 ']]
y=height_weight[[' 体重 ']]
model = sm.OLS(y, x)
results = model.fit() # dir(results) で属性が分かる
print( results.summary() ) # results.scale はσ 2 乗の推定値
y_hat=results.fittedvalues
y_souhendo=y.var()*(len(y)-1)              # 総変動 (Series)
y_hat_hendo=y_hat.var()*(len(y_hat)-1)     # 回帰変動 (Series)
zansa_hendo=y_souhendo-y_hat_hendo         # 残差変動
```

```
kettei_keisu=y_hat_hendo/y_souhendo
print(kettei_keisu)
#-----------------------------------------------------------------------------
# 神様のサイコロの標準偏差の推定値（σハット）
# αに関するｔ変量
# βに関するｔ変量
#-----------------------------------------------------------------------------
# σの推定値
sigma_hat=np.sqrt( (results.resid ** 2).sum() / (len(y)-2) )
x_souhendo=(x[['身長']].var()*(len(x)-1))[0] # xの総変動
x_bar=x[['身長']].mean()[0]                    # xの平均
alpha_ni_kansuru_T_henryo=(a-(-80))/np.sqrt((sigma_hat**2)*(1/len(y)+x_bar**2/x_souhendo))
beta_ni_kansuru_T_henryo=(b-0.83)/np.sqrt((sigma_hat**2)/x_souhendo)
print('σハット=',sigma_hat)
print('αに関するｔ変量=',alpha_ni_kansuru_T_henryo)
print('βに関するｔ変量=',beta_ni_kansuru_T_henryo)
#-----------------------------------------------------------------------------
# 以下，グラフの描画設定
#-----------------------------------------------------------------------------
# グラフ全体のフォント指定
fsz=20              # 図全体のフォントサイズ
fti=np.floor(fsz*1.2) # 図タイトルのフォントサイズ
flg=np.floor(fsz*0.5) # 凡例のフォントサイズ
flgti=flg           # 凡例のタイトルのフォントサイズ

plt.rcParams["font.size"] = fsz # 図全体のフォントサイズ指定
plt.rcParams['font.family'] ='IPAexGothic' # 図全体のフォント
fig=plt.figure()
ax1=fig.add_subplot(1,2,1)
ax2=fig.add_subplot(1,2,2)
ax1.set_xlabel('身長',fontsize=20)
ax1.set_ylabel('体重',fontsize=20)
ax1.set_ylim(0,120)
(ax1.set_title('神様がサイコロを振って作ったデータの描画¥n 体重=-80+0.83×身長+サイ
コロ',fontsize=20))
ax1.scatter(x=height_weight['身長'].values, y=height_weight['体重'].values,s=500)
ax1.plot(height_weight['身長'].values, results.fittedvalues,c='blue',linestyle='solid',
    label='回帰方程式：y = {0:.1f} + {1:.2f}x'.format(a,b))
(ax1.plot(height_weight['身長'].values, height_weight['体重・サイコロ振らず'].values,c='red',
```

```
    linestyle='solid',label='y=-80+0.83x'))
ax1.legend(loc='upper right',fontsize=10, title_fontsize=10)
ax2.axis('off') # 図を囲む実線を消去
ax2.set_title(' 回帰分析の結果 ',fontsize=30)
ax2.text(0.2, 0.8, ' 標本相関係数 = {0:.2f}'.format(height_weight.corr().loc[' 身長 ',' 体重 ']),
size = 20)
ax2.text(0.2, 0.7, ' 標本共分散 = {0:.1f}'.format(height_weight.cov().loc[' 身長 ',' 体重 ']),
size = 20)
ax2.text(0.1, 0.6, ' 回帰方程式：y = {0:.1f} + {1:.2f}x'.format(a,b), size = 20)
ax2.text(0.1, 0.5, ' 決定係数 ={0:.2f}'.format(kettei_keisu[0]), size = 20)
ax2.text(0.1, 0.4, ' σの推定値 ={0:.2f}'.format(sigma_hat), size = 20, color = "blue")
ax2.text(0.1, 0.3, ' αに関する t 変量 ={0:.2f}'.format(alpha_ni_kansuru_T_henryo),
size = 20, color = "blue")
ax2.text(0.1, 0.2, ' βに関する t 変量 ={0:.2f}'.format(beta_ni_kansuru_T_henryo),
size = 20, color = "blue")
plt.show()
```

24 回帰分析—推定量の平均，α，βに関するｔ変量の分布—

前章では，神様がお戯れになって，身長が150，160，170，180センチの4人の体重を作ってしまった話をしました。具体的には，

y = − 80 + 0.8 × 身長 + 誤差項
誤差項は平均0，標準偏差8の正規確率変数に従う。

という仕組みを使ったわけです。そこでは，誤差項にあたるサイコロを振り，出た値を，− 80 + 0.8 × 身長に加えて，その人の体重としたわけです。我々人間は，そのような神様の思し召しがわかりませんから，与えられたデータに対して，愚直に回帰分析を施し，定数項 = − 143.6，傾き = 1.2，回帰方程式の標準誤差 = 2.35，αに関するｔ変量 = − 3.65，βに関するｔ変量 = 3.80という結果を得たのでした。

ところが，この神様，これではあきたらず，身長が150，160，170，180センチの別の4人の体重までサイコロを振って決めてしまったのです。神様はものぐさですから，体重を決める仕組みそのものは変えていません。すなわち，

y = − 80 + 0.8 × 身長 + 誤差項
誤差項は平均0，標準偏差8の正規確率変数に従う。

を利用します。ただ，身長が同じなら体重も同じというのは面白くないというわけで，誤差項にあたるサイコロだけは振って，その出た目（値）を加えた訳です。例によって我々人間には，そのあたりの事情はわかりませんから，また新しいデータが得られたというわけで，早速，回帰分析を行いました。前回の回帰分析の結果とあわせて，次の表にまとめてみました。

表 24 － 1　神様のお戯れデータに対する回帰分析

神様のお戯れ何回目	定数項 $\hat{\alpha}$	傾き $\hat{\beta}$	回帰方程式の標準誤差 $\hat{\sigma}$	αに関するt変量 $\dfrac{\hat{\alpha}-\alpha}{\sqrt{\widehat{\sigma^2}\left(\dfrac{1}{n}+\dfrac{\overline{x}^2}{\sum_{i=1}^{n}(x_i-\overline{x})^2}\right)}}$	βに関するt変量 $\dfrac{\hat{\beta}-\beta}{\sqrt{\dfrac{\widehat{\sigma^2}}{\sum_{i=1}^{n}(x_i-\overline{x})^2}}}$
1	－ 143.6	1.2	2.35	－ 3.65	3.80
2	－ 155.7	1.3	5.01	－ 2.04	2.02

表 24 － 1 から，1 回目のデータに対する回帰分析の結果と 2 回目のデータに対する回帰分析の結果とは異なっていることがわかります。その理由は，体重を作る仕組みそのものを神様は変えていませんが，神様が都度サイコロを振ったために，体重データが変化し，そのために，定数項等がすべて変化したからです。いずれにしても，神様がサイコロを振る限り，体重データは変化します。そして，それをデータとして回帰分析した結果も変化することがわかります。その意味で，$\hat{\alpha}$，$\hat{\beta}$，$\hat{\sigma}$，$\dfrac{\hat{\alpha}-\alpha}{\sqrt{\widehat{\sigma^2}\left(\dfrac{1}{4}+\dfrac{\overline{x}^2}{\sum_{i=1}^{4}(x_i-\overline{x})^2}\right)}}$，$\dfrac{\hat{\beta}-\beta}{\sqrt{\dfrac{\widehat{\sigma^2}}{\sum_{i=1}^{4}(x_i-\overline{x})^2}}}$ はいずれも，変数であることがわかります。しかも，これらの変数は，確率的に変化することが知られていて，確率変数になっているのです。

さて，前章で，$\hat{\alpha}$は神様の定数項αの，$\hat{\beta}$は神様の傾きβの，$\hat{\sigma}$は神様の標準偏差σの推定量だと考えるのは自然であることを指摘しました。しかし，それで良いのか悪いのか，現時点ではなんとも言えません。ところで，推定量が良い性質を持っているか否かの尺度として，不偏性という概念を我々はすでに学習しています。不偏性とは，推定量の確率変数としての平均が推定量の推定の対象になっているものの値と一致するということでした。そこで，$\hat{\alpha}$，$\hat{\beta}$，$\hat{\sigma}$がこの不偏性という性質を持っているか否かを確かめることにしましょう。

手始めに，$\hat{\alpha}$について考えてみましょう。$\hat{\alpha}$の確率分布を知るためには，1 万個くらいの$\hat{\alpha}$の実現値を手に入れて，そのヒストグラムを描けば良かったですね。そのためには，神様に 1 万回くらいお戯れいただいて，その都度，回帰分析を行い，1万個の$\hat{a}$の実現値を得て，ヒストグラムを描けば良いわけです。神様の戯れ方はわかっていますから，エクセルを使って，早速やってみました(具体的なやり方は，後述します)。

図 24－1　1万個の$\hat{a}$から描かれたヒストグラム

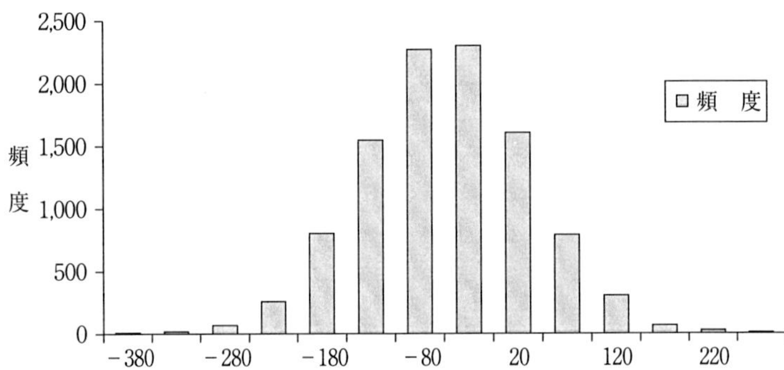

ヒストグラムの中心が－80あたりにあることが一目瞭然ですね。また，この分布は正規確率変数の分布に似ていることにも気づくと思います。実際，$\hat{a}$は平均がaである正規確率変数になっていることが知られています。したがって，$\hat{a}$はaの不偏推定量であることが証明されたことになります。前章では，神様による体重の作り方と回帰方程式との類似性から，$\hat{a}$はaの推定量と考えて良いのではないかと述べましたが，本章では，その統計理論的な根拠が示されたことになったわけです。

$\hat{\beta}$についても，まったく同じことを言うことができます。以下の図が1万個の$\hat{\beta}$の実現値からヒストグラムを描いたものです。

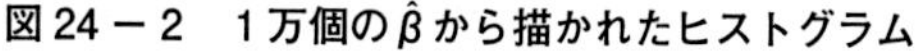

図 24－2　1 万個の $\hat{\beta}$ から描かれたヒストグラム

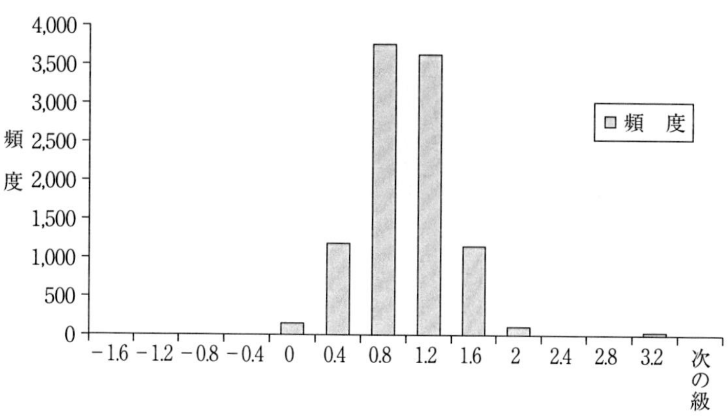

上の図から $\hat{\beta}$ のヒストグラムの中心が 0.8 にあることがわかります。したがって，$\hat{\beta}$ の確率変数としての平均は β とみなせます。よって，$\hat{\beta}$ は β の不偏推定量であることが実験的に確認されたことになります。$\hat{\alpha}$ の場合と同じく，$\hat{\beta}$ についても，それが，平均 β の正規確率変数になっていることが広く知られています。

次に，$\hat{\sigma}$ について，考えてみます。これは通常，$\widehat{\sigma^2} \equiv \hat{\sigma}^2 = \sum_{i=1}^{4} \frac{(y_i - \hat{y}_i)^2}{4-2}$ の性質を問いますので，$\widehat{\sigma^2}$ が σ^2 の不偏推定量になっているか否かについて，議論したいと思います。まず，少々ややこしいですが，以下の量に注目します。

$$\frac{(4-2)\widehat{\sigma^2}}{\sigma^2} = \frac{\sum_{i=1}^{4}(y_i - \hat{y}_i)^2}{\sigma^2}$$

複雑な形をしてはいますが，これが，確率変数であることは明らかですね。そこで，この量を 1 万個実現させて，ヒストグラムを描いてみました。

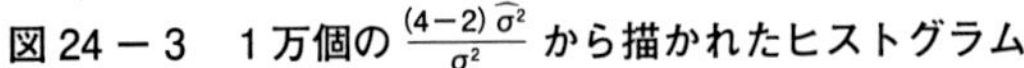

図24－3　1万個の $\frac{(4-2)\widehat{\sigma^2}}{\sigma^2}$ から描かれたヒストグラム

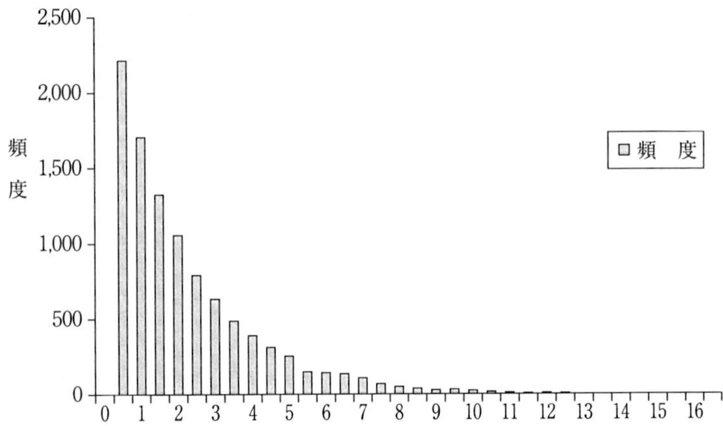

本書のレベルを超えるので，詳しくは述べませんが，このヒストグラムは自由度（4 － 2）＝ 2のカイ二乗確率変数の分布になっています。カイ二乗確率変数については，本書でも簡単に触れていますが，その重要な性質として，その確率変数としての平均が自由度に等しい，ということがあげられます。したがって，$\frac{(4-2)\widehat{\sigma^2}}{\sigma^2}$ の確率変数としての平均が（4 － 2）であることが判明しました。

$$\frac{(4-2)\widehat{\sigma^2}}{\sigma^2}\text{ の確率変数としての平均} = (4-2)$$

この両辺に $\frac{\sigma^2}{(4-2)}$ をかけると，

$$\widehat{\sigma^2}\text{ の確率変数としての平均} = (4-2)\frac{\sigma^2}{(4-2)} = \sigma^2$$

となります。これは，とりもなおさず，$\widehat{\sigma^2}$ が σ^2 の不偏推定量であることを表しています。こうして，$\hat{\alpha}$，$\hat{\beta}$，$\widehat{\sigma^2}$はそれぞれ，α，β，σ^2の不偏推定量であることが証明されました。

次に，$\dfrac{\hat{\alpha}-\alpha}{\sqrt{\widehat{\sigma^2}\left(\dfrac{1}{4}+\dfrac{\bar{x}^2}{\sum_{i=1}^{4}(x_i-\bar{x})^2}\right)}}$ の確率分布がどのようなものになっているのか調べてみましょう。これも，１万個の $\dfrac{\hat{\alpha}-\alpha}{\sqrt{\widehat{\sigma^2}\left(\dfrac{1}{4}+\dfrac{\bar{x}^2}{\sum_{i=1}^{4}(x_i-\bar{x})^2}\right)}}$ の実現値を手に入れて，ヒストグラムを描けば，おおよそ見当がつきます。

図 24－4　１万個の $\dfrac{\hat{\alpha}-\alpha}{\sqrt{\widehat{\sigma^2}\left(\dfrac{1}{4}+\dfrac{\bar{x}^2}{\sum_{i=1}^{4}(x_i-\bar{x})^2}\right)}}$ から描かれたヒストグラム

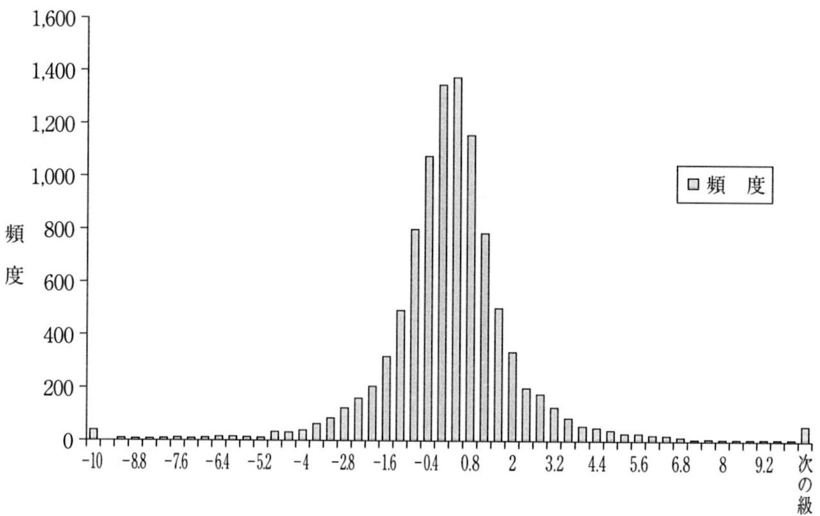

このヒストグラムが０を中心として左右対称であること，正規分布に似ているが両裾がだらだらと続いていることにすぐ気づくと思います。これはｔ分布に

特徴的な性質でしたね。実際，$\dfrac{\hat{a}-a}{\sqrt{\widehat{\sigma}^2\left(\dfrac{1}{4}+\dfrac{\overline{x}^2}{\sum_{i=1}^{4}(x_i-\overline{x})^2}\right)}}$ は自由度が（4 － 2）＝ 2 の t 分布に従うことがわかっているのです。これが，実は，この量に「a に関する t 変量」と名付けた理由でした。

$\dfrac{\hat{\beta}-\beta}{\sqrt{\dfrac{\widehat{\sigma}^2}{\sum_{i=1}^{4}(x_i-\overline{x})^2}}}$ についても，まったく同様にして，これが自由度（4 － 2）の t 分布に従っていることが証明できます。これらの，2 つのややこしい量は，次章の a と β に関する仮説検定において，非常に重要な役割を果たすことになります。

エクセルで実験

本章の内容は盛りだくさんでしたので，すべてを実験していると紙幅が足りなくなってしまいます。そこで，ここでは，$\dfrac{\hat{a}-a}{\sqrt{\widehat{\sigma}^2\left(\dfrac{1}{4}+\dfrac{\overline{x}^2}{\sum_{i=1}^{4}(x_i-\overline{x})^2}\right)}}$ のヒストグラムを描いて，それが，t 分布になっていることだけを確認してみましょう。それが理解できれば，他のヒストグラムの描き方は簡単にわかると思います。

	A	B
1	α =	-80
2	β =	0.8
3	σ =	8
4	n=	4

まず，右のように，神様がお使いになった a，β，σ を入力しておきます。n はサンプル数なので，今は 4 ですね。

まず，A，B，C，D 列 6 行に 4 人の身長を入れます。それぞれ，150，160，170，180 でしたね。その上で，E，F，G，H 列 6 行に，平均 0，標準偏差 8 の正規確率変数の乱数を作ります。設定は，次頁のとおりですね。

それから，I，J，K，L 列 6 行に，神様に習って体重を作ることにしましょう。それぞれ，

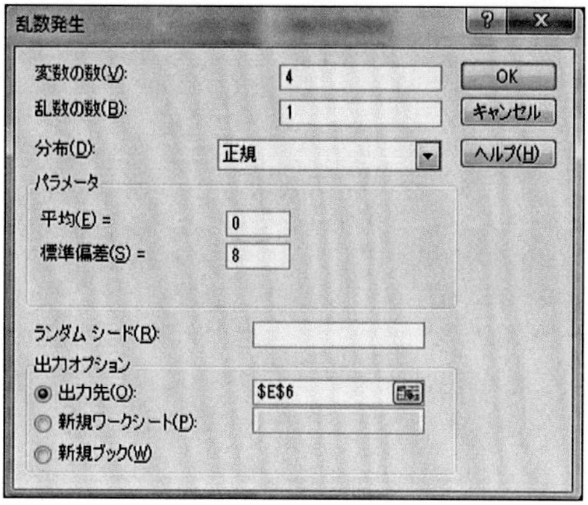

=$B$1+$B$2*A6+E6

=$B$1+$B$2*B6+F6

=$B$1+$B$2*C6+G6

=$B$1+$B$2*D6+H6

となることはおわかりだと思います。これで，4 人の身長・体重のデータを作成することができました。

6 行目にあるデータに対して，回帰分析を行います。ここでは，エクセルの便利な関数を使っていきます。O 列 6 行目に傾き β の推定値 $\hat{\beta}$ を計算します。式は，

=SLOPE(I6:L6,A6:D6)

となります。SLOPE 関数は，このように，y のデータ系列と x のデータ系列を与えると $\hat{\beta}$ を計算してくれる便利な関数です。覚えておいてください。

N 列 6 行には定数項 α の推定値 $\hat{\alpha}$ を計算します。式は

=AVERAGE(I6:L6)-O6*AVERAGE(A6:D6)

となります。先に計算した $\hat{\beta}$ を使っていることに注意してください。さらに，P 列 6 行には，$\widehat{\sigma^2}$ を計算しておきます。少し長いですが，式は以下のとおりです。

=((I6-N6-O6*A6)^2+(J6-N6-O6*B6)^2+(K6-N6-O6*C6)^2+(L6-N6-O6*D6)^2)/($B$4-2)

いよいよ，Q 列 6 行に，ターゲットである α に関する t 変量を計算します。

式はかなり複雑ですが，

=(N6-$B$1)/SQRT(P6*(1/$B$4+AVERAGE(A6:D6)^2/(($B$4-1)*VAR.S(A6:D6))))

となります。ここで，VAR.S(A6:D6) は，身長のデータについて，以下のような計算を行います。

$$\text{VAR.S}(\text{A6}:\text{D6})=\frac{\sum_{i=1}^{4}(x_i-\bar{x})^2}{4-1}$$

つまり，身長の標本分散ですね。これに，($B$4-1) がかけられていますから，結局，

$$(\$B\$4-1)\,\text{VAR.S}(\text{A6}:\text{D6})=\sum_{i=1}^{4}(x_i-\bar{x})^2$$

ということになります。後はすべて既習事項です。

以上で，Q列6行に，a に関する t 変量をただ1つ計算することができました。これは，a に関する t 変量の実現値を1個手に入れたことを意味します。以上のやり方で，残りの 9,999 個の t 変量の実現値を得ることにしましょう。ここまで来ると，もう難しくありません。

まず，A, B, C, D 列6行を右クリックからコピーして，A列7行で左クリックします。そして，垂直スクロールバーをドラッグして，10005 行までもっていき，さらに，シフトキーを押したままで，D列 10005 行を左クリックします。領域が反転しますから，右クリック，貼り付けを選びます[1)]。これで，A, B, C, D列に身長のデータの組が1万個準備できました。

E, F, G, H列7行から 10005 行にかけて，誤差項のサイコロを振ります。設定は次頁のようにすれば良いですね。

1）このコピーの仕方は，サンプル数の大きい実験では便利ですからぜひ，修得してください。

I，J，K，L列6行には，体重の計算式があらかじめ入力されていますから，先ほどと同じようにI，J，K，L列6行をコピーして，I，J，K，L列7行から10005行に貼り付ければよろしい。これで，1万個の身長・体重のデータができあがりました。

乱数発生
変数の数(V):
4
OK
乱数の数(B):
9999
キャンセル
分布(D):
正規
ヘルプ(H)
パラメータ
平均(E) =
0
標準偏差(S) =
8
ランダム シード(R):
出力オプション
出力先(O):
$E$7
新規ワークシート(P):
新規ブック(W)

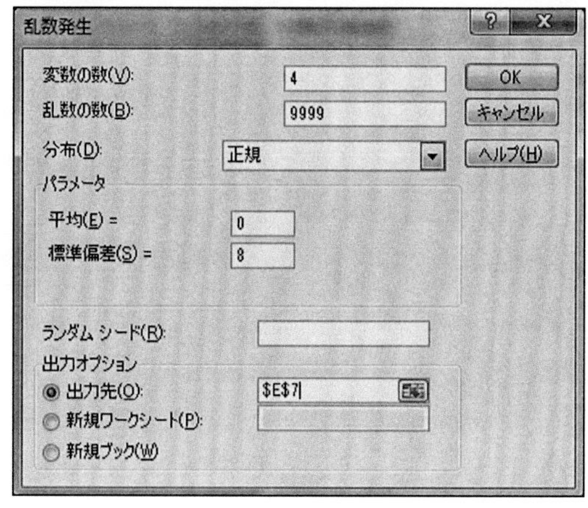

$\hat{\alpha}$，$\hat{\beta}$，αに関するt変量については，すでにN列，O列，P列，Q列6行に式が入っていますから，これをコピーして，同列の7行から10005行に貼り付ければ良いだけです。以上でQ列にαに関するt変量の実現値1万個が手に入ったことになります。

最後に，Q列の1万個のt変量の実現値をもとにして，ヒストグラムを描いてみましょう。これは，自由度4－2のt分布に従っていることがわかっているので，データ区間として，－10から10まで，0.4きざみで用意しておきます（W列の6行から56行）。そして，以下のように設定すれば，ヒストグラムを描くことができます。

図24－4のようなヒストグラムが描けたでしょうか？

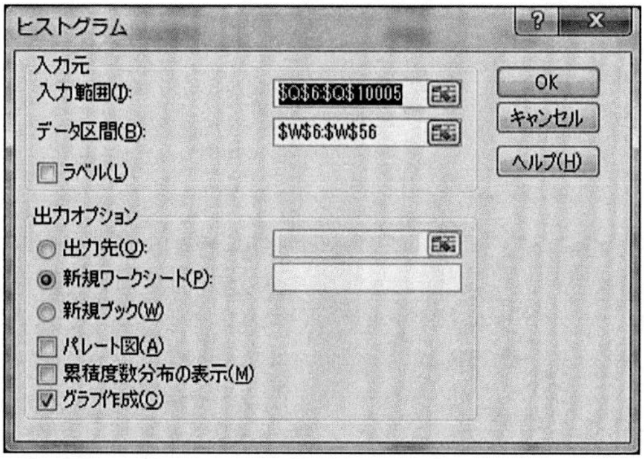

ヒストグラム
入力元
入力範囲(I):
$Q$6:$Q$10005
OK
データ区間(B):
$W$6:$W$56
キャンセル
ラベル(L)
ヘルプ(H)
出力オプション
出力先(O):
新規ワークシート(P):
新規ブック(W)
パレート図(A)
累積度数分布の表示(M)
グラフ作成(C)

本章のまとめ

○ n 個のデータ (x_1, y_1)，(x_2, y_2)，…，(x_n, y_n) が次のようなプロセスから生成されたとする（i はデータ番号である）。

$$y_i = \alpha + \beta x_i + \varepsilon_i$$

誤差項 ε_i は互いに独立な，平均 0，標準偏差 σ の正規確率変数[2)]

この時，α，β の最小二乗推定量 $\hat{\alpha}$，$\hat{\beta}$ は，それぞれ，α，β の不偏推定量になっている。また，$\hat{y}_i$ を予測値として，以下のように定義される量

$$\widehat{\sigma^2} = \frac{\sum (y_i - \hat{y}_i)^2}{n-2}$$

は σ^2 の不偏推定量になっている。

○ 上記のような n 個のデータが与えられた時，以下のように定義された量

$$\frac{\hat{\alpha}-\alpha}{\sqrt{\widehat{\sigma^2}\left(\dfrac{1}{n} + \dfrac{\bar{x}^2}{\sum_{i=1}^{n}(x_i-\bar{x})^2}\right)}} \quad (\alpha \text{に関する t 変量})$$

$$\frac{\hat{\beta}-\beta}{\sqrt{\dfrac{\widehat{\sigma^2}}{\sum_{i=1}^{n}(x_i-\bar{x})^2}}} \quad (\beta \text{に関する t 変量})$$

はどちらも，自由度（$n-2$）の t 分布に従う確率変数である。

2）ε は「イプシロン」と読みます。このように誤差項を表す確率変数として，よく使われます。

問　題

問１　日経平均収益率が次のように５個与えられている。

-5.36	0.18	1.01	3.46	-13.86

ここで，パナソニックの収益率yは以下のように生成されているとする。

$$y = 0.16 + 1.13 \times \text{日経平均収益率} + \text{誤差項}$$

ただし，誤差項は平均0，分散$\sigma^2=1.9^2$の正規分布に従う。
この時，それぞれ，１組５個のデータからなる，1,000組のパナソニックおよび日経平均の収益率の仮想データを作成し，それぞれの組ごとに，αの推定値，βの推定値，σ^2の推定値，αに関するt変量，βに関するt変量を計算しなさい。さらに，1,000個のαの推定値，1,000個のβの推定値，1,000個のσ^2の推定値，1,000個のαに関するt変量，1,000個のβに関するt変量を用いて，それぞれのヒストグラムを描きなさい。

問２　問１で得られる５つのヒストグラムは，それぞれ，どのような確率変数の密度関数を近似したものであるか答えなさい。

シミュレーション用プログラム

```
#--------------------------------------------------------------------------------
# 第24章
# 身長と体重の5個のデータから,
#
#   αに関するt変量
#   βに関するt変量
#   αハット
#   βハット
#   χ2乗変数
#   回帰方程式の標準誤差の2乗
#
# を計算する。これを, 1万回繰り返すことにより得られる, 上記の変数のデータから
# 6種のヒストグラムを描く
#--------------------------------------------------------------------------------
import pandas as pd
import numpy as np
from numpy.random import *
import matplotlib as mpl
import matplotlib.pyplot as plt

# 本プログラムでは, statsmodel ではなく, sklearn を使ってみる
# sklearn.linear_model.LinearRegression クラスを読み込み
```

```
from sklearn import linear_model
clf = linear_model.LinearRegression()
X=pd.DataFrame([150, 160, 170, 180],columns=['説明変数']).values # 教科書にあわせた
alpha=-80
beta=0.8
sigma=8
hozon=pd.DataFrame([])
for i in range(10000):
    Y=pd.DataFrame([ alpha+beta*i + normal(0,sigma) for i in list(X)],
    columns=['目的変数']).values
    clf.fit(X, Y)
    a=clf.intercept_
    b=clf.coef_.flatten() # 2次元配列を1次元配列にしておく
    Y_hat=clf.predict(X)
    e=Y-Y_hat
    sigma_sq_hat=np.dot(e.T,e)/(len(Y)-2) # sigma_sq_hat の期待値は sigma**2
    t_beta=(b-beta)/np.sqrt(sigma_sq_hat/(np.dot((X-np.mean(X)).T,(X-np.mean(X)))))
    t_alpha=(a-alpha)/np.sqrt(sigma_sq_hat*(1/len(Y)+
    np.mean(X)**2/(np.dot((X-np.mean(X)).T,(X-np.mean(X))))))
    chai=sigma_sq_hat*(len(Y)-2)/sigma**2 # chi の期待値は 5-2=3
    save=pd.DataFrame([[a[0],b[0],
                        sigma_sq_hat[0,0],chai[0,0],
                        t_beta[0,0],t_alpha[0,0]]],
                        columns=['定数項','傾き',
                                 '回帰方程式の標準誤差の2乗','χ2乗',
                                 'βに関するt変量','αに関するt変量'])

    hozon=hozon.append(save)

#--------------------------------------------------------------------------------
# 以下，グラフの描画設定と描画
#--------------------------------------------------------------------------------

# グラフ全体のフォント指定
fsz=10                # 図全体のフォントサイズ
fti=np.floor(fsz*1.2) # 図タイトルのフォントサイズ
flg=np.floor(fsz*0.5) # 凡例のフォントサイズ
flgti=flg             # 凡例のタイトルのフォントサイズ

plt.rcParams["font.size"] = fsz # 図全体のフォントサイズ指定
#plt.rcParams['font.family'] ='sans-serif'    # 図全体のフォント
plt.rcParams['font.family'] ='IPAexGothic' # 図全体のフォント

# ヒストグラム描画
figure=plt.figure(figsize=(8,5),tight_layout=True)

ax1=figure.add_subplot(3,2,1,title='αに関するt変量(自由度:n-2=2)')
```

```
ax2=figure.add_subplot(3,2,2,title=' βに関する t 変量 ( 自由度 :n-2=2)')
ax3=figure.add_subplot(3,2,3,title=' αハット ')
ax4=figure.add_subplot(3,2,4,title=' βハット ')
ax5=figure.add_subplot(3,2,5,title=' χ 2 乗 ( 自由度 :n-2=2)')
ax6=figure.add_subplot(3,2,6,title=' 回帰方程式の標準誤差の 2 乗 ')

ax1.set_xlim(-20,20)
ax2.set_xlim(-20,20)
ax3.axvline(x=-80,c='blue')
ax4.axvline(x=0.8,c='blue')
ax6.axvline(x=64,c='blue')

hozon[' αに関する t 変量 '].hist(bins=200,grid=False,ax=ax1)
hozon[' βに関する t 変量 '].hist(bins=200,grid=False,ax=ax2)
hozon[' 定数項 '].hist(bins=200,grid=False,ax=ax3)
hozon[' 傾き '].hist(bins=200,grid=False,ax=ax4)
hozon[' χ 2 乗 '].hist(bins=200,grid=False,ax=ax5)
hozon[' 回帰方程式の標準誤差の 2 乗 '].hist(bins=200,grid=False,ax=ax6)

plt.show()
```

25 回帰分析—α，βに関する検定—

23, 24章で，我々が理解したことは，実際の身長・体重のデータがn個与えられた時に，そのデータ生成のプロセスを以下のように前提することは，理にかなっているということでした。

y = $\alpha + \beta \times$身長＋誤差項

誤差項は平均0，分散σ^2の正規確率変数に従う[1)]。

そして，このn個のデータに対して，回帰分析を行うと，α，βの最小二乗推定量$\hat{\alpha}$，$\hat{\beta}$は不偏推定量になっていること，同じく，分散σ^2の推定量$\widehat{\sigma^2}$も不偏性を有していることもすでに学びました。さらに，以下のαに関するt変量，βに関するt変量が自由度$n-2$のt分布に従っていることもすでに知っているわけです。

$$\frac{\hat{\alpha}-\alpha}{\sqrt{\widehat{\sigma^2}\left(\dfrac{1}{n}+\dfrac{\bar{x}^2}{\sum_{i=1}^{n}(x_i-\bar{x})^2}\right)}}$$

$$\frac{\hat{\beta}-\beta}{\sqrt{\dfrac{\widehat{\sigma^2}}{\sum_{i=1}^{n}(x_i-\bar{x})^2}}}$$

ところで，本物の身長と体重のデータを与えられた時，そもそも，身長と体重に関連があると言って良いのか否かは重要なテーマですね。実際，大学1年

1）エクセルで正規乱数を発生させる時には，標準偏差を指定するので，ここまで標準偏差を使っていましたが，通常は分散を使うことが多いので，このようにします。

生に，「身長がわかれば体重はおおよそ見当がつくと思う人，手を上げてください」とか，「身長と体重には一定の関係があると思う人，いますか」などと問いかけると，身長と体重には関連がないはずだと答える学生が1，2割はいるのです。そこで，本章では，身長と体重には真に関係があると言えるのかどうか，について判断を下すための統計的検定を構築していきたいと思います。

統計的な検定ですから，本書で繰り返し展開してきたように5つのステップを踏んで行ってみたいと思います。

<ステップ1>

ここでは，帰無仮説と対立仮説を設定するのでした。今，我々は身長と体重の間に関連があるか否かの判断をしたいわけですから，これらの仮説は以下のようになります。

帰無仮説：$\beta = 0$（身長と体重とは関係がない）
対立仮説：$\beta \neq 0$（身長と体重とは関係がある）

もし，βが0であれば，体重yはα＋誤差項となり，身長とは無関係になります。$\beta \neq 0$であれば，明らかに体重と身長は関係があることになりますね。

<ステップ2>

ここでは，検定統計量に関する一般的な定理と帰無仮説が正しい時の定理とを確認するのでした。読者も予感していたのではないかと思いますが，検定統計量としては，βに関するt変量を用います[2)]。

2）定理25－1の自由度$n-2$は右辺の変数の個数によって変わります。ここでは，右辺の変数は定数項と身長の2個なので，自由度は$n-2$となります。もう1つ変数が加わると自由度は$n-3$です。

定理 25 − 1：n 個の身長 x と体重 y のデータの対が与えられており，かつ，x と y の間に次のような関係があると前提する（i はデータ番号）。

$y_i = \alpha + \beta\ x_i + \varepsilon_i$
誤差項 ε_i は互いに独立な，平均 0，分散 σ^2 の正規確率変数

この時，

$$\frac{\hat{\beta}-\beta}{\sqrt{\dfrac{\widehat{\sigma^2}}{\sum_{i=1}^{n}(x_i-\bar{x})^2}}}$$

は，自由度 $n-2$ の t 分布に従う確率変数である。

もし，帰無仮説 $\beta = 0$ が正しいのであれば，定理 25 − 1 は部分的に変更されて，

$$\frac{\hat{\beta}}{\sqrt{\dfrac{\widehat{\sigma^2}}{\sum_{i=1}^{n}(x_i-\bar{x})^2}}}$$

が，自由度 $n-2$ の t 分布に従うということになります。この量は，神様しか知らない β 等が無くなり，すべて，データから計算できるものになっていることに注目してください。そのグラフは以下のようになります。

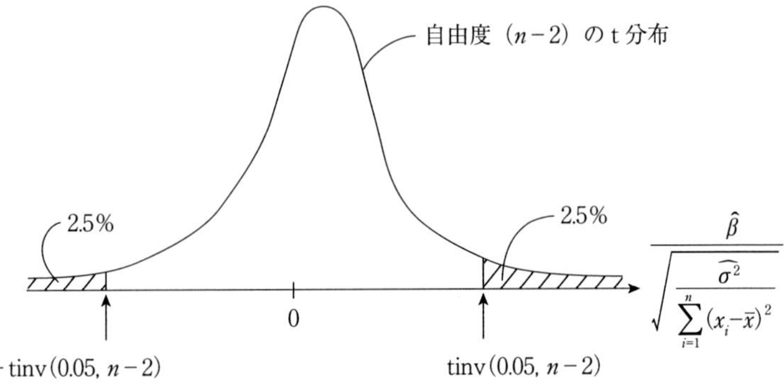

<ステップ 3 >

棄却域を設定します。今，検定統計量 $\dfrac{\hat{\beta}}{\sqrt{\dfrac{\widehat{\sigma^2}}{\sum_{i=1}^{n}(x_i-\bar{x})^2}}}$ の分子に注目しましょう。直感的には，$\hat{\beta}$が正の方向に大きいとか，負の方向に小さく，0から遠い値であれば，$\hat{\beta}$の推定対象であるβも0から遠い値だと推測されますから，β≠0という対立仮説が正しそうに見えますね。また，$\hat{\beta}$の値が0に近い値であれば，きっと，βも0に近いだろうと推理され，β＝0の帰無仮説に軍配があがりそうです。したがって，棄却域は以下のように設定するのが自然なことがわかります。

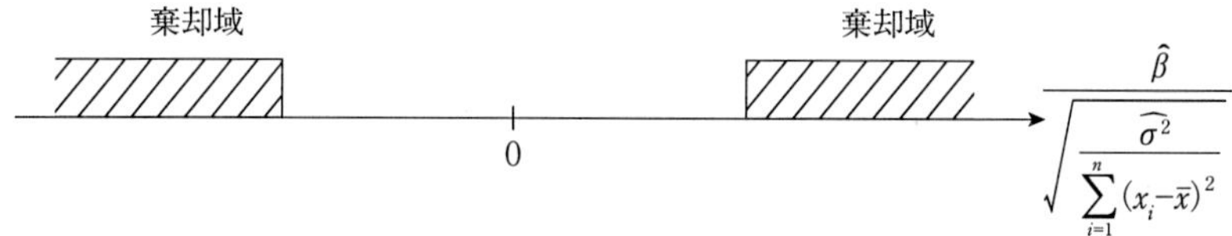

ここで，問題になるのは，棄却域とそうでない領域との境界をどのように決めるかということです。

いま，帰無仮説が正しい時に，$\dfrac{\hat{\beta}}{\sqrt{\dfrac{\widehat{\sigma^2}}{\sum_{i=1}^{n}(x_i-\bar{x})^2}}}$ が自由度 $n-2$ の t 分布に従う確率変数であることがわかっています。しかしながら，この量が tinv (0.05, $n-2$) よりも大きい場合には，機械的に，帰無仮説を棄却するというのは，合理的ですね。同様に，この量が－ tinv(0.05, $n-2$) よりも小さい場合にも，帰無仮説を棄却するというのは，理にかなっています。つまり，こうすることによって，有意水準5％の検定＝帰無仮説が正しいにもかかわらず，誤って帰無仮説を棄却してしまう確率を5％とする検定を構築することができるわけです。したがって，棄却域は以下のようになります。

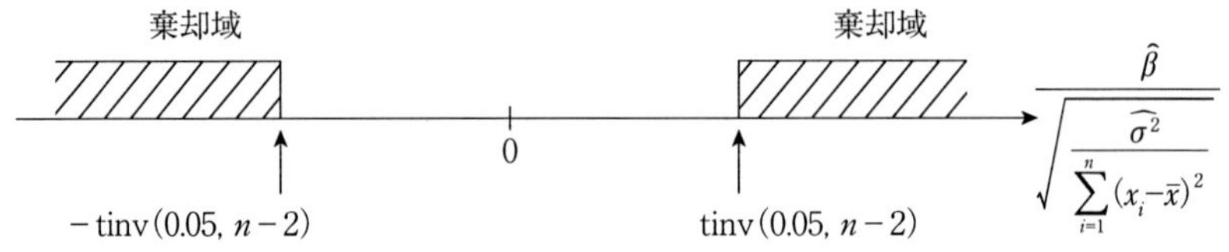

<ステップ 4 >

データから，検定統計量 $\dfrac{\hat{\beta}}{\sqrt{\dfrac{\widehat{\sigma^2}}{\sum_{i=1}^{n}(x_i-\bar{x})^2}}}$ の実現値を計算します。これを**t 値**と呼びます。これが計算可能であることはステップ 2 で指摘しておきました。

<ステップ 5 >

$\dfrac{\hat{\beta}}{\sqrt{\dfrac{\widehat{\sigma^2}}{\sum_{i=1}^{n}(x_i-\bar{x})^2}}}$ の実現値が棄却域に入っていれば，帰無仮説 $\beta=0$ を棄却し，対立仮説 $\beta \neq 0$ を採択します。すなわち，身長と体重には関係があると結論します。逆に，棄却域に入っていなければ，帰無仮説 $\beta=0$ を受容し，身長と体重には関係がないと判断することになります。

以上で，傾き β に関する仮説検定を構築することに成功しました。実際に，検定を行ってみましょう。データは表 21 − 1 のそれを使います。

(再掲) 表 21 − 1　4 人の体重と身長のデータ

データ番号	身　長 (x センチ)	体　重 (y キロ)
1	150	45
2	160	50
3	170	55
4	180	70
平　均	165	55

検定統計量の値を計算すると，

$$\frac{\hat{\beta}}{\sqrt{\dfrac{\widehat{\sigma^2}}{\sum_{i=1}^{n}(x_i-\bar{x})^2}}}=\frac{0.8}{\sqrt{\dfrac{3.87^2}{500}}}=4.6$$

となります。他方，tinv(0.05, 2) = 4.3 ですから，4.6 は棄却域に入っていることがわかります。よって，帰無仮説は棄却されて，対立仮説 $\beta \neq 0$ が採択され，身長と体重には関係があると結論することになりました。この結論は広く知られている事実です。

冒頭で，身長と体重には関係がないと考えている学生が 1，2 割いるということを述べましたが，なぜ，このような誤った印象が定着するか考えてみましょう。普通の体型の人ばかり観察していると，当然，身長と体重には関係があるという印象が，ある個人の心の中に定着します。ところが，極端に太っている人とか，やせている人と遭遇しますと，これは，身長と体重とに関連がない標本を見ていることになり，かつ，そのような経験は，観察者の心の中に強く印象づけられます。こうして，極端な事例が観察者の心の中を支配するようになり，身長と体重とは関係が無いという認識に到達するように思います。人間の心の問題にはこのような事例が多いのです。

検定の問題に戻りましょう。上述の 5 つのステップからなる検定は論理的にはすっきりしていますが，1 点だけ気にくわないところがあります。それは，検定をする際に，いちいち tinv(0.05, n − 2) を計算しなければならないことです。しかも，この値はサンプル数 n が変わると変化するというやっかいな性質を持っています。それゆえ，現在では，もっと簡単に検定を行うことができるようになっています。と言っても，上述の検定とまったく同じなのですが，いちいち，tinv(0.05, n − 2) を計算しなくてすむ方法です。

検定統計量 $\dfrac{\hat{\beta}}{\sqrt{\dfrac{\widehat{\sigma^2}}{\sum_{i=1}^{n}(x_i-\bar{x})^2}}}$ が自由度 n − 2 の t 分布に従う確率変数であることはすでに述べました。ところで，検定統計量の実現値を T（たとえば，

－2）と表すことにしましょう。T は今やただの数字であることに注意してください。この時，$\left|\dfrac{\hat{\beta}}{\sqrt{\dfrac{\widehat{\sigma^2}}{\sum_{i=1}^{n}(x_i-\bar{x})^2}}}\right|$ >|T|となる確率を P 値と定義します（たとえば，$\left|\dfrac{\hat{\beta}}{\sqrt{\dfrac{\widehat{\sigma^2}}{\sum_{i=1}^{n}(x_i-\bar{x})^2}}}\right|$ >|－2|となる確率）。ちょっとわかりにくいと思いますので，P 値を図示しましょう。

図 25 － 1　P 値の定義

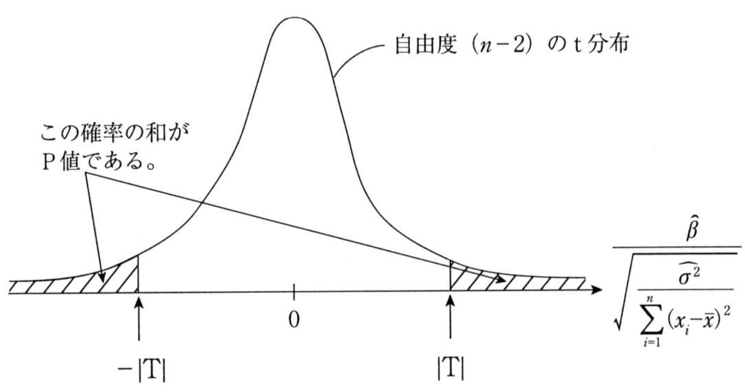

その上で，3 つの例を以下に掲げます。まず，図 25 － 2（a）では，検定統計量の実現値 T が tinv(0.05, n － 2）と一致している場合です。この時，P 値は 0.05 つまり，5%になることがわかります。

図 25 − 2 (a)

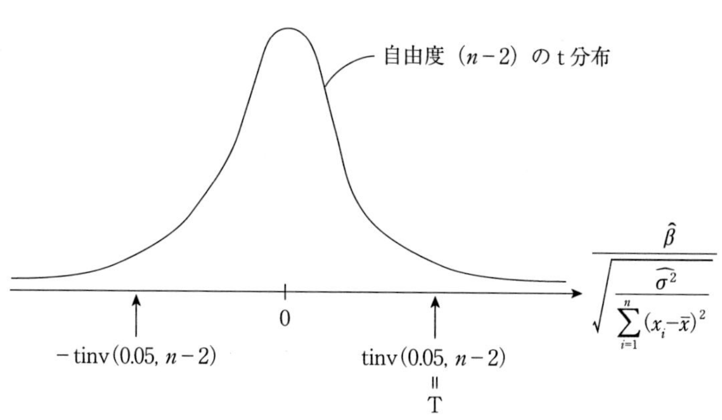

次に，T が棄却域に入っている場合です（図 25 − 2（b））。この時，P 値は 0.05 より小さくなりますね。

図 25 − 2 (b)

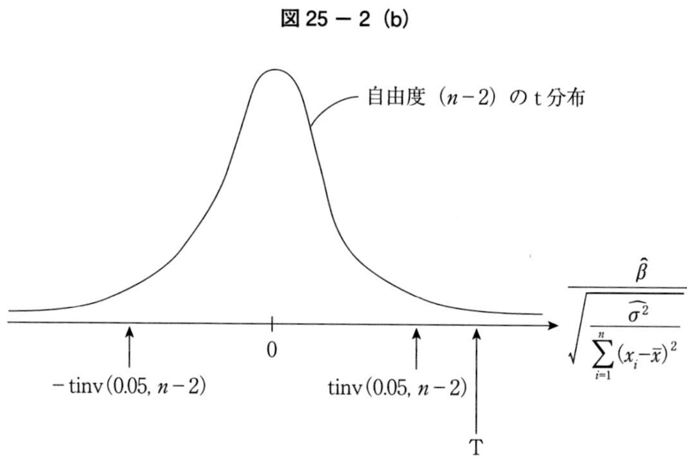

最後に，T が棄却域に入っていない場合を図 25 − 2（c）に示します。この場合は P 値が 0.05 より大きくなることは明らかですね。

図 25 − 2 (c)

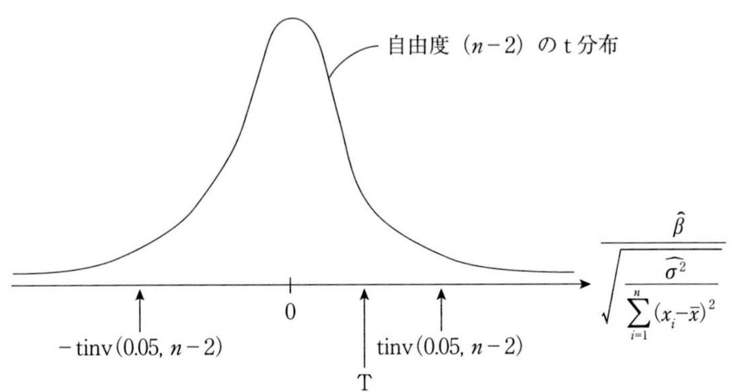

以上のことから，P 値が 0.05 よりも小さければ，帰無仮説を棄却し，そうでなければ，帰無仮説を受容するようにすれば，先述した 5 つのステップからなる検定と同等な手続きが完結することになるわけです。

表 21 − 1 のデータについて，P 値による検定を行ってみましょう。以下が，エクセルによる回帰分析の結果でした。

概　要

回帰統計	
重相関 R	0.956182887
重決定 R2	0.914285714
補正 R2	0.871428571
標準誤差	3.872983346
観測数	4

分散分析表

	自由度	変　動	分　散	観測された分散比	有意 F
回　帰	1	320	320	21.33	0.044
残　差	2	30	15		
合　計	3	350			

	係　数	標準誤差	t	P − 値	下限 95%	上限 95%	下限 95.0%	上限 95.0%
切　片	− 77	28.6443712	− 3	0.115	− 200	46.24678183	− 200.2467818	46.24678183
X 値 1	0.8	0.17320508	4.6	0.044	0.055	1.545241314	0.054758686	1.545241314

ここで，「P－値」列にある数値がP値です。また「t」列にあるのがt値です。0.115と0.044の2つがありますが，βに関する検定は下の0.044となります。これは，0.05よりも小さいので，帰無仮説は棄却されます。当然ですが，先ほどの検定結果と同じになります。

ここまで，傾きβについての検定について述べてきました。定数項αについての仮説検定もほぼ同様に展開することができます。唯一異なるのは，検定統計量で，帰無仮説$\alpha = 0$が正しい時のそれは，

$$\frac{\hat{\alpha}}{\sqrt{\widehat{\sigma^2}\left(\frac{1}{n}+\frac{\bar{x}^2}{\sum_{i=1}^{n}(x_i-\bar{x})^2}\right)}}$$

となり，この量が自由度$n-2$のt分布に従っていることを利用するわけです。自明だとは思いますが，αに関する検定を次項の「エクセルで実験」で構成してみましょう。

エクセルで実験

まず，α に関する検定を実行するためのシートの全体図を示しておきます。

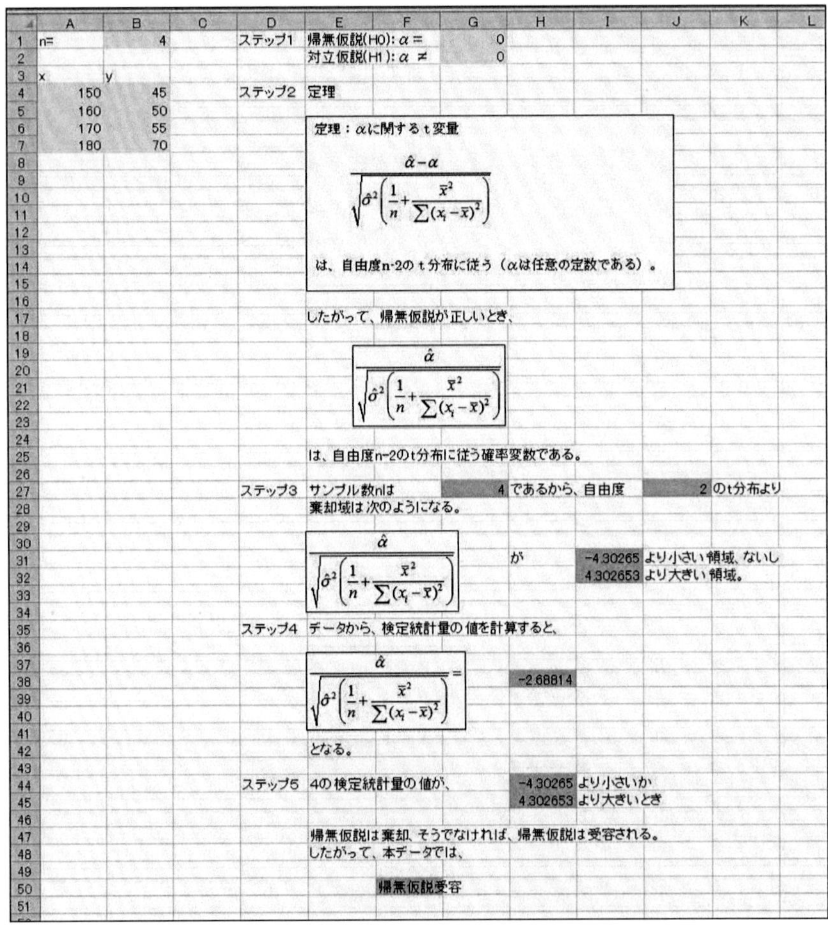

A，B 列にデータ数と x，y 系列を入力すれば，D 列の各ステップに沿って，検定が自動的に行われるようなシート作成を目指していきましょう。データと

しては表21－1の身長と体重のそれを使います。

まず，B列1行にサンプル数を入れます。本例では，4ですね。A列4行から7行に，身長のデータ，B列4行から7行には体重のデータを入力します。データについては，上図を参照してください。

D列1行に，「ステップ1」と入れて，E列1行，2行，それぞれに，「帰無仮説：α =」，「対立仮説：α ≠」と入れます。その上で，G列1行，2行双方に「0」と入れます。これで，帰無仮説：$\alpha = 0$と対立仮説：$\alpha \neq 0$の検定を行う表現が整いました[3)]。

D列4行に「ステップ2」と入力した上で，E列4行に定理を書いておきます。数式を入力するのは難しいので，「定理：αに関するt変量は自由度$n-2$のt分布に従う」としておきましょう。そして，次行に，「もし，帰無仮説が正しければ，『αに関するt変量で$\alpha = 0$とおいた量』は自由度$n-2$のt分布に従う」と入力します。

D列27行には「ステップ3」と入力します。ステップ3では，数式を入力する項目が4カ所あります。まず，G列27行に，

= B1

とします。これは，サンプル数nですね。J列27行に，

= B1-2

と入力します。これは，検定統計量の自由度を意味します。I列31行と32行に棄却限界値を入れましょう。それぞれ，

= − TINV(0.05, J27)
= TINV(0.05, J27)

となりますね。

3）このようにしている理由は，$\alpha = 1$などを帰無仮説とする検定を意識しているからです。

D 列 35 行に，「ステップ 4」とします。検定統計量の実現値を計算するところです。H 列 38 行に

= INDEX(LINEST(B4:B7,A4:A7,,TRUE),1,2)/INDEX(LINEST(B4:B7,A4:A7,,TRUE),2,2)

と式を入れます。これで，t 値の計算が簡単にできます。ここで，利用された関数について解説を加えておきましょう。LINEST(B4:B7,A4:A7,,TRUE) は B4:B7 にある y のデータと A4:A7 にある x のデータに対して回帰分析を行い，さまざまな結果を行列形式で返す関数です。他方，INDEX(行列,1,2) とは，行列にある 1 行 2 列の値を返す機能を持った関数になっています。したがって，INDEX(LINEST(B4:B7,A4:A7,,TRUE),1,2) は LINEST が返す行列の 1 行 2 列にある値となり，本例では，これは $\hat{a}$ になります。同様にして，

$$\sqrt{\widehat{\sigma^2}\left(\frac{1}{n}+\frac{\bar{x}^2}{\sum_{i=1}^{n}(x_i-\bar{x})^2}\right)}$$ =INDEX(LINEST(B4:B7, A4:A7,,TRUE),2,2)

が成り立っていますから，H 列 38 行の値は t 値になるのです。ちなみに，$\sqrt{\widehat{\sigma^2}\left(\frac{1}{n}+\frac{\bar{x}^2}{\sum_{i=1}^{n}(x_i-\bar{x})^2}\right)}$ は $\hat{a}$ の**標準誤差**と呼ばれています[4]。

最後に，ステップ 5 にいきましょう。D 列 44 行を「ステップ 5」として，ポイントは，F 列 50 行に検定の自動判定式を入力することです。その式は，

=IF(OR(H38<I31,H38>I32),“ 帰無仮説棄却 ”,“ 帰無仮説受容 ”)

となります。OR(H38<I31,H38>I32) は，命題：H38（t 値）<I31（左棄却限界）か H38（t 値）>I32（右棄却限界）である，すなわち，t 値が棄却域に入っている，を表しています。また，IF(命題,“ 帰無仮説棄却 ”,“ 帰無仮説受容 ”) は，命題が正しい時，「帰無仮説棄却」と書きなさい，誤っているとき，「帰無仮説受容」と書きなさいという意味です。以上から，F 列 50 行の式で，検定結果を自動的に得ることができることがわかります。

4）これは，$\hat{a}$ を確率変数として見たときの標準偏差の推定量になっています。

本章のまとめ

○　n 個のデータ (x_1, y_1)，(x_2, y_2)，… ，(x_n, y_n) が次のようなプロセスから生成されたとする（i はデータ番号）。

$$y_i = \alpha + \beta x_i + \varepsilon_i$$

誤差項 ε_i は互いに独立な，平均 0，分散 σ^2 の正規確率変数

この時，帰無仮説 $\beta = 0$ の検定は以下のようになる。

<ステップ 1 >

帰無仮説：$\beta = 0$（身長と体重とは関係がない）

対立仮説：$\beta \neq 0$（身長と体重とは関係がある）

<ステップ 2 >

定理：$\dfrac{\hat{\beta}-\beta}{\sqrt{\dfrac{\widehat{\sigma^2}}{\sum_{i=1}^{n}(x_i-\bar{x})^2}}}$ は自由度 $n-2$ の t 分布に従う。

したがって，もし，帰無仮説が正しければ，$\dfrac{\hat{\beta}}{\sqrt{\dfrac{\widehat{\sigma^2}}{\sum_{i=1}^{n}(x_i-\bar{x})^2}}}$ は自由度 $n-2$ の t 分布に従う。

<ステップ 3 >

棄却域は，$\dfrac{\hat{\beta}}{\sqrt{\dfrac{\widehat{\sigma^2}}{\sum_{i=1}^{n}(x_i-\bar{x})^2}}} < -\,\mathrm{tinv}(0.05, n-2)$，

$$\frac{\hat{\beta}}{\sqrt{\frac{\widehat{\sigma^2}}{\sum_{i=1}^{n}(x_i-\bar{x})^2}}} > \mathrm{tinv}(0.05, n-2)$$ である。

<ステップ 4>

データから $\frac{\hat{\beta}}{\sqrt{\frac{\widehat{\sigma^2}}{\sum_{i=1}^{n}(x_i-\bar{x})^2}}}$ を計算する。これを t 値という。

<ステップ 5>

$\frac{\hat{\beta}}{\sqrt{\frac{\widehat{\sigma^2}}{\sum_{i=1}^{n}(x_i-\bar{x})^2}}}$ が棄却域に入っていれば，帰無仮説棄却，そうでなければ，帰無仮説受容。

P 値が与えられていれば，P 値 <0.05 で帰無仮説棄却，そうでなければ，帰無仮説受容。

○　また，帰無仮説 $a = 0$ の検定については，以下の量を検定統計量とする。

$$\frac{\hat{a}-a}{\sqrt{\widehat{\sigma^2}\left(\frac{1}{n}+\frac{\bar{x}^2}{\sum_{i=1}^{n}(x_i-\bar{x})^2}\right)}}$$

これをデータから計算し，その値が tinv(0.05, n − 2) よりも大きいか，− tinv(0.05, n − 2) よりも小さい場合に，帰無仮説を棄却し，そうでなければ，帰無仮説を受容する。

問 題

問 1 以下の表は，2018 年 7 月から 2019 年 6 月までの，日経平均，ハンズマン，コーナン商事の週次データである（Yahoo! ファイナンスから取得）。ハンズマンの収益率およびコーナン商事の収益率をそれぞれ日経平均収益率に回帰させて，回帰分析を行いなさい。特に，βの検定を P 値を用いて行いなさい。また，ハンズマンの回帰分析の結果とコーナン商事の回帰分析の結果とを比較して，論評しなさい。

日付	日経平均	コーナン商事	ハンズマン	日付	日経平均	コーナン商事	ハンズマン	日付	日経平均	コーナン商事	ハンズマン
2019年6月24日	21,275.92	2,240	1,200	2019年2月18日	21,425.51	2,844	1,385	2018年10月22日	21,184.60	2,835	1,128
2019年6月17日	21,258.64	2,249	1,210	2019年2月12日	20,900.63	2,837	1,435	2018年10月15日	22,532.08	2,849	1,197
2019年6月10日	21,116.89	2,285	1,185	2019年2月4日	20,333.17	2,700	1,371	2018年10月9日	22,694.66	2,701	1,229
2019年6月3日	20,884.71	2,277	1,218	2019年1月28日	20,788.39	2,750	1,205	2018年10月1日	23,783.72	2,850	1,220
2019年5月27日	20,601.19	2,234	1,212	2019年1月21日	20,773.56	2,718	1,050	2018年9月25日	24,120.04	2,872	1,206
2019年5月20日	21,117.22	2,267	1,272	2019年1月15日	20,666.07	2,674	994	2018年9月18日	23,869.93	2,730	1,214
2019年5月13日	21,250.09	2,319	1,170	2019年1月7日	20,359.70	2,639	960	2018年9月10日	23,094.67	2,666	1,217
2019年5月7日	21,344.92	2,342	1,192	2019年1月4日	19,561.96	2,672	929	2018年9月3日	22,307.06	2,620	1,230
2019年4月22日	22,258.73	2,459	1,230	2018年12月25日	20,014.77	2,662	927	2018年8月27日	22,865.15	2,563	1,253
2019年4月15日	22,200.56	2,506	1,278	2018年12月17日	20,166.19	2,565	950	2018年8月20日	22,601.77	2,547	1,255
2019年4月8日	21,870.56	2,639	1,291	2018年12月10日	21,374.83	2,771	1,003	2018年8月13日	22,270.38	2,484	1,250
2019年4月1日	21,807.50	2,719	1,290	2018年12月3日	21,678.68	2,833	1,011	2018年8月6日	22,298.08	2,528	1,275
2019年3月25日	21,205.81	2,747	1,289	2018年11月26日	22,351.06	2,800	1,017	2018年7月30日	22,525.18	2,428	1,289
2019年3月18日	21,627.34	2,751	1,347	2018年11月19日	21,646.55	2,678	1,024	2018年7月23日	22,712.75	2,494	1,294
2019年3月11日	21,450.85	2,768	1,373	2018年11月12日	21,680.34	2,704	1,037	2018年7月17日	22,697.88	2,504	1,244
2019年3月4日	21,025.56	2,719	1,296	2018年11月5日	22,250.25	2,815	1,085	2018年7月9日	22,597.35	2,424	1,250
2019年2月25日	21,602.69	2,827	1,377	2018年10月29日	22,243.66	2,791	1,060	2018年7月2日	21,788.14	2,429	1,247

シミュレーション用プログラム

```
#-------------------------------------------------------------------------
# 第 25 章
# コーナン商事の収益率とハンズマンの収益率とをそれぞれ回帰分析して，
# 両者の回帰分析の結果を，比較できる形で，描画する
#-------------------------------------------------------------------------
from scipy import stats
import pandas as pd
import numpy as np
from numpy.random import *
from datetime import datetime, date, time, timedelta
from dateutil.parser import parse
import matplotlib as mpl
import matplotlib.pyplot as plt
mpl.style.use('ggplot')
from matplotlib.gridspec import GridSpec, GridSpecFromSubplotSpec
```

```
import statsmodels.api as sm
import statsmodels.formula.api as smf

#-------------------------------------------
# データの読み込み
#-------------------------------------------
path=r'Q:¥Dropbox¥全く新しい統計学入門・昼¥190711・統計学Ⅱ最終¥ナホ.xlsx'
# header=0なので，nrows=51はエクセルで2行目から数えて，51行まで（つまりエクセ
# ルの52行まで）
# 読み込むという意味になる。
data_yomikomi=pd.read_excel(path,'Sheet1',header=0,usecols=[0,4,9,14])

# 銘柄名を取り出す
var_names=data_yomikomi.columns # 変数名取得
target_name=str(var_names[2])
target_name_return=target_name+'収益率'
target_name2=str(var_names[3])
target_name2_return=target_name2+'収益率'
data=data_yomikomi.dropna().copy()

# excelの日付をdatetimeに変換する関数
def excel_date(num):
    from datetime import datetime, timedelta
    return(datetime(1899, 12, 30) + timedelta(days=num))

data['日付2']=data['日付'].map(excel_date) # datetimeへ変換

data.set_index('日付',inplace=True) # 日付をindexにする

data.sort_index(inplace=True) # 日付を古いものから新しいものへ並べ替え

# 収益率の計算
data['日経平均収益率']=(data['日経平均']/data['日経平均'].shift(1)-1)*100
data[target_name_return]=(data[target_name]/data[target_name].shift(1)-1)*100
data[target_name2_return]=(data[target_name2]/data[target_name2].shift(1)-1)*100

# 欠損値のある観測値を削除する
data=data.dropna()

# 記述統計
# 別解　data.loc[:,['日経平均収益率',target_name_return,target_name2_return]]
print(data[['日経平均収益率',target_name_return,target_name2_return]].describe())

# 回帰分析1
model=target_name_return+'~日経平均収益率'
kaiki = smf.ols(model, data=data)
koreha_instance=kaiki.fit()
```

```
print(koreha_instance.summary())

# 予測値計算
data[' 予測値 ']=koreha_instance.predict()

# 回帰分析 2
model2=target_name2_return+'~ 日経平均収益率 '
kaiki2 = smf.ols(model2, data=data)
koreha_instance2=kaiki2.fit()
print(koreha_instance2.summary())

# 予測値計算 2
data[' 予測値 2']=koreha_instance2.predict()

#-------------------------------------------------------------------------------
# 以下，グラフの描画設定と描画
#-------------------------------------------------------------------------------
# グラフ全体のフォント指定
fsz=20                    # 図全体のフォントサイズ
fti=np.floor(fsz*1.2)  # 図タイトルのフォントサイズ
flg=np.floor(fsz*0.5)  # 凡例のフォントサイズ
flgti=flg                 # 凡例のタイトルのフォントサイズ

plt.rcParams["font.size"] = fsz # 図全体のフォントサイズ指定
plt.rcParams['font.family'] =' IPAexGothic' # 図全体のフォント


# グラフの配置設定
#figure = plt.figure(figsize=(8,5),tight_layout=True)

axes_1 = plt.subplot2grid((3,2),(0,0),rowspan=2)
axes_3 = plt.subplot2grid((3,2),(2,0))

axes_2 = plt.subplot2grid((3,2),(0,1),rowspan=2, sharex=axes_1, sharey=axes_1)
axes_4 = plt.subplot2grid((3,2),(2,1))

# kind='line' で複数のラインを凡例つきで描画するために，余分な列を排除する。
data_draw=data[[' 日経平均収益率 ',target_name_return,' 予測値 ']]

axes_1.scatter(data[' 日経平均収益率 '].values,
data[target_name_return].values,label=' 実測値 ')
axes_1.plot(data[' 日経平均収益率 '].values,data[' 予測値 '].values,color='blue',label=' 予測値 ')

axes_1.set_title(target_name_return)
axes_1.set_xlabel(' 日経平均収益率 ')

# 凡例
```

```
axes_1.legend(fontsize=10)

#---------------------
# 回帰方程式の描写
#---------------------
ketteikeisu='%.2f' % koreha_instance.rsquared
kaikihouteisikino_hyouzyunhensa='%.2f' % np.sqrt(koreha_instance.mse_resid)

line1=' 決定係数 = ' + ketteikeisu +
' 回帰方程式の標準誤差 = ' + kaikihouteisikino_hyouzyunhensa


teisuko='%.3f'  % koreha_instance.params[0]
katamuki='%.3f' % koreha_instance.params[1]
line2='y= ' + teisuko + ' + ' + katamuki + 'x'

p1='%.3f'  % koreha_instance.pvalues[0]
p2='%.3f'  % koreha_instance.pvalues[1]
line3='   (' + p1 + ')' + '    ' + '(' + p2 + ')' + '      () 内は p 値 '

text_size=15
axes_3.text(0.0, 0.4,line1, size = text_size, color = "m")
axes_3.text(0.0, 0.2,line2, size = text_size, color = "m")
axes_3.text(0.05, 0.0,line3, size = text_size-3, color = "m")

axes_3.grid(False)          # グリッド線消去
axes_3.set_facecolor('w') # 地の色はホワイト
axes_3.set_axis_off()       # 軸のメモリ消去

#---------------------
# 回帰方程式 2 の描写
#---------------------
data_draw2=data[[' 日経平均収益率 ',target_name2_return,' 予測値 2']]

axes_2.scatter(data[' 日経平均収益率 '].values,data[target_name2_return].values,label=' 実測値 ')
axes_2.plot(data[' 日経平均収益率 '].values,data[' 予測値 2'].values,color='blue',label=' 予測値 ')

axes_2.set_title(target_name2_return)
axes_2.set_xlabel(' 日経平均収益率 ')

# 凡例
axes_2.legend(fontsize=10)


# 回帰方程式の描写
ketteikeisu2='%.2f' % koreha_instance2.rsquared
kaikihouteisikino_hyouzyunhensa2='%.2f' % np.sqrt(koreha_instance2.mse_resid)
```

```
line1_2=' 決定係数 = ' + ketteikeisu2 +
' 回帰方程式の標準誤差 = ' + kaikihouteisikino_hyouzyunhensa2

teisuko2='%.3f'  % koreha_instance2.params[0]
katamuki2='%.3f' % koreha_instance2.params[1]
line2_2='y= ' + teisuko2 + ' + ' + katamuki2 + 'x'

p1_2='%.3f'  % koreha_instance2.pvalues[0]
p2_2='%.3f'  % koreha_instance2.pvalues[1]
line3_2='   (' + p1_2 + ')' + '    ' + '(' + p2_2 + ')' + '      () 内は p 値 '

text_size=15
axes_4.text(0.0, 0.4,line1_2, size = text_size, color = "m")
axes_4.text(0.0, 0.2,line2_2, size = text_size, color = "m")
axes_4.text(0.05, 0.0,line3_2, size = text_size-3, color = "m")

axes_4.grid(False)         # グリッド線消去
axes_4.set_facecolor('w') # 地の色はホワイト
axes_4.set_axis_off()      # 軸のメモリ消去

plt.show()
```

付表 1　標準正規分布表

z ≧ 0 で，標準正規確率変数が z 以下になる確率を示す。これは，エクセル関数 NORM.DIST(z,0,1,TRUE) で得ることができる。

なお，z<0 の場合は，|z| の場合の確率を下の表から得て，この値を 1 から差し引くことで得られる。もちろんエクセル関数をそのまま用いても良い。

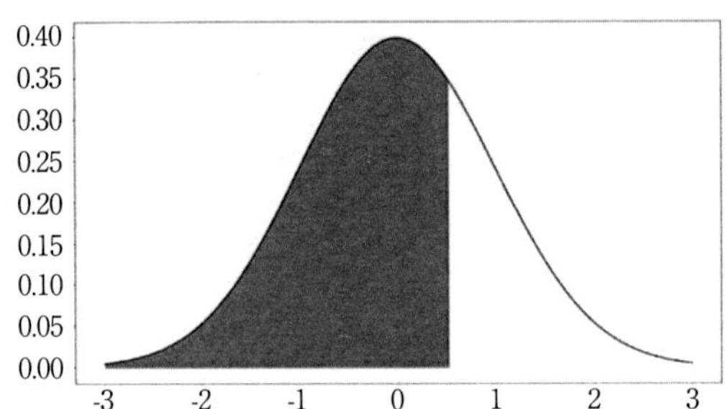

	zの小数第2位の値									
zの小数第1位までの値	0.00	0.01	0.02	0.03	0.04	0.05	0.06	0.07	0.08	0.09
0.0	0.5000	0.5040	0.5080	0.5120	0.5160	0.5199	0.5239	0.5279	0.5319	0.5359
0.1	0.5398	0.5438	0.5478	0.5517	0.5557	0.5596	0.5636	0.5675	0.5714	0.5753
0.2	0.5793	0.5832	0.5871	0.5910	0.5948	0.5987	0.6026	0.6064	0.6103	0.6141
0.3	0.6179	0.6217	0.6255	0.6293	0.6331	0.6368	0.6406	0.6443	0.6480	0.6517
0.4	0.6554	0.6591	0.6628	0.6664	0.6700	0.6736	0.6772	0.6808	0.6844	0.6879
0.5	0.6915	0.6950	0.6985	0.7019	0.7054	0.7088	0.7123	0.7157	0.7190	0.7224
0.6	0.7257	0.7291	0.7324	0.7357	0.7389	0.7422	0.7454	0.7486	0.7517	0.7549
0.7	0.7580	0.7611	0.7642	0.7673	0.7704	0.7734	0.7764	0.7794	0.7823	0.7852
0.8	0.7881	0.7910	0.7939	0.7967	0.7995	0.8023	0.8051	0.8078	0.8106	0.8133
0.9	0.8159	0.8186	0.8212	0.8238	0.8264	0.8289	0.8315	0.8340	0.8365	0.8389
1.0	0.8413	0.8438	0.8461	0.8485	0.8508	0.8531	0.8554	0.8577	0.8599	0.8621
1.1	0.8643	0.8665	0.8686	0.8708	0.8729	0.8749	0.8770	0.8790	0.8810	0.8830
1.2	0.8849	0.8869	0.8888	0.8907	0.8925	0.8944	0.8962	0.8980	0.8997	0.9015
1.3	0.9032	0.9049	0.9066	0.9082	0.9099	0.9115	0.9131	0.9147	0.9162	0.9177
1.4	0.9192	0.9207	0.9222	0.9236	0.9251	0.9265	0.9279	0.9292	0.9306	0.9319
1.5	0.9332	0.9345	0.9357	0.9370	0.9382	0.9394	0.9406	0.9418	0.9429	0.9441
1.6	0.9452	0.9463	0.9474	0.9484	0.9495	0.9505	0.9515	0.9525	0.9535	0.9545
1.7	0.9554	0.9564	0.9573	0.9582	0.9591	0.9599	0.9608	0.9616	0.9625	0.9633
1.8	0.9641	0.9649	0.9656	0.9664	0.9671	0.9678	0.9686	0.9693	0.9699	0.9706
1.9	0.9713	0.9719	0.9726	0.9732	0.9738	0.9744	0.9750	0.9756	0.9761	0.9767
2.0	0.9772	0.9778	0.9783	0.9788	0.9793	0.9798	0.9803	0.9808	0.9812	0.9817
2.1	0.9821	0.9826	0.9830	0.9834	0.9838	0.9842	0.9846	0.9850	0.9854	0.9857
2.2	0.9861	0.9864	0.9868	0.9871	0.9875	0.9878	0.9881	0.9884	0.9887	0.9890
2.3	0.9893	0.9896	0.9898	0.9901	0.9904	0.9906	0.9909	0.9911	0.9913	0.9916
2.4	0.9918	0.9920	0.9922	0.9925	0.9927	0.9929	0.9931	0.9932	0.9934	0.9936
2.5	0.9938	0.9940	0.9941	0.9943	0.9945	0.9946	0.9948	0.9949	0.9951	0.9952
2.6	0.9953	0.9955	0.9956	0.9957	0.9959	0.9960	0.9961	0.9962	0.9963	0.9964
2.7	0.9965	0.9966	0.9967	0.9968	0.9969	0.9970	0.9971	0.9972	0.9973	0.9974
2.8	0.9974	0.9975	0.9976	0.9977	0.9977	0.9978	0.9979	0.9979	0.9980	0.9981
2.9	0.9981	0.9982	0.9982	0.9983	0.9984	0.9984	0.9985	0.9985	0.9986	0.9986
3.0	0.9987	0.9987	0.9987	0.9988	0.9988	0.9989	0.9989	0.9989	0.9990	0.9990

付表２　t 分布表

t 分布の右裾 2.5% を切り取る x 軸の値を示す。これは，エクセル関数 T.INV(0.975, 自由度) で得ることができる。

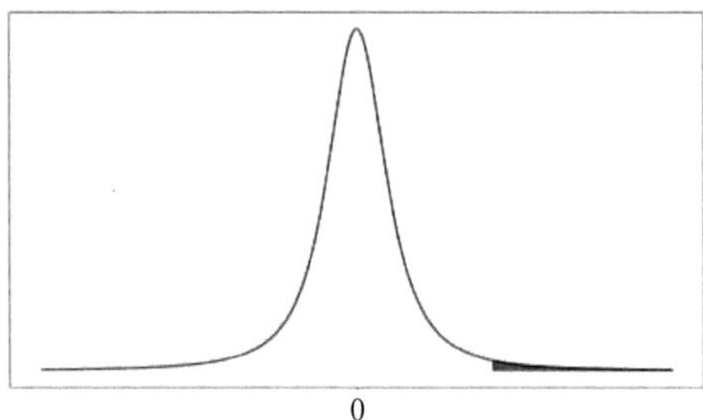

自由度	1	2	3	4	5	6	7	8	9	10
右裾2.5%切り取る点	12.706	4.303	3.182	2.776	2.571	2.447	2.365	2.306	2.262	2.228
自由度	11	12	13	14	15	16	17	18	19	20
右裾2.5%切り取る点	2.201	2.179	2.160	2.145	2.131	2.120	2.110	2.101	2.093	2.086
自由度	21	22	23	24	25	26	27	28	29	30
右裾2.5%切り取る点	2.080	2.074	2.069	2.064	2.060	2.056	2.052	2.048	2.045	2.042
自由度	31	32	33	34	35	36	37	38	39	40
右裾2.5%切り取る点	2.040	2.037	2.035	2.032	2.030	2.028	2.026	2.024	2.023	2.021
自由度	41	42	43	44	45	46	47	48	49	50
右裾2.5%切り取る点	2.020	2.018	2.017	2.015	2.014	2.013	2.012	2.011	2.010	2.009
自由度	51	52	53	54	55	56	57	58	59	60
右裾2.5%切り取る点	2.008	2.007	2.006	2.005	2.004	2.003	2.002	2.002	2.001	2.000
自由度	61	62	63	64	65	66	67	68	69	70
右裾2.5%切り取る点	2.000	1.999	1.998	1.998	1.997	1.997	1.996	1.995	1.995	1.994
自由度	71	72	73	74	75	76	77	78	79	80
右裾2.5%切り取る点	1.994	1.993	1.993	1.993	1.992	1.992	1.991	1.991	1.990	1.990
自由度	81	82	83	84	85	86	87	88	89	90
右裾2.5%切り取る点	1.990	1.989	1.989	1.989	1.988	1.988	1.988	1.987	1.987	1.987
自由度	91	92	93	94	95	96	97	98	99	100
右裾2.5%切り取る点	1.986	1.986	1.986	1.986	1.985	1.985	1.985	1.984	1.984	1.984

付表3　カイ2乗分布表

カイ2乗分布の右裾5％を切り取るx軸の値を示す。これは，エクセル関数CHISQ.INV(0.95, 自由度)で得ることができる。

自由度=1

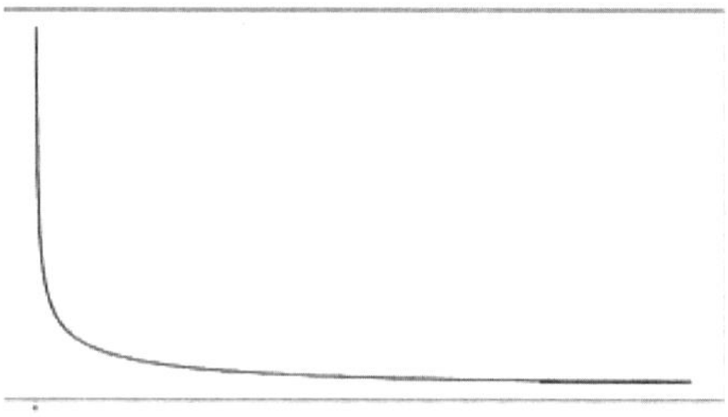

自由度=2

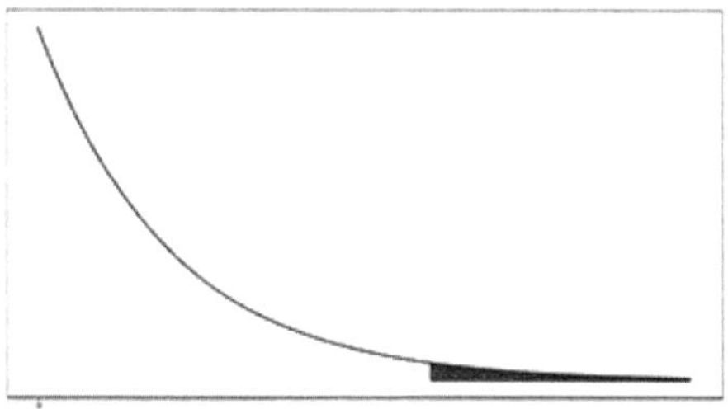

自由度≧3

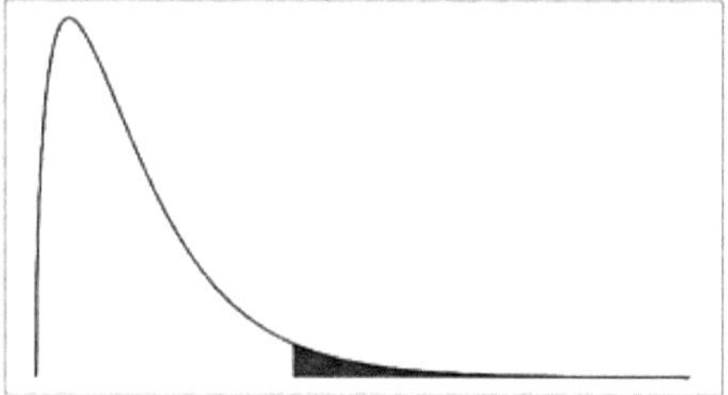

自由度	1	2	3	4	5	6	7	8	9	10
右裾5%切り取る点	3.841	5.991	7.815	9.488	11.070	12.592	14.067	15.507	16.919	18.307
自由度	11	12	13	14	15	16	17	18	19	20
右裾5%切り取る点	19.675	21.026	22.362	23.685	24.996	26.296	27.587	28.869	30.144	31.410
自由度	21	22	23	24	25	26	27	28	29	30
右裾5%切り取る点	32.671	33.924	35.172	36.415	37.652	38.885	40.113	41.337	42.557	43.773
自由度	31	32	33	34	35	36	37	38	39	40
右裾5%切り取る点	44.985	46.194	47.400	48.602	49.802	50.998	52.192	53.384	54.572	55.758
自由度	41	42	43	44	45	46	47	48	49	50
右裾5%切り取る点	56.942	58.124	59.304	60.481	61.656	62.830	64.001	65.171	66.339	67.505
自由度	51	52	53	54	55	56	57	58	59	60
右裾5%切り取る点	68.669	69.832	70.993	72.153	73.311	74.468	75.624	76.778	77.931	79.082
自由度	61	62	63	64	65	66	67	68	69	70
右裾5%切り取る点	80.232	81.381	82.529	83.675	84.821	85.965	87.108	88.250	89.391	90.531
自由度	71	72	73	74	75	76	77	78	79	80
右裾5%切り取る点	91.670	92.808	93.945	95.081	96.217	97.351	98.484	99.617	100.749	101.879
自由度	81	82	83	84	85	86	87	88	89	90
右裾5%切り取る点	103.010	104.139	105.267	106.395	107.522	108.648	109.773	110.898	112.022	113.145
自由度	91	92	93	94	95	96	97	98	99	100
右裾5%切り取る点	114.268	115.390	116.511	117.632	118.752	119.871	120.990	122.108	123.225	124.342

おわりに

お疲れ様でした。難解な統計学を少しでも理解してもらいたいと，ここまで筆を進めてきました。本文を良く読んで，「エクセルで実験」を丹念に，追試していただけたでしょうか。もし，読者がそれをちゃんとやってくれていれば，ほとんどの読者は統計学の仕組みに精通できたはずです。万が一，本文も読んで，エクセルで実験もやったのにもかかわらず，理解できないという読者がいたとすれば，残念ながら，それは，筆者の非力によるところなので，大変申し訳ないと思いますが，ご容赦ください。

本書によって，統計的方法の概略が理解できた読者はぜひ，上級の書物にあたってください。本書は初学者を対象にしているため，通常は数式で定義される概念，論理をすべて，直感的理解で置き換えています。そのため，本書の次には，通常の数式を用いて書かれた教科書にぜひ，取り組んでもらいたいと思います。そのような教科書は，かなりの数，執筆されているのですが，本書の「こころ」と軌を一にすると思われる，以下のテキストをあげておきます。

大屋幸輔（2011）『コア・テキスト統計学』新世社

大屋（2011）の次に読むべき教科書は中級のテキストということになるのですが，残念ながら，そのレベルの日本語で書かれた教科書には，筆者は不案内です。しかしながら，英語で書かれた教科書には優れたものがあります。以下の書物は大変すぐれたテキストです。

Hogg, R. V., McKean, J. W. and Craig, A. T. (2012), *Introduction to Mathematical Statistics*, 7th ed., PEARSON.

統計学を専門にしようと少しでも考えた読者は，上書の問題を解きながら丹念に読んでみてください。統計学の全体像がかなりくっきりと眼前に現れてくるはずです。

最後に，統計学を通じて，科学的なものの考え方に読者が少しでもなじんでいただけることを祈念して，筆を置こうと思います。

索　引

マ

ヤ

ラ

《著者紹介》

林田　実（はやしだ・みのる）

1959 年　長崎県五島列島生まれ。
1982 年　長崎大学経済学部卒業。
1987 年　九州大学大学院経済学研究科博士後期課程単位取得。
1990 年　経済学博士（九州大学）。
1987 年　九州大学経済学部助手。
1988 年　佐賀大学経済学部講師。
1990 年　北九州大学北九州産業社会研究所助教授。
1998 年　北九州市立大学経済学部教授，現職。
　キャンプが趣味。住所不定有職を理想とする。

主な著書・編著・共編著

『株式税制の計量経済分析』（共著）勁草書房，2012 年。

"Turnover Tax and Trading Volume: Panel Analysis of Stocks Traded in the Japanese and US markets," *Journal of The Japanese and International Economies,* Volume 23, Number 3, September 2009.（共著）

"Turnover Tax, Transaction Cost, and Stock Trading Volume Revisited: Investigation of the Japanese Case," *Applied Financial Economics,* 2011, 21.（共著）

（検印省略）

2013 年 3 月 20 日　初版発行
2021 年 3 月 20 日　改訂版発行　　略称 —サイコロ

サイコロを振って、統計学！［改訂版］

著　者　林　田　　実
発行者　塚　田　尚　寛

発行所　東京都文京区春日 2－13－1　株式会社　創　成　社

電　話　03（3868）3867　ＦＡＸ　03（5802）6802
出版部　03（3868）3857　ＦＡＸ　03（5802）6801
http://www.books-sosei.com 振　替　00150-9-191261

定価はカバーに表示してあります。

ISBN978-4-7944-3221-6 C3033
Printed in Japan

組版：トミ・アート　印刷：エーヴィスシステムズ
製本：エーヴィスシステムズ
落丁・乱丁本はお取り替えいたします。